Bruno Kolb

Gaschromatographie in Bildern

2., überarbeitete und erweiterte Auflage

WILEY-VCH

Weitere Titel für Chromatographie-Einsteiger

Konrad Grob
Split and Splitless Injection for Quantitative Gas Chromatography
(inkl. CD-ROM)
2001

ISBN 3-527-29879-7

Bruno Kolb, L. S. Ettre
Static Headspace-Gas Chromatography
1998

ISBN: 0-471-19238-4 (John Wiley & Sons)

Michael Oehme
Praktische Einführung in GC/MS-Analytik mit Quadrupolen
1996

ISBN: 3-527-29718-9

Dean Rood
A Practical Guide to the Care, Maintenance and Troubleshooting of Capillary Gas Chromatographic Systems
1998

ISBN: 3-527-29750-2

Journal of Separation Science

ISSN: 1615-9306
www.wiley-vch.de/home/jss

Bruno Kolb

Gaschromatographie in Bildern

2., überarbeitete und erweiterte Auflage

Bruno Kolb
Im Weingärtle
D-88696 Owingen

1. Auflage 1999
2. Auflage 2002

Bibliografische Information Der Deutschen Bibliothek
Die Deutsche Bibliothek verzeichnet diese Publikation in der Deutschen Nationalbibliografie; detaillierte bibliografische Daten sind im Internet über <http://dnb.ddb.de> abrufbar.

ISBN 978-3-527-30687-9

Gedruckt auf säurefreiem Papier.

Vorwort zur 2. Auflage

Die vorliegende Einführung in die Gaschromatographie geht zurück auf eine Zusammenstellung von Vorlagen für Dias und Folien zu zahlreichen Kursen und Seminaren des Autors, einschließlich einer Vorlesungsreihe an der Universität Konstanz. Dieses Bildmaterial war für den Zweck als Kursunterlage zunächst nur mit kurzen Kommentaren versehen. Daher kommt der Titel dieses Buches: „Gaschromatographie in Bildern“. Das Konzept, jeweils eine Bildseite einer, nun aber erweiterten, Textseite gegenüberzustellen, hat eine so freundliche Aufnahme gefunden, dass eine 2. Auflage erforderlich wurde. Darin sind Anregungen berücksichtigt, die der Autor von verschiedenen Seiten erhalten hat und für die er dankbar ist. Eine wesentliche Ergänzung ist das neu hinzugekommene Kapitel über die Verwendung von Massenspektrometern als GC-Detektoren. In der 1. Ausgabe wurde die GC/MS-Kopplung absichtlich weggelassen, weil dieses Buch in der Schriftenreihe *Handbibliothek Chemie* zusammen mit dem Buch von M. Oehme (*„Praktische Einführung in die GC/MS-Analytik mit Quadrupolen“*) erscheinen sollte. Auch schien es dem Autor nicht möglich, das Kapitel GC/MS im vorgegebenen Umfang erschöpfend zu behandeln. Diese Bedenken bestehen zwar nach wie vor und sind der Grund, warum sich der Autor auf die beiden Typen von Massenspektrometern beschränkt hat, die am häufigsten in Routine-Labors vertreten sind, nämlich den Quadrupol- und den Ion-Trap Geräten. Ebenfalls wurde darauf verzichtet, die Kopplung von Infrarotspektrometern mit der GC (GC/FTIR) hier aufzunehmen.

Auch bei dieser überarbeiteten Auflage ist nicht auszuschließen, dass sich Fehler oder missverständliche Formulierungen eingeschlichen haben; für entsprechende Hinweise von aufmerksamen Lesern ist der Autor dankbar.

Oktober 2002 Bruno Kolb

Vorwort zur 1. Auflage

Gaschromatographie (GC) kann man als Wissenschaft, aber auch als praktisches Laborhandwerk betreiben. Als Wissenschaft war sie außerordentlich nützlich und erfolgreich, da es mit ihrer Hilfe erstmals gelang, eine allgemeine Theorie der Chromatographie zu konzipieren, die auf der Chemie der zwischenmolekularen Wechselwirkungen, der Physik der Transport- und der Kinetik der Austauschvorgänge basiert. Andererseits ist die GC auch leicht verständlich und der Grund dafür ist ziemlich einfach: Trennungen werden durch die Flüchtigkeit der Stoffe und durch ihre Polarität hervorgerufen. Dampfdrücke, d. h. praktisch Siedepunkte, sowie Stoffpolaritäten sind Begriffe, die dem Chemiker vertraut sind und an denen er sich orientieren kann. Der praktische Anwender muß sich daher nicht notwendigerweise mit der Theorie befassen, um erfolgreich damit arbeiten zu können. Die praktischen Folgerungen aus der Theorie haben die Hersteller von Geräten, Säulen und Zubehören gezogen und dieses Know-how wird vom Käufer – meist unbewußt – erworben. Man kann daher GC auch ohne jedes Verständnis für die chromatographischen Grundlagen betreiben, wenn man lediglich Standardvorschriften (z. B. SOPs: *„standard operating procedures“*) abarbeitet, in denen jedes Detail und jeder Handgriff penibel vorgeschrieben sind. Wozu also ein einführendes Lehrbuch? Die Antwort ergibt sich aus der Erfahrung des Autors aus zahlreichen Einführungskursen zur GC, wonach das Abarbeiten von SOPs ohne Verständnis für die vorgeschriebenen Maßnahmen meist als unbefriedigend empfunden wird.

Diese Einführung richtet sich daher an alle Praktiker der verschiedensten Disziplinen, die sich nicht ausschließlich mit der GC beschäftigen können, die sich aber dennoch über die wesentlichen Grundlagen und Techniken informieren möchten, ohne sich in feinere Details zu verlieren. Aus diesem Grund wurde die Darstellung mit möglichst vielen Bildern gewählt. Auch bei der Beschreibung von chemischen Wechselwirkungen mit stationären Phasen oder von Reaktionen in Detektoren konnten nur allgemein akzeptierte Anschauungen berücksichtigt werden, die für das Verständnis der beschriebenen Vorgänge ausreichen, ohne jedoch auf manchmal alternativ diskutierte Ansichten einzugehen.

Zum Schluß möchte ich mich herzlich bei Herrn Ui Servos (Perkin-Elmer-Büro Düsseldorf) für zahlreiche praktische Empfehlungen bedanken. Dank gebührt auch Herrn PD Dr. Wolfgang Dünges für die Anregung, dieses Buch zu schreiben.

April 1999 Bruno Kolb

Inhalt

1	**Grundlagen und Begriffe der Gaschromatographie**	**1**
1.1	Der gaschromatographische Prozeß	3
1.2	Die gaschromatographische Instrumentation	5
1.3	Die gaschromatographische Retention	5
1.4	Komponentenidentifizierung durch Retentionsdaten	13
2	**Die gaschromatographische Trennsäule**	**19**
2.1	Gepackte Säulen	21
2.2	Kapillarsäulen	23
2.3	Das Trennvermögen von gaschromatographischen Trennsäulen	27
2.4	Peakverbreiterung durch Diffusion	35
2.4.1	Peakverbreiterung durch axiale Diffusion in der Gasphase: B-Term	35
2.4.2	Peakverbreiterung beim Phasenwechsel: C-Term	37
2.4.3	Peakverbreiterung durch Streudiffusion bei gepackten Säulen: A-Term	41
2.4.4	Einfluß des Trägergases auf das Trennvermögen von Kapillarsäulen	41
3	**Die Trennbarkeit von Stoffen durch Gas-Flüssig-Chromatographie**	**43**
3.1	Physikalisch-chemische Grundlagen	45
3.2	Einfluß der Polarität auf die Trennbarkeit	51
3.2.1	Dispersionskräfte	51
3.2.2	Dipol/Dipol-Wechselwirkung	53
3.2.3	Wechselwirkung Dipol/induzierter Dipol	55
3.2.4	Wasserstoffbrückenbindungen	61
3.2.5	Gruppentrennung Polar/Unpolar	65
3.3	Charakterisierung der Polarität von stationären Phasen	67
4	**Trennungen durch Gas-Fest-Chromatographie**	**71**
4.1	Allgemeines zur Adsorptions-Gaschromatographie	73
4.2	Kohlenstoff als Adsorbens	75
4.3	Anorganische Adsorbentien	77
4.4	Poröse organische Polymere als Adsorbentien	81
5	**Kriterien zur Auswahl von Trennsäulen**	**83**
5.1	Filmdicke und Phasenverhältnis	85
5.2	Probenkapazität	87
5.3	Säulenlänge	93
5.4	Zusammenfassung	93

6 Betriebsbedingungen der Gaschromatographie 99
6.1 Das Trägergas 101
6.1.1 Trägergasregelung 101
6.1.2 Pneumatische Eigenschaften des Trägergases und der Trennsäule 107
6.1.3 Hinweise zur Wahl der Trägergasströmung 111
6.2 Der Einfluß der Temperatur auf die Retention 113
6.2.1 Isotherme Arbeitsweise 115
6.2.2 Arbeitsweise mit Temperaturprogramm 115
6.2.3 Temperaturprogramm und Trennvermögen 117
6.2.4 Instrumentation zum Temperaturprogramm 117
6.2.5 Simulierte Destillation 119

7 Instrumentation und Techniken zur Probenaufgabe 121
7.1 Dosierung von Gasen und Dämpfen 123
7.1.1 Dosierung von Gasen 123
7.1.2 Dosierung von Dämpfen für die Headspace-Analyse 125
7.2 Dosierung von flüssigen Proben 129
7.2.1 Dosierung von flüssigen Proben bei gepackten Säulen 129
7.2.2 Dosierung von flüssigen Proben bei Kapillarsäulen mit Split 133
7.2.3 Splitlose Dosierung von flüssigen Proben bei Kapillarsäulen 143
7.2.4 Probenaufgabe in einen temperaturprogrammierbaren Injektor 155
7.2.5 Die kalte On-Column-Injektion 159
7.3 Probenaufgabe von Feststoffen mittels der Pyrolyse-Gaschromatographie 163
7.3.1 Instrumentation zur Pyrolyse – Gaschromatographie 163
7.3.2 Abbaumechanismen bei der Pyrolyse-Gaschromatographie 165
7.3.3 Praktische Hinweise zur Pyrolyse – Gaschromatographie 167
7.4 Probenaufgabe mit Zwischenspeicherung 169
7.4.1 Verdünnte Stoffe in Gasen durch Adsorption/Thermodesorption 169
7.4.2 Verfahren zur dynamischen Headspace-Analyse 171
7.4.3 Festphasenmikroextraktion – *„Solid Phase Microextraction“* (SPME) 173

8 Detektoren der Gaschromatographie 175
8.1 Allgemeine Eigenschaften von Detektoren 177
8.2 Der Wärmeleitfähigkeitsdetektor (WLD) 183
8.3 Der Flammenionisationsdetektor (FID) 185
8.4 Der Stickstoff-Phosphor-Detektor (NPD) 189
8.5 Der Elektroneneinfang-Detektor – *„Electron Capture Detector“* (ECD) 195
8.5.1 Grundreaktionen im ECD 195
8.5.2 Molekülstruktur und Empfindlichkeit im ECD 199
8.6 Massenspektrometer als GC-Detektor 205
8.6.1 Aufbau einer GC/MS Apparatur und Begriffe der Massenspektrometrie 207
8.6.2 Ionisierungsmethoden 209
8.6.3 Quadrupol Massenspektrometer 213
8.6.4 Ion-Trap Massenspektrometer 215

9 Quantitative Analyse 219
9.1 Grundlagen der quantitativen Analyse 221
9.2 Die Hundert-%-Methode 223
9.3 Externer Standard 227
9.4 Interner Standard 229
9.5 Der Normierungsstandard 231
9.6 Die Additionsmethode 233
9.7 Mehrpunkt-Kalibration 237

10 Ausgewähltes Schrifttum zur Gaschromatographie 239
10.1 Allgemeines Schrifttum zur Gaschromatographie 239
10.2 Trennsäulen und stationäre Phasen 240
10.3 Injektionstechniken 241
10.4 Detektoren 241
10.5 Verschiedenes 242

11 Sachregister 244

1 Grundlagen und Begriffe der Gaschromatographie

Die Nomenklatur der Gaschromatographie (GC) ist besonders in der deutschsprachigen Literatur – historisch bedingt – nicht einheitlich. Vom Arbeitskreis Chromatographie der Fachgruppe Analytische Chemie in der Gesellschaft Deutscher Chemiker (bearbeitet von H. Engelhardt und L. Rohrschneider) wurden entsprechend der IUPAC-Empfehlung „*Nomenclature for Chromatography*" (*Pure & Appl. Chem.* Vol. 65, 819–872 (1993)) Vorschläge für eine analoge deutschsprachige Nomenklatur herausgegeben. Die in der vorliegenden Schrift verwendeten Begriffe und Symbole folgen mit wenigen geringfügigen Ausnahmen diesen Empfehlungen.

Schwierigkeiten hat es immer mit einer zutreffenden Übersetzung der Bezeichnung „*open tubular columns*" gegeben. Zeitweilig wurde dafür die wörtliche Übersetzung *offene Röhren* verwendet, dann *offene Kapillarsäulen.* Auch die Bezeichnung *Kapillar-Trennsäule* findet sich. Vom Autor dieser Schrift wird an sich die von R. Kaiser empfohlene prägnante Bezeichnung *Trennkapillare* sehr geschätzt, aber zugunsten der in den o. g. Empfehlungen benutzten Bezeichnung *Kapillarsäule* aufgegeben. Für die weitere Unterteilung in *Film-* bzw. *Schichtkapillarsäulen* wird in dieser Schrift aber meist die kürzere Form *Film-* bzw. *Schichtkapillare* verwendet, da aus diesen Bezeichnungen eindeutig hervorgeht, daß sie eine stationäre Phase enthalten, da sie andernfalls nicht trennen könnten.

In den Anfängen der GC wurde versucht, tabellierbare und normierte Retentionsdaten zu bestimmen, wozu alle apparativen und experimentellen Einflußgrößen auf die Retention eines Peaks herausgerechnet wurden. Durch Multiplikation der *Retentionszeit* mit der Flußgeschwindigkeit des Trägergases wurden zunächst entsprechende *Retentionsvolumina* bestimmt, auf die Menge stationärer Phase normiert und auf die Standardtemperatur 0 °C bezogen (*spezifisches Retentionsvolumen* V_g). Die Erwartungen, damit eine Identifizierung aufgrund tabellierter Datensammlungen zu ermöglichen, haben sich allerdings nicht erfüllt. Infolgedessen wird hier der Begriff des *Retentionsvolumens* nicht weiter verwendet. Er spielt auch bei der praktischen Anwendung der Gaschromatographie keine Rolle. Durchgesetzt haben sich dagegen relative Retentionsangaben (*relative Retention, Retentionsindex*); dafür genügen aber allein die Retentionszeiten, wie sie vom Integrator bzw. dem Datensystem gemessen werden.

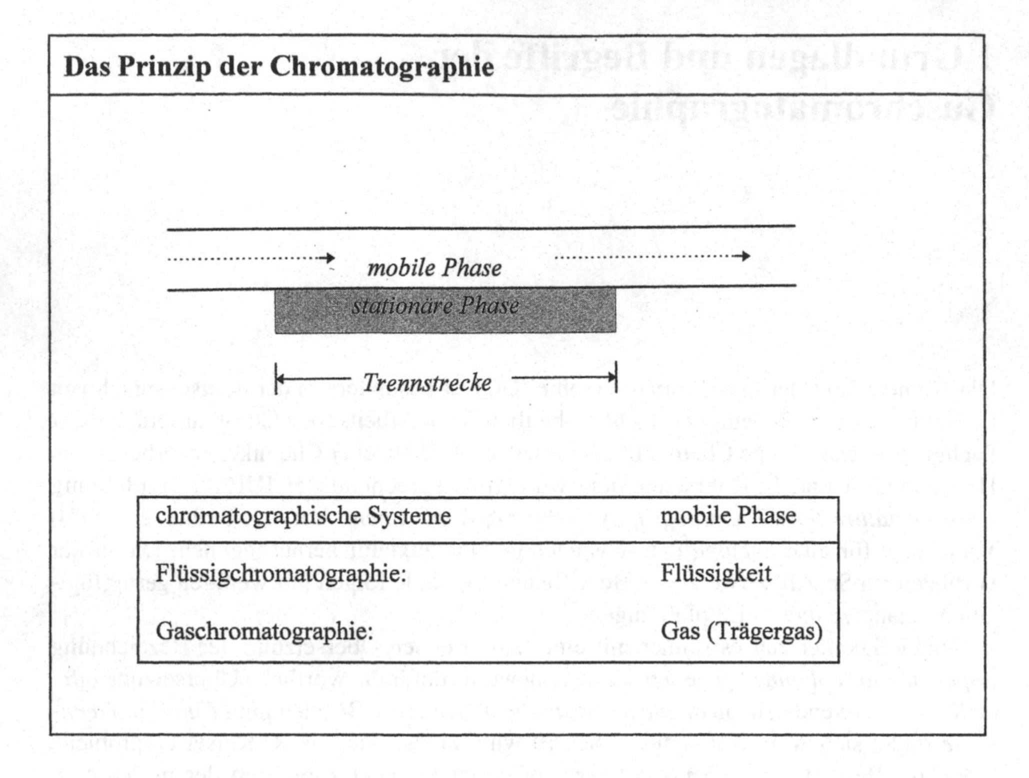

chromatographische Systeme	mobile Phase
Flüssigchromatographie:	Flüssigkeit
Gaschromatographie:	Gas (Trägergas)

Verfahren der Gaschromatographie (GC)

Bezeichnung	stationäre Phase
Gas-Flüssig-Chromatographie (Verteilungs-GC):	Flüssigkeit
Gas-Fest-Chromatographie (Adsorptions-GC):	Feststoff

1.1 Der chromatographische Prozeß

Chromatographie ist ein physikalisch-chemisches Trennverfahren, bei dem sich die zu trennenden Substanzen (*Analyten*) zwischen zwei nicht mischbaren Phasen verteilen. Der Begriff Phase bezeichnet einen stofflichen Aggregatzustand und eine *chromatographische Phase* kann daher ein Feststoff, eine Flüssigkeit oder ein Gas sein. Eine der beiden Phasen ist *stationär*, während die andere die *chromatographische Trennstrecke* in einer Richtung durchströmt und als *mobile Phase* den Stofftransport bewirkt. Als mobile Phasen können nur fluide Stoffe eingesetzt werden, und durch sinnvolle Kombinationen ergibt sich daraus eine formale Einteilung in die Verfahren der Flüssigchromatographie und der Gaschromatographie.

Trennstrecke in der Gaschromatographie ist immer ein Rohr, das aus historischen Gründen als *Säule* bezeichnet wird. Bei einer gepackten Säule ist dieses Rohr mit einem feinkörnigen Füllmaterial dicht gestopft. Bei Kapillarsäulen ist dieses Rohr wesentlich länger und dünner und die stationäre Phase haftet als dünner Film oder als Schicht an der Wand der Kapillare selbst. Kapillarsäulen weisen daher einen offenen Längskanal auf („*open-tubular columns*"). Für die mobile Phase, das sog. Trägergas, werden Inertgase, wie z. B. Stickstoff, Helium, Argon oder Wasserstoff verwendet.

Bei der Gaschromatographie ergibt sich eine formale Klassifizierung nach den stofflichen Eigenschaften der stationären Phase. Diese kann ein festes Adsorbens sein (*Adsorptions-Gaschromatographie*), an dessen aktiver Oberfläche die flüchtigen Analyten durch reversible Adsorption festgehalten werden, oder sie besteht aus einer nichtflüchtigen Flüssigkeit, die als dünner Film auf der Oberfläche eines Trägers haftet oder an ihr chemisch gebunden ist. Die flüssige stationäre Phase wirkt als Lösemittel, in dem sich die flüchtigen Analyten teilweise lösen (*Verteilungs-Gaschromatographie*). Der Träger ist bei gepackten Säulen ein körniges und poröses Material (z. B. Kieselgur), im Fall von Kapillarsäulen die Wand der Kapillare selbst.

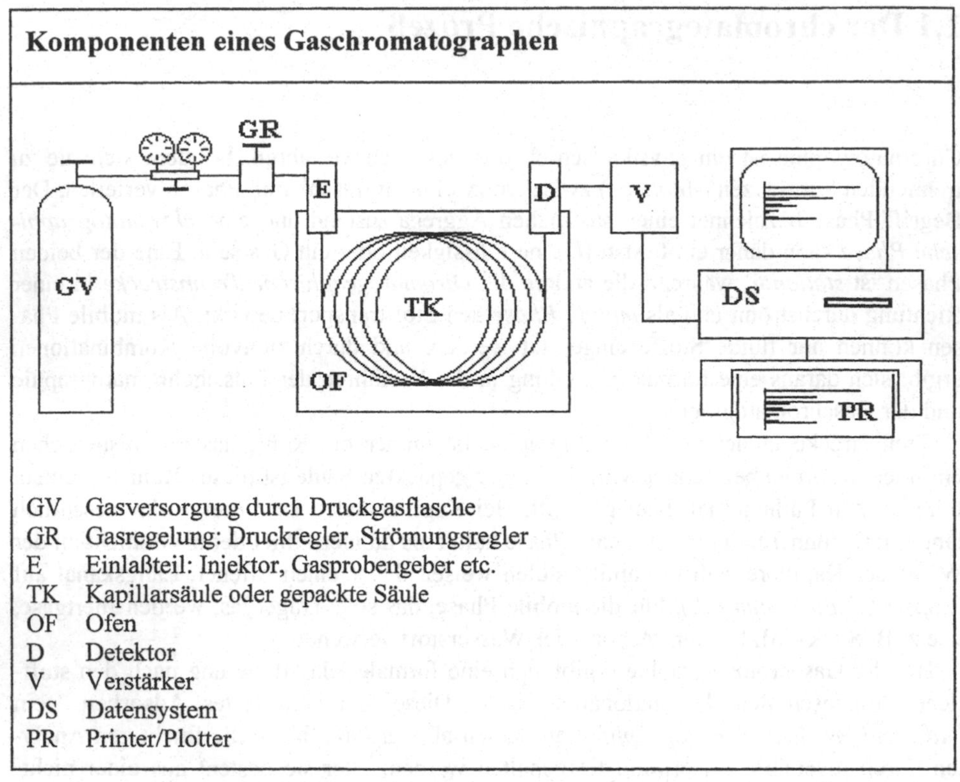
Komponenten eines Gaschromatographen
GR
E
D
V
GV
TK
OF
DS
PR
GV Gasversorgung durch Druckgasflasche
GR Gasregelung: Druckregler, Strömungsregler
E Einlaßteil: Injektor, Gasprobengeber etc.
TK Kapillarsäule oder gepackte Säule
OF Ofen
D Detektor
V Verstärker
DS Datensystem
PR Printer/Plotter

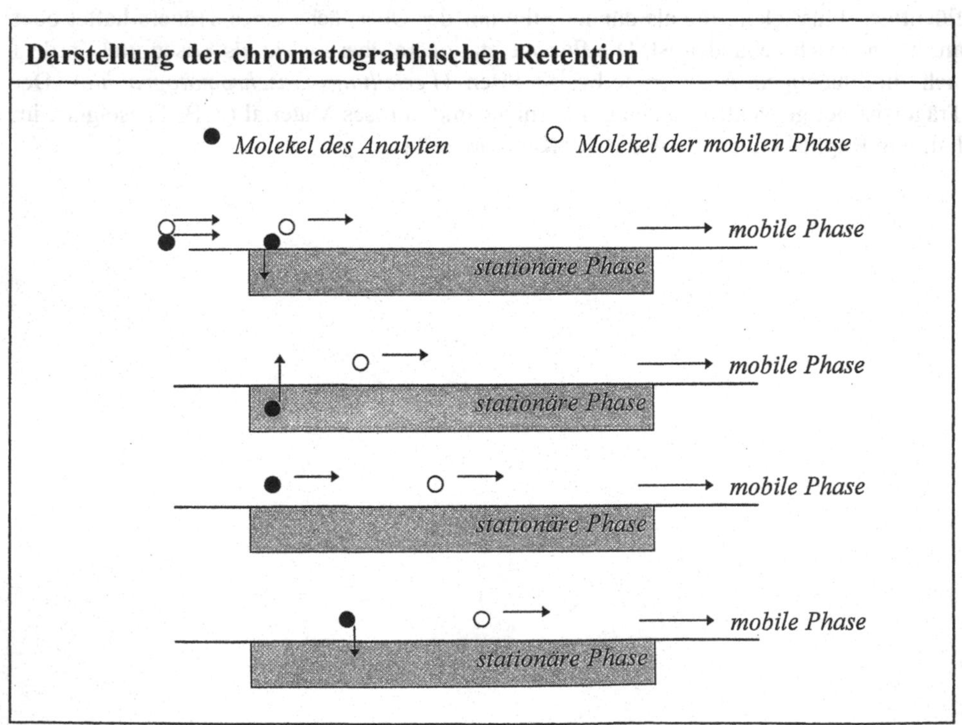
Darstellung der chromatographischen Retention
Molekel des Analyten
Molekel der mobilen Phase
mobile Phase
stationäre Phase
mobile Phase
stationäre Phase
mobile Phase
stationäre Phase
mobile Phase
stationäre Phase

1.2 Die gaschromatographische Instrumentation

Das Trägergas wird einem Druckbehälter über Reduzier- und Regelventile entnommen und druck- oder strömungsgeregelt dem Einlaßteil eines Gaschromatographen zugeführt. Das kann je nach Art der zu analysierenden Probe ein Injektor für flüssige Proben sein oder eine Gasdosierschleife (s. Abschnitt 7.11); auch können über Adapter zahlreiche Zubehöre (Pyrolysator, Thermodesorber, Headspacesampler, „*purge-and-trap*"-Vorrichtung, etc.) angeschlossen werden. Die Trennsäule befindet sich in einem thermostatisierten Ofen. Ihr Ende ist mit dem Detektor verbunden, der die Änderung in der Zusammensetzung des Trägergases beim Erscheinen einer getrennten Substanz zuerst registriert, dann in ein elektrisches Signal umwandelt und über einen Verstärker dem Datensystem (Computer, Integrator) zur weiteren Auswertung übermittelt.

1.3 Die gaschromatographische Retention

Ursache der chromatographischen Trennung ist die Retention: Die Stoffmoleküle werden vom Trägergas durch die Trennstrecke transportiert. Betrachten wir jeweils ein Molekel (Atom oder Molekül) der mobilen Gasphase und des flüchtigen Analyten, die beide zur gleichen Zeit in die Säule eintreten sollen. Sie unterscheiden sich in ihrem Verhalten insofern, als daß das Molekel der mobilen Phase stetig durch die Säule wandert, während das Molekel des Analyten sich dem Transport zeitweise entzieht, indem es in die stationäre Phase hinein und wieder zurückdiffundiert oder von deren Oberfläche kurzzeitig durch Adsorption festgehalten wird. Infolgedessen wird die Trennstrecke vom Molekel des Analyten insgesamt langsamer zurückgelegt als von der mobilen Phase. Diese Verzögerung der Wanderungsgeschwindigkeit wird als *chromatographische Retention* bezeichnet. Tatsächlich aber wandert das Molekel des Analyten immer mit der Geschwindigkeit des Trägergases, solange es sich darin aufhält. Nur für das Kollektiv der Molekel ergibt sich insgesamt eine langsamere Wanderungsgeschwindigkeit.

Verteilungsvorgang und gaschromatographische Wanderung

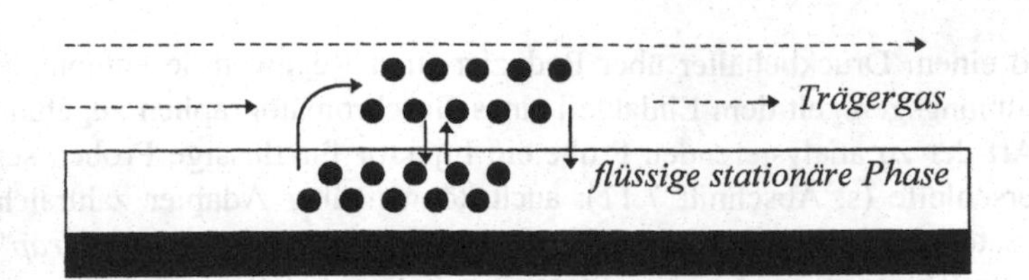

$$\frac{\textit{Konzentration im Film der stationären Phase}}{\textit{Konzentration im Trägergas}} = K$$

Die Verteilungskonstante *K*

$$K = \frac{C_{i(S)}}{C_{i(M)}} \tag{1.1}$$

<u>Verteilungskonstante K_C für flüssige stationäre Phasen:</u>

$$K_C = \frac{W_{i(S)}/V_S}{W_{i(M)}/V_M} = \frac{W_{i(S)}}{W_{i(M)}} \cdot \frac{V_M}{V_S} \tag{1.2}$$

$$k = W_{i(S)}/W_{i(M)} \tag{1.3}$$

$$\beta = V_M/V_S = V_G/V_S \tag{1.4}$$

$C_{i(S)}$ Konzentration des Analyten *i* in der stationären Phase
$C_{i(M)}$ Konzentration des Analyten *i* in der mobilen Gasphase
$W_{i(S)}$ Menge des Analyten *i* in der stationären Phase
$W_{i(M)}$ Menge des Analyten *i* in der mobilen Gasphase
V_S Volumen der stationären Phase
V_M Volumen der mobilen Gasphase (=V_G)
k Mengenverhältnis
β Phasenverhältnis

Die Aufteilung eines flüchtigen Analyten zwischen den beiden Phasen – der Verteilungsvorgang – kommt dadurch zustande, daß die Molekel ständig zwischen den beiden Phasen hin und her pendeln. Würden wir nun den Fluß des Trägergases abstellen, würde sich nach einiger Zeit aus dieser beidseitigen Diffusion ein Gleichgewicht einstellen, das durch eine Gleichgewichtskonstante beschrieben werden kann. Wenn wir daraufhin das Trägergas wieder fließen lassen, werden die Molekel in der Gasphase von der Strömung erfaßt und mitgenommen, die Querdiffusion jedoch hält beide Molekelhaufen zusammen: An der Rückfront des Molekelhaufens ist nur noch der Übergang von der stationären Phase in die Gasphase möglich. Umgekehrt besteht an der Front für die Molekel nur die Möglichkeit, aus der Gasphase in die stationäre Phase hineinzudiffundieren; es sind noch keine Molekel da, die rückdiffundieren könnten. Nur in dem Bereich, in dem sich beide Molekelhaufen überlappen, liegt der Gleichgewichtszustand vor. Auf diese Weise wälzt sich sozusagen die Molekelzone durch die Säule, angetrieben durch den Fluß des Trägergases, aber langsamer als dieses. Die verzögerte chromatographische Wanderung wird im Grunde genommen durch die permanente Störung des Gleichgewichts hervorgerufen. Das Kollektiv tritt dann am Ende der Säule als Bande in den Detektor, wo es als sog. *Peak* registriert und vermessen wird.

Die Gleichgewichtskonstante wird als *Verteilungskonstante* (K), häufig auch als *Verteilungskoeffizient*, bezeichnet: Sie gibt an, um wieviel größer die Konzentration eines Stoffs in der stationären Phase (C_S) gegenüber der in der mobilen Gasphase (C_M) ist. Im Fall der Gas-Flüssig-Chromatographie werden die Konzentrationen als Menge pro Volumen der jeweiligen Phase angegeben. Bei der Gaschromatographie ist das Volumen der mobilen Phase (V_M) in der Trennsäule identisch mit dem Volumen der Gasphase (V_G). Daher setzt sich hier die mit K_c bezeichnete Verteilungskonstante zusammen aus dem *Mengenverhältnis* (k) des Analyten (i) in den beiden Phase und deren Volumenverhältnis (V_G/V_S), das auch als *Phasenverhältnis* (β) bezeichnet wird. Es ist eine wichtige Säulenkonstante.

Das Mengenverhältnis (k) wird auch als *Retentionsfaktor, Massenverteilungsfaktor* oder *Kapazitätsfaktor* bezeichnet. Diese vielfältigen Bezeichnungen entsprechen der zentralen Bedeutung dieser Größe in der GC.

Besteht dagegen die stationäre Phase aus einem Feststoff, kann statt auf das Volumen auch auf das Gewicht oder die spezifische Oberfläche Bezug genommen werden. Dieser Fall wird in Kapitel 4 behandelt.

Verhältnis der Mengen = Verhältnis der Verweilzeiten

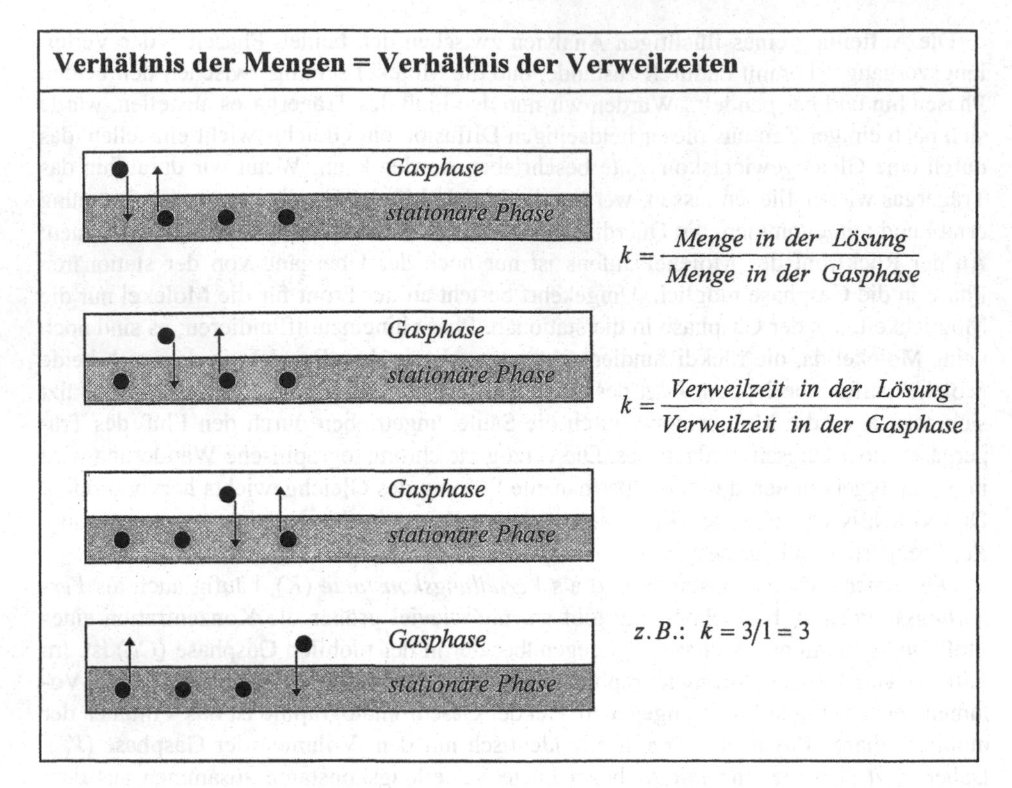

Verweilzeit in der Gasphase t_M

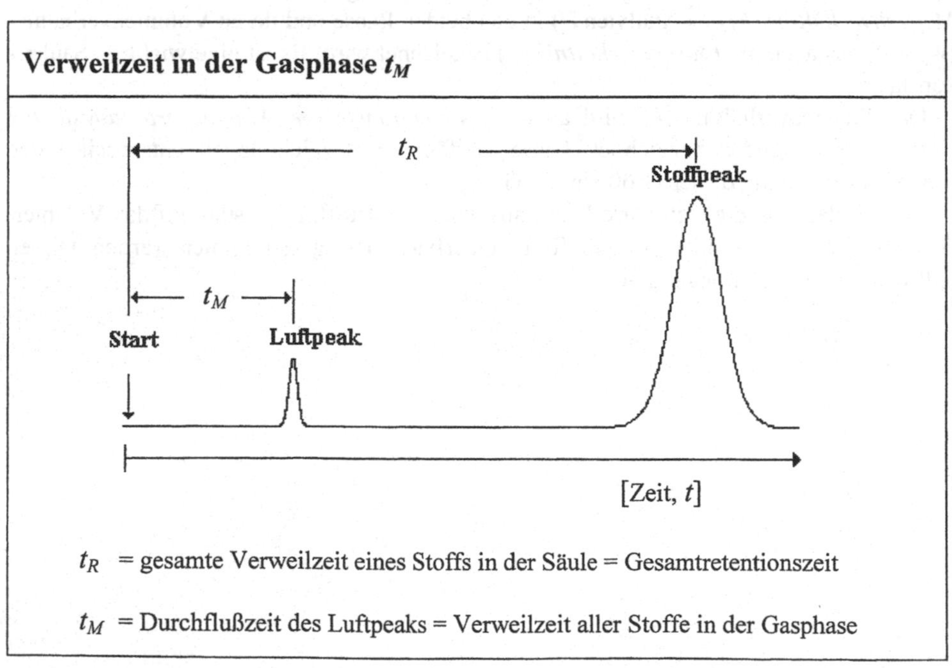

t_R = gesamte Verweilzeit eines Stoffs in der Säule = Gesamtretentionszeit

t_M = Durchflußzeit des Luftpeaks = Verweilzeit aller Stoffe in der Gasphase

Zwei Stoffe werden getrennt, wenn ihre Verteilungskonstanten verschieden sind. Da das Phasenverhältnis eine Apparatekonstante der jeweiligen Säule und daher für alle Stoffe gleich ist, können wir die weitere Diskussion mit dem Mengenverhältnis (k) führen. Ist z. B. k gleich drei, dann ist die Menge dieses Stoffs in der stationären Phase dreimal so groß wie in der Gasphase. Auf jedes Molekel in der Gasphase treffen daher drei Molekel in der stationären Phase. Um das Gleichgewicht zu wahren, muß für jedes Molekel, das aus der Gasphase in die stationäre Phase diffundiert, ein anderes aus der stationären Phase in die Gasphase übertreten. Daraus folgt, daß in der stationären Phase jedes Molekel dreimal so lange warten muß, bis es wieder an die Reihe kommt. Infolgedessen beschreibt das Mengenverhältnis (k) auch das Verhältnis der Verweilzeiten eines Stoffs in den beiden Phasen. Das ist ein wichtiger Zusammenhang zwischen dem statischen thermodynamischen Gleichgewicht und der dynamischen Wanderung im chromatographischen System, da diese Verweilzeiten auch das Retentionsverhalten eines Stoffs bestimmen.

Die gesamte Verweildauer eines Stoffs in der Säule entspricht der Zeit von der spontanen Probenaufgabe bis zum Austreten des Peakmaximums aus der Säule und ist gleich der gesamten Retentionszeit (t_R). Schwieriger wird es schon, diese *Gesamtretentionszeit* nun in die Verweilzeiten des Stoffs in der stationären und in der Gasphase aufzuschlüsseln.

Die Verweilzeit in der Gasphase ist für alle Stoffe gleich und läßt sich mit Hilfe eines Stoffs bestimmen, der sich in der stationären Phase nicht löst und infolgedessen mit der Geschwindigkeit des Trägergases durch die Säule wandert. So ein Stoff ist z. B. ein Inertgas, wie Luft, wenn man eine Säule mit einer flüssigen stationären Phase benutzt. Man benötigt dann allerdings einen Detektor, der den *Luftpeak* (*Inertpeak*) mit der *Durchflußzeit* (t_M), häufig auch als *Totzeit* bezeichnet, anzeigt. Alternativ wird im Fall eines Flammenionisationsdetektors (FID) Methan verwendet, unter der Annahme, daß es von der stationären Phase unter den gegebenen Bedingungen – höhere Temperatur, kurze Säule, dünner Film – nicht zurückgehalten wird und sich daher wie ein Inertstoff verhält. Im System des Retentionsindex kann die Durchflußzeit auch aus den Retentionszeiten von drei aufeinanderfolgenden n-Alkanen nach Gl. 1.13 (s. S. 16) berechnet werden.

Verweilzeit in der stationären Phase t'_R

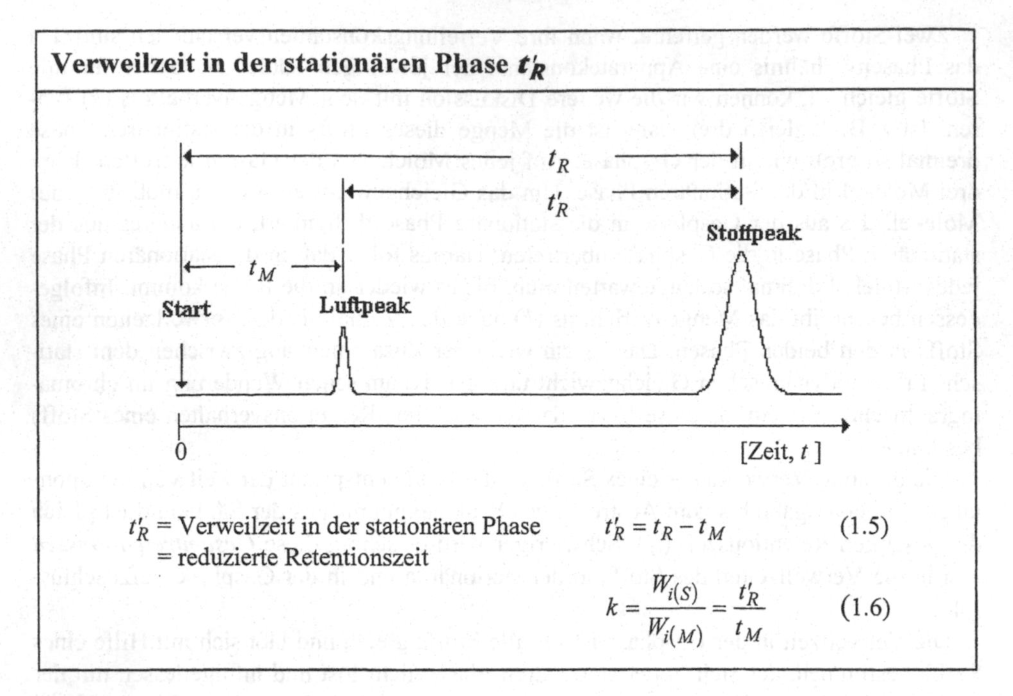

t'_R = Verweilzeit in der stationären Phase
= reduzierte Retentionszeit

$$t'_R = t_R - t_M \tag{1.5}$$

$$k = \frac{W_{i(S)}}{W_{i(M)}} = \frac{t'_R}{t_M} \tag{1.6}$$

Trennbarkeit: Relative Retention r und Trennfaktor α

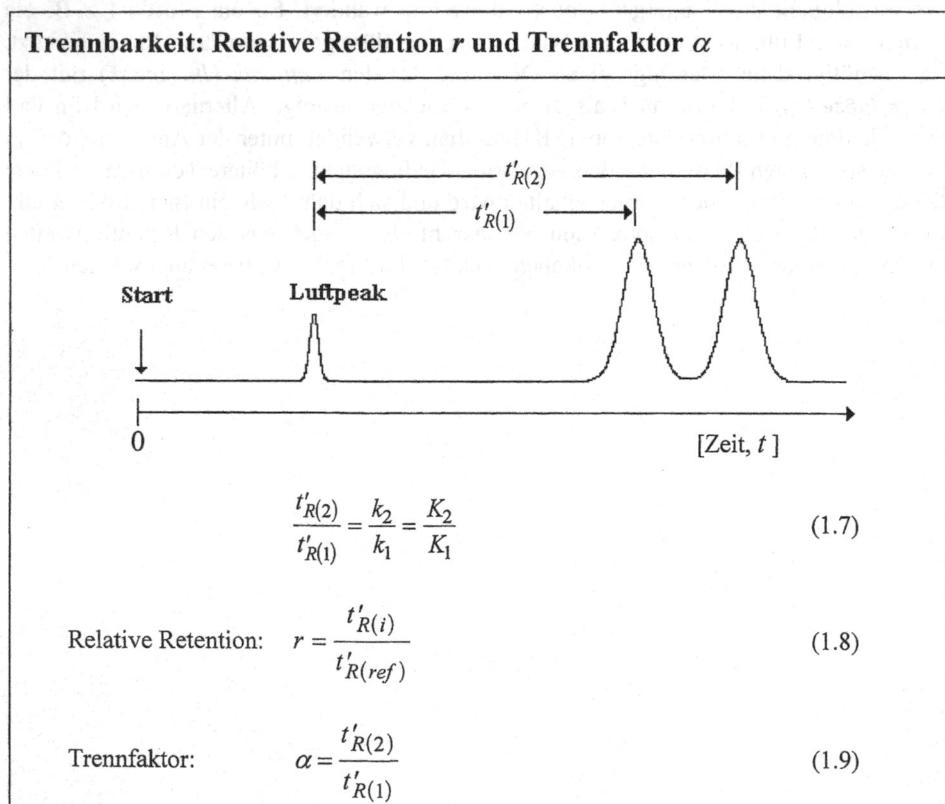

$$\frac{t'_{R(2)}}{t'_{R(1)}} = \frac{k_2}{k_1} = \frac{K_2}{K_1} \tag{1.7}$$

Relative Retention: $$r = \frac{t'_{R(i)}}{t'_{R(ref)}} \tag{1.8}$$

Trennfaktor: $$\alpha = \frac{t'_{R(2)}}{t'_{R(1)}} \tag{1.9}$$

Die Verweilzeit eines Stoffs in der flüssigen stationären Phase kann nicht unmittelbar bestimmt werden. Sie errechnet sich als Differenz zwischen der Gesamtretentionszeit und der Durchflußzeit und wird als *reduzierte Retentionszeit* (t'_R) bezeichnet.

Diese Berechnung ist insofern möglich, als die Verweilzeit in der Gasphase für alle Stoffe gleich ist. Befindet sich ein Stoff in der Gasphase, wandert er immer mit der Trägergasgeschwindigkeit weiter, und diese Wanderung wird nur durch die Verweilzeit in der stationären Phase unterbrochen. Für ein einzelnes Molekel gilt, daß es entweder mit der Geschwindigkeit des Trägergases transportiert wird oder überhaupt nicht, solange es sich nämlich in der stationären Phase aufhält.

Aus den Retentionszeiten lassen sich durch Multiplikation mit der Flußgeschwindigkeit des Trägergases auch die analogen Retentionsvolumina (*Gesamtretentionsvolumen* (V_R), *reduziertes Retentionsvolumen* (V'_R) und das *Durchflußvolumen* (V_M)) angeben. Für die Peakerkennung werden aber sowohl zur qualitativen Identifizierung als auch für die quantitative Analyse immer die vom Datensystem bestimmten Retentionszeiten zugrundegelegt, daher verwenden wir hier ausschließlich diese Größen.

Da die Verweilzeit in der Gasphase für alle Stoffe dieselbe ist, sind zwei Stoffe chromatographisch nur trennbar, wenn sie sich unterschiedlich lange in der stationären Phase aufhalten und dadurch unterschiedlich lange Retentionszeiten aufweisen. Ihre *Trennbarkeit* läßt sich daher durch das Verhältnis der reduzierten Retentionszeiten beschreiben. Dieses Verhältnis wird als *relative Retention* (r) bezeichnet; es gibt gleichzeitig das Verhältnis aller davon abgeleiteten Größen wieder, wie z. B. das der Mengenverhältnisse (k) und der Verteilungskonstanten (K). Die relative Retention (r) wird bestimmt, indem man einen bekannten Stoff als Referenzsubstanz benutzt. Je nach Reihenfolge der Retention kann r daher größer oder kleiner als 1 sein.

Das gleiche Retentionsverhältnis, aber jetzt von zwei benachbarten Peaks im Chromatogramm wird auch als *Trennfaktor* (α) bezeichnet, wobei man definitionsgemäß den ersten Peak als Referenzpeak benutzt, wodurch α immer ≥ 1 wird. Der Trennfaktor (α) wird zur Beschreibung der Auflösung nach Gl. 2.15 (s. S. 32) und damit zur Charakterisierung des Trennvermögens einer Säule verwendet.

Identifizierung durch Vergleich der Retentionszeiten

- durch Vergleich der Retentionszeiten (t_R oder t'_R) aller in Frage kommenden Stoffe unter den gleichen apparativen Bedingungen
- gute Reproduzierbarkeit der Retentionszeiten erforderlich
- Nachteil: zeitaufwendig, je nach Zahl der in Frage kommenden Stoffe
- bei unbekannten Stoffen Bestätigung der Identifizierung mit einer Säule anderer Polarität notwendig

Identifizierung durch die relative Retention *r*

$$r = t'_{R(i)} / t'_{R(ref)} \qquad (1.10)$$

- unabhängig von apparativen Parametern: Säulenlänge, Trägergasströmung, Filmdicke
- Angabe von Temperatur, stationärer Phase und Referenzstoff erforderlich
- nur isotherm bestimmbar und anwendbar
- Vergleichbarkeit mit Tabellenwerten mäßig, besser durch Retentionsindex
- bei unbekannten Stoffen ebenfalls Bestätigung durch eine zweite Säule mit anderer stationärer Phase erforderlich

1.4 Komponentenidentifizierung durch Retentionsdaten

Eine Identifizierung getrennter Komponenten erfolgt im Prinzip immer mit entsprechenden Vergleichsstoffen unter den gleichen apparativen Bedingungen. Dazu kann man vor oder nach der Trennung einer Probe diese Vergleichsstoffe nacheinander chromatographieren und die Retentionszeiten direkt vergleichen (die Chromatogramme „übereinanderlegen“). Mit zunehmender Zahl von Stoffen wird der Aufwand unpraktikabel. Man kann das Verfahren abkürzen, wenn man nur einen Referenzstoff verwendet und diesen entweder separat unter den gleichen Bedingungen chromatographiert oder zur Probe zumischt. Die Retentionszeiten der Probenkomponenten werden dann auf diesen Referenzstoff bezogen und relativ dazu entweder als *relative Retention* oder als *Retentionsindex* angegeben. Bei letzterem werden mindestens zwei solcher Referenzstoffe benötigt.

Identifizierung durch die relative Retention

Bei der relativen Retention (r) wird das Verhältnis der reduzierten Retentionszeiten des Analyten und des Referenzstoffs gebildet (s. Gl. 1.10). Die apparativen Parameter, wie Strömungsgeschwindigkeit des Trägergases und Länge der Säule, sind in der Durchflußzeit (t_M) enthalten und deren Einfluß auf die Retention ist damit eliminiert. Das Verhältnis der reduzierten Retentionszeiten des Analyten ($t'_{R(i)}$) zum Referenzstoff ($t'_{R(ref)}$) hängt dann nur noch vom Verhältnis der Verweilzeiten der beiden Stoffe in der stationären Phase ab. Es wird von der Temperatur und der Art der stationären Phase beeinflußt, die infolgedessen zusammen mit der relativen Retention (r) ebenfalls mitangegeben werden müssen. Die relative Retention ist daher – im Prinzip – unabhängig von apparativen Bedingungen (z. B. von unterschiedlichen Gasströmungen, unterschiedlich langen Säulen mit unterschiedlichen Filmdicken), und sie gilt gleichermaßen für Kapillarsäulen wie für gepackte Säulen. Damit sind die Retentionsdaten, z. B. aus verschiedenen Labors mit unterschiedlichen Geräten „vergleichbar“ und können daher für Identifizierungszwecke auch aus Tabellen entnommen werden. Verständlicherweise sind die an eigenen Geräten erstellten Retentionsdaten besser reproduzierbar als solche aus anderen Labors oder aus Literaturtabellen.

Der Trennfaktor (α) ist nur isotherm anwendbar und das gilt streng auch für die relative Retention (r). Letztere kann jedoch bei temperaturprogrammierter Arbeitsweise für Identifizierungszwecke mit entsprechenden Einschränkungen auch unter den folgenden Bedingungen benutzt werden:

Zuordnung durch die relative Retentionszeit *RRT*:

$$RRT = t_{R(i)} / t_{R(ref)} \tag{1.11}$$

- Zuordnung von bekannten Komponenten eines Kalibrierstandards für die quantitative Analyse
- Gesamtretentionszeit t_R anwendbar
- nur unter gleichbleibenden apparativen Bedingungen erlaubt
- automatische Bestimmung mit Integratoren und Rechnern
- isotherm und temperaturprogrammiert möglich

Der Retentionsindex von Benzol auf Squalan

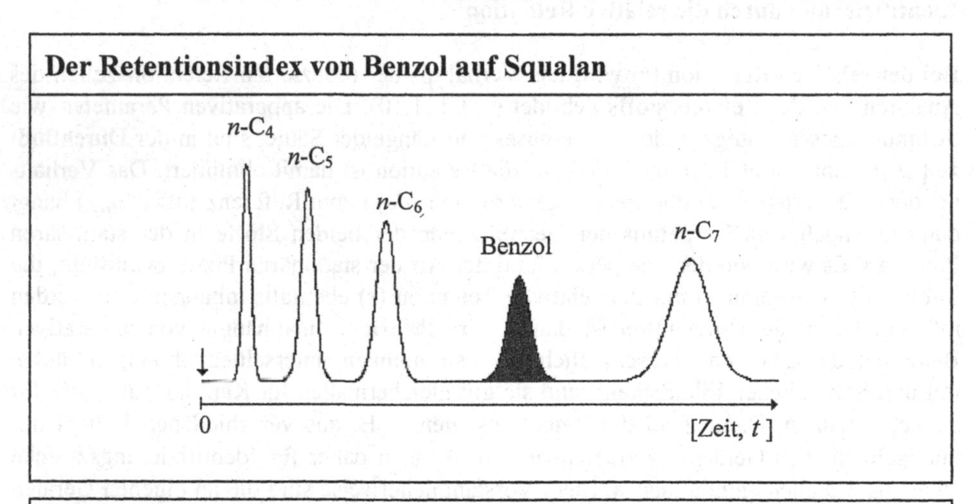

Der Retentionsindex von Benzol auf Squalan

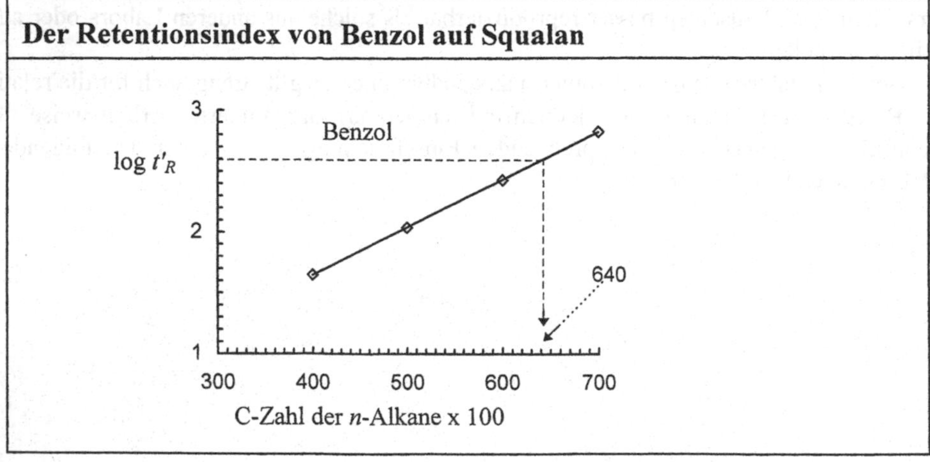

Wenn man nämlich für quantitative Analysen sowieso unter den gleichen apparativen Bedingungen einen Kalibrierstandard chromatographieren muß, der alle interessierenden Stoffe enthält, sind die Komponenten ja bekannt und die Zuordnung kann entweder durch unmittelbaren Vergleich der Gesamtretentionszeiten (t_R) oder ebenfalls aufgrund von relativen Retentionsangaben erfolgen. Im letzteren Fall ist es aber dann zulässig und ausreichend, die Gesamtretentionszeiten (t_R) zu verwenden, was mit Integratoren und Rechnern einfacher ist. Diese relative Angabe erfolgt durch die sog. relative Retentionszeit (RRT)* (*„relative retention time"*). Da für diese Aufgabenstellung nur die Reproduzierbarkeit der Retentionszeiten bei gleichbleibenden apparativen Bedingungen maßgebend ist, kann die Bestimmung auch bei temperaturprogrammierter Arbeitsweise erfolgen. Es geht damit aber die „Vergleichbarkeit" verloren, d. h. diese Werte sind nicht auf Tabellenwerte anwendbar oder auf Messungen unter anderen instrumentellen Bedingungen übertragbar.

Der Retentionsindex

Bei Vielkomponentengemischen ist es sicherer, mehrere Referenzstoffe für die relativen Retentionsangaben zu verwenden. Auf dieser Vorstellung basiert der *Retentionsindex* (Kovats-Index). Das Bezugssystem ist hier die homologe Reihe der *n*-Alkane und damit wird der gesamte Temperaturbereich der GC erfaßt. Der interessierende Peak, z. B. von Benzol (B) wird von den beiden Referenzpeaks *n*-Hexan (n-C_6) und *n*-Heptan (n-C_7) flankiert. Den *n*-Alkanen werden unabhängig von der Art der stationären Phase und der Temperatur feste Indexwerte (I) zugeordnet, die sich aus der mit 100 multiplizierten Kohlenstoffzahl des jeweiligen *n*-Alkans ergeben:

$$I(\text{Methan})=100,\ I(\text{Ethan})=200,\ I(\text{Propan})=300,\ I(n\text{-Butan})=400$$

Das System beruht auf einem logarithmischen Maßstab, da die Retentionszeiten von Homologen bei isothermer Arbeitsweise logarithmisch zunehmen. Es besteht daher ein linearer Zusammenhang zwischen den Logarithmen der reduzierten Retentionszeiten der *n*-Alkane und ihrer C-Zahl, wie die graphische Darstellung zur Bestimmung des Retentionsindex von Benzol (I = 640) auf einer Squalan-Säule bei 60 °C zeigt.

---

* Diese geläufige Bezeichnung wird hier beibehalten, obwohl relative Angaben prinzipiell dimensionslos sind.

Der Retentionsindex I

$$I = 100 \left[\frac{\log t'_{R(i)} - \log t'_{R(z)}}{\log t'_{R(z+1)} - \log t'_{R(z)}} \right] \quad (1.12)$$

$$t'_{R(z)} < t'_{R(i)} < t'_{R(z+1)}$$

Bestimmung der Durchflußzeit nach Peterson und Hirsch

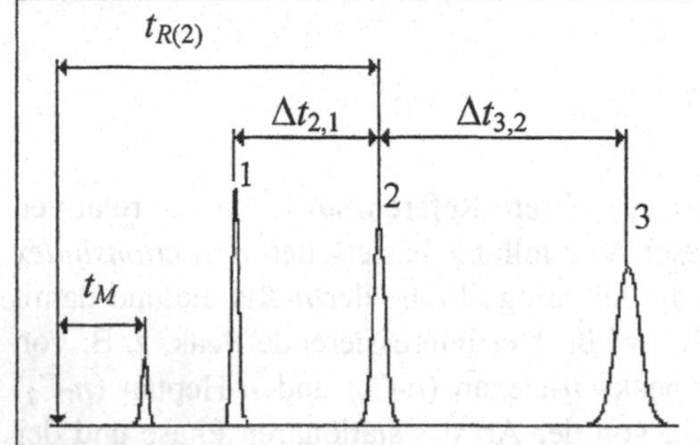

$$t_M = t_{R(2)} - \frac{\Delta t_{2,1} \cdot \Delta t_{3,2}}{\Delta t_{3,2} - \Delta t_{2,1}} \quad (1.13)$$

Temperaturabhängigkeit von relativer Retention r und Retentionsindex I

relative Retention r: $\log r = a + \left(b/T\right)$ (1.14)

Retentionsindex I: $I \cong a \cdot T + b$ (1.15)

Vorteile und Anwendungen des Retentionsindex:

- Anschaulich: ein Stoff mit dem Index 450 eluiert zwischen *n*-Butan und *n*-Pentan.
- Gut geeignet zur Dokumention: Durch die beiden flankierenden Standards für jeden Peak wird die Genauigkeit und dadurch die Vergleichbarkeit mit Tabellenwerten verbessert.
- Eine Extrapolation auf andere Temperaturen ist linear möglich.
- Wird ein Stoff auf einer polaren und einer unpolaren Säule gemessen, ist eine Indexverschiebung ΔI ein Maß für die Selektivität der polaren Säule. Darauf basiert das System von Rohrschneider/McReynolds zur Charakterisierung von Säulenpolaritäten.

Die Retentionsindices werden nach nebenstehender Formel 1.12 aus den Logarithmen der reduzierten Retentionszeiten berechnet. Jede Komponente i mit ihrer reduzierten Retentionszeit ($t'_{R(i)}$) liegt zwischen den Peaks der beiden benachbarten n-Alkane, wobei z die Zahl der C-Atome des n-Alkans ist, das vor der Komponente i eluiert und (z+1) die C-Zahl des entsprechenden n-Alkans, das danach kommt. Die für die Berechnung der reduzierten Retentionszeiten erforderliche Durchflußzeit (t_M) kann im System des Retentionsindex, z. B. nach Peterson und Hirsch[1], (s. Gl. 1.13) aus drei aufeinanderfolgenden n-Alkanen (1, 2 und 3) berechnet werden.

Die Temperaturabhängigkeit von relativer Retention und Retentionsindex

Die Abhängigkeit der relativen Retention von der Temperatur ist logarithmisch und reziprok (s. Gl. 1.14). Dagegen kann der Retentionsindex in einem nicht zu weiten Temperaturintervall nach Gl. 1.15 linear extrapoliert werden. Die Angabe erfolgt in $\delta I/10$ °C und lautet z. B. für Benzol auf Squalan:

$$I_{60\,°C}^{Squalan} = 640 \qquad \delta I / 10\,°C = 3.2$$

Anwendungsmöglichkeiten des Retentionsindex

Der Retentionsindex bietet für die Zuordnung bei der quantitativen Analyse gegenüber der relativen Retention keinen Vorteil, er wird aber wegen seiner guten „Vergleichbarkeit" zur Identifizierung von Proben unbekannter Zusammensetzung mittels tabellierter Daten bevorzugt. Allerdings ist durch die GC/MS-Kopplung die Bedeutung zur Stoffidentifizierung stark zurückgegangen, ebenso wie die Möglichkeit, Retentionsdaten von gaschromatographisch bisher nicht erfaßten Stoffen durch Addition von Indexincrementen zu berechnen. Der Retentionsindex wird meist nur noch in solchen Fällen eingesetzt, in denen – wie bei komplexen Kohlenwasserstoffgemischen – die Massenspektrometrie (MS) manchmal keine eindeutige Zuordnung der zahlreichen Isomeren zuläßt. Auch für Screeningzwecke eignet sich das Verfahren. Ein Beispiel dafür ist die Sammlung der Indices[2] von > 1500 toxischen Stoffen auf einer unpolaren Säule für schnelles klinisches Screening in Vergiftungsfällen. Für diese Anwendung ist ein schneller Ausschluß von > 99 % der möglichen Giftstoffe besonders nützlich, um die wenigen noch verbleibenden Stoffe um so schneller zielgerichtet identifizieren zu können. Bedeutung hat das Index-System aber nach wie vor zur Charakterisierung von Säulenpolaritäten (s. Kapitel 3.3) durch das Rohrschneider/McReynolds-System.

---

[1] M. L. Peterson and J. Hirsch, *J. Lipid Res.* **1** (1959) 132.

[2] *Gas-Chromatographic Retention Indices of Toxicologically Relevant Substances on SE-30 or OV-1*; DFG und TIAFT (Hrsg.), VCH Verlagsgesellschaft mbH, Weinheim, 1985.

2 Die gaschromatographische Trennsäule

Die Bezeichnung *Säule* für eine gaschromatographische Trennstrecke ist historisch bedingt: sie stammt aus der frühen Zeit der Flüssigkeitschromatographie, als körnige Adsorbentien in kurze und dicke Röhren gestopft wurden, die durchaus Ähnlichkeit mit stämmigen Säulen hatten. Auch die Gaschromatographie hat mit derartigen Säulen, den sog. *gepackten Säulen* begonnen. Diese sind nach wie vor für bewährte Anwendungen, besonders für routinemäßige Gasanalysen, wegen ihrer Robustheit und Langzeitstabilität beliebt. Ihr Durchmesser beträgt üblicherweise 1/4" (6.35 mm) oder 1/8" (3.18 mm) und bei den sog. mikrogepackten Säulen < 1 mm. Das Trennvermögen dieser Säulen ist jedoch begrenzt und die Forderung nach höherer Auflösung wurde mit der Einführung der Kapillarsäulen durch M. Golay (1957) erfüllt. Bedingt durch den offenen Längskanal (*„open tubular column“*) und den damit verbundenen geringen Druckabfall war es möglich, wesentlich längere Säulen zu verwenden. Trotzdem sind die Analysenzeiten wegen der geringen Menge an stationärer Phase in den dünnen Kapillaren akzeptabel, die aber andererseits eine sehr geringe Probenkapazität und eine damit verbundene geringere Nachweisempfindlichkeit zur Folge hat. Die kleine Probenkapazität zwang dazu, einen Probenteiler (*„splitter“*) zu benutzen, mit dem eine noch handhabbare Probenmenge (µL-Volumina) vor der Säule soweit geteilt wird, daß nur wenige Prozent der verdampften Probenmenge tatsächlich in die Säule gelangen. Die damit verbundene geringe Nachweisempfindlichkeit, ein gravierender Nachteil besonders für Spurenanalysen, wurde durch die sog. *splitlose* Probenaufgabe durch K. Grob entscheidend verbessert. Im Verlauf der weiteren Entwicklung wurden dann verschiedenen Techniken zur kalten Probenaufgabe eingeführt, die sowohl mit als auch ohne Split betrieben werden. Für den konkreten praktischen Fall ist eine Auswahl aus diesen zahlreichen Möglichkeiten nicht weniger schwierig als die Wahl der richtigen Säule. Der eigentliche Durchbruch für die Kapillarsäulen erfolgte jedoch erst durch die Fused-Silica-Kapillaren, die 1975 von R. Dandeneu und E.H. Zerenner eingeführt wurden und wegen ihrer Flexibilität die zerbrechlichen Glaskapillaren und wegen ihrer Inertheit und ihrer geringen Masse die Stahl- oder Kupferkapillaren ersetzten.

Erforderliche Eigenschaften des Trägermaterials

- chemisch inert
- spezifische Oberfläche von 1–10 m^2/g
- mechanisch gegen Abrieb stabil
- enge Korngrößenverteilung
- große Permeabilität, d. h. geringer Druckabfall
- gut benetzbar für die flüssige stationäre Phase

Tabelle der mesh-Zahlen

mesh	µm-Bereich
60/80	250–177
80/100	177–149
100/120	149–125

Silylierung des Trägermaterials mit Dimethyldichlorsilan (DMCS)

$$2\ {\sim}O{-}Si{-}OH + Cl_2Si(CH_3)_2 \longrightarrow ({\sim}O{-}Si{-}O)_2Si(CH_3)_2 + 2\,HCl$$

Chromosorb W, AW, 60/80 mesh + DMCS → Chromosorb W, AW- DMCS, 60/80 mesh

2.1 Gepackte Säulen

Bei gepackten Säulen ist ein Rohr aus Metall, Glas oder Kunststoff (z. B. PTFE) mit dem sog. Säulenfüllmaterial dicht gefüllt, d. h. gepackt. Die äußere Gestalt richtet sich nach der Form des Ofenraums des jeweiligen Gaschromatographen.

Im Fall der Adsorptions-Gaschromatographie besteht das Füllmaterial aus dem feinkörnigen Adsorbens. Im Fall der Verteilungs-Gaschromatographie besteht es aus einem porösen Trägermaterial, dessen Oberfläche mit dem Film der flüssigen stationären Phase imprägniert ist. Meist wird dazu Diatomeenerde verwendet; das ist ein Gemenge aus den porösen Gerüststrukturen und Schalen von Kieselalgen (Radiolaren), das zu etwa 90 % aus reinem SiO_2 besteht. In der ursprünglichen Form ist das Material zu fein. Es wird daher calciniert und die entstehenden Agglomerate werden in einheitliche Siebfraktionen unterteilt. Weißes Material wird bei über 900 °C durch Calcinieren mit etwas Soda erhalten. Die Diatomeenerde schmilzt dabei teilweise und wird in kristallinen Cristobalit umgewandelt. Die Partikel werden durch Natriumsilikat zusammengehalten. Das Material ist weiß, da Eisenoxid in einen farblosen Natriumsilikatkomplex umgewandelt wird, und es ist sehr weich, d. h. gegen Abrieb nicht sehr stabil. Farbiges Material wird ohne Soda durch Calcinieren mit einem anorganischen Binder bei über 1000 °C hergestellt. Dabei wird die Diatomeenstruktur stärker abgebaut. Das Material ist dichter, weniger zerbrechlich und kann mehr flüssige Phase aufnehmen. Metalloxide verleihen dem Material eine rosa oder rotbraune Farbe.

Metalloxide (Fe, Al) an der Oberfläche des Trägers bewirken eine katalytische Zersetzung empfindlicher Stoffe und werden durch Waschen mit HCl entfernt. Derartiges Material wird mit AW („*acid washed*“) bezeichnet, während das nicht behandelte Material die Bezeichnung NAW („*non acid washed*“) trägt. Oberflächliche Silanolgruppen können unerwünschte Adsorptionseffekte bei polaren Stoffen bewirken und ein *Tailing* („Schweifbildung“) der entsprechenden Peaks im Chromatogramm hervorrufen. Umsetzung mit Dimethyldichlorsilan (DMCS) überführt die Silanolgruppen in cyclische Dimethylsilylether und macht die Oberfläche des Trägers hydrophob. Reaktion mit Hexamethyldisilazan (HMDS) überführt sie in Trimethylsilylether (TMS-Derivate).

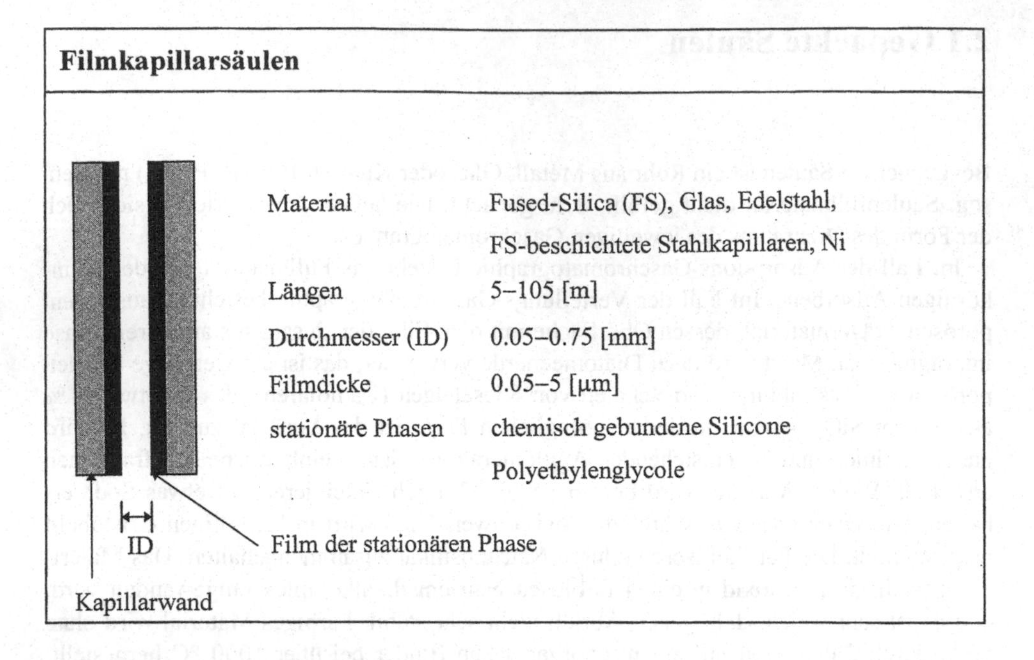

Filmkapillarsäulen
Material
Fused-Silica (FS), Glas, Edelstahl,
FS-beschichtete Stahlkapillaren, Ni
Längen
5–105 [m]
Durchmesser (ID)
0.05–0.75 [mm]
Filmdicke
0.05–5 [µm]
stationäre Phasen
chemisch gebundene Silicone
Polyethylenglycole
ID
Film der stationären Phase
Kapillarwand

Auswahl von nützlichen Filmkapillarsäulen

ID [mm]	Filmdicke [µm]	β	Länge [m]	Eigenschaften und Anwendungen
0.10	0.10	250	10	großes Trennvermögen, kurze Analysenzeiten, sehr kleine Kapazität, nicht geeignet für große Konzentrationsunterschiede (> 1 %)
0.18	0.20	225	25	wie oben, Kapazität etwas besser
0.25	0.50	125	50	universell geeignet für großes Trennvermögen bei langen Analysenzeiten
0.32	0.50	160	25	universell bei mittlerem Trennvermögen; kurze Analysenzeiten und gute Probenkapazität für große Konzentrationsunterschiede. Universal-Kapillarsäule als erster Versuch für weitere Optimierungen
0.53	1.0	133	25	Ersatz für gepackte Säulen, kleiner Druckabfall, daher: • schnelle Analysen mit hoher Strömung, aber bei geringem Trennvermögen • gutes Trennvermögen mit optimierter Strömung

2.2 Kapillarsäulen

Kapillarsäulen haben im Gegensatz zu gepackten Säulen einen offenen Längskanal („*open tubular columns*"). Dadurch ist ihre Permeabilität größer, und bei vergleichbaren Vordrucken können wesentlich längere Säulen verwendet werden. Das Kapillarrohr kann aus Metall oder Glas sein, bevorzugt werden heute aber fast ausschließlich dünnwandige Fused-Silica-Kapillaren (FS-Kapillaren) aus geschmolzenem, amorphem SiO_2, die zum mechanischen Schutz außen mit einem Film aus Polyimid oder mit Aluminium („*Al-clad*") beschichtet sind. Die Oberfläche einer FS-Kapillare hat aber sauren Charakter (pH = 4.2) und durch die freien Silanolgruppen starke Adsorptionseigenschaften. Durch Silylierung, bevorzugt durch Hochtemperatursilylierung in einer beidseitig verschlossenen FS-Kapillare, wird die Oberfläche desaktiviert. Die Wahl des Silylierungsmittels richtet sich nach der Art der verwendeten stationären Phase. Da der Benutzer darauf keinen Einfluß hat, wird hier nicht weiter darauf eingegangen. Die Bedeutung von Glaskapillaren ist inzwischen so stark zurückgegangen, daß auf die Verfahren, deren innere Oberfläche zu modifizieren, hier ebenfalls nicht weiter eingegangen wird.*

Es gibt Filmkapillarsäulen und Schichtkapillarsäulen, im folgenden kurz *Filmkapillaren* und *Schichtkapillaren* genannt. Bei Filmkapillaren (WCOT: „*wall coated open tubular columns*") haftet die stationäre Phase als dünner Film an der glatten Innenwand der Kapillare. Durch Kombination verschiedener Längen, Innendurchmesser und Filmdicken wird von den Säulenherstellern eine nicht mehr überschaubare Vielzahl von Kapillarsäulen angeboten. Die nebenstehende Tabelle enthält eine kleine Auswahl davon, mit der die meisten Anwendungsprobleme lösbar sein sollten.

Die stationäre Phase wird nach verschiedenen Verfahren in die FS-Kapillare eingebracht. Beim sog. dynamischen Verfahren wird eine Lösung der flüssigen stationären Phase als Pfropf durch ein Inertgas langsam und mit konstanter Wanderungsgeschwindigkeit durch das Kapillarrohr gepreßt. Ein besonders gleichmäßiger und homogener Film wird mit der Quecksilber-Pfropfenmethode erhalten: Ein Hg-Pfropfen zwischen dem Inertgas und der Imprägnierlösung drückt diese durch die Kapillare. Beim sog. statischen Verfahren wird die Kapillare mit der Imprägnierlösung gefüllt und das Lösemittel im Vakuum abgezogen.

Dieses Verfahren wird auch für Schichtkapillaren bevorzugt.

---

* s. Schrifttum zur Gaschromatographie, Abschnitt 10.2: Trennsäulen und stationäre Phasen.

Vernetzung von Poly(dimethylsiloxan) durch Peroxidradikale R°

$$\sim\text{O}-\text{Si}(\text{CH}_3)(\text{CH}_3)-\text{O}\sim + \text{R}^\circ \longrightarrow \sim\text{O}-\text{Si}(\text{CH}_3)(\text{CH}_2^\circ)-\text{O}\sim + \text{RH}$$

$$2\ \sim\text{O}-\text{Si}(\text{CH}_3)(\text{CH}_2^\circ)-\text{O}\sim \longrightarrow \sim\text{O}-\text{Si}(\text{CH}_3)(\text{CH}_2-\text{CH}_2-)-\text{O}\sim \quad (\text{verknüpft mit } \sim\text{O}-\text{Si}(\text{CH}_3)-\text{O}\sim)$$

SCOT-Schichtkapillaren

Material	Fused-Silica (FS), Edelstahl (SS)
Längen	15, 30 [m]
Durchmesser (ID)	FS: 0.25, 0.32, 0.53 [mm]
	SS: 0.508 [mm]
stationäre Phasen	flüssige stationäre Phasen auf feinkörnigem Trägermaterial ● als dünne Schicht an der Innenwand der Kapillare

PLOT-Schichtkapillaren

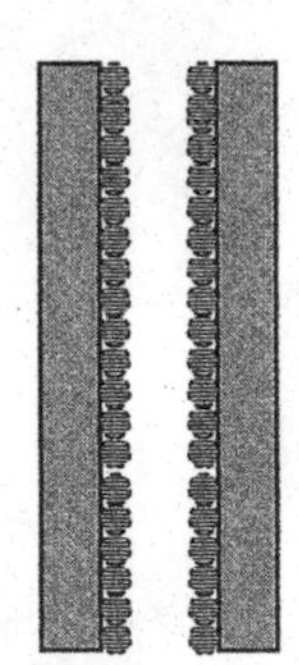

Material	Fused-Silica (FS), Edelstahl (SS)
Längen	15, 30, 50, 60 [m]
Durchmesser (ID)	0.25, 0.32, 0.53 [mm]
Schichtdicke	10–50 [µm]
stationäre Phasen	durchgehend poröse Adsorbentien: Molekularsiebe, Kohlenstoffmolekularsiebe Silicagele, Al_2O_3, poröse Polymere, auch oberflächenmodifizierter graphitierter Ruß

Der an der Wand haftende Film kann nachträglich durch peroxidische Oxidation, z. B. mit Dicumylperoxid durch Quervernetzung immobilisiert werden („*cross-linked-*“ oder „*bonded phases*“). Bevorzugt werden Methylsilicone vernetzt, aber auch Polyethylenglycole über Epoxigruppen. Allerdings lassen sich nicht alle stationären Phasen vernetzen. Die beim Zerfall der Peroxide entstehenden Radikale R° bilden durch Wasserstoff-Abstraktion oder durch Anlagerung an die Vinylgruppen Polymerradikale, die miteinander zu einer dreidimensionalen makromolekularen Struktur vernetzen. Damit können dickere Filme erzeugt und stationär gehalten werden. Die Filmdicken liegen meist zwischen 0.05 und 5 μm; es sind aber sowohl dünnere als auch dickere Filme möglich.

Quervernetzte stationäre Phasen sind unlöslich und die Kapillarsäule kann mit Lösemittel gespült und gereinigt werden. Die neueren Probenaufgabetechniken, wie die *splitlose Injektion*, bei der das Lösemittel durch den „*solvent effect*“ am Säulenanfang wieder flüssig kondensiert wird und auch die On-Column-Injektion („*on-column-injection*“), sind daher nur mit derart immobilisierten Phasen möglich, da andernfalls die flüssige Phase durch das kondensierte Lösemittel ausgewaschen würde.

Bei Dünnschicht-Kapillarsäulen unterscheidet man noch zwischen SCOT-Säulen („*support coated open tubular columns*“) und PLOT-Säulen („*porous layer open tubular columns*“). SCOT-Säulen werden hergestellt, indem Trägermaterial auf der Basis von Diatomeenerde, allerdings feinkörniger als bei gepackten Säulen, mit der flüssigen stationären Phase imprägniert und dann als dünne Schicht an der Innenwand der Kapillare aufgebracht wird. Damit werden viele, besonders stark polare Phasen, die in konventionellen Dünnfilm-Kapillarsäulen nicht verwendet werden können, nutzbar gemacht (s. Beispiel S. 50 und 65). SCOT-Säulen sind ein Kompromiß zwischen der höheren Probenkapazität von gepackten Säulen und dem höheren Trennvermögen von Kapillarsäulen. Sie werden aber nur noch für wenige, und dann ganz spezielle Anwendungen eingesetzt. PLOT-Säulen sind ähnlich aufgebaut, die dünne Schicht besteht aber hier aus feinkörnigem und durchgehend porösem Adsorptionsmaterial. Sie werden speziell für die Trennung von Gasen und leichtflüchtigen Kohlenwasserstoffen eingesetzt. Als Adsorbentien werden verwendet: vernetzte poröse Polymere, anorganische Molekularsiebe, Kohlenstoffmolekularsiebe, Kieselgele und Al_2O_3, auch mit flüssiger Phase oberflächenmodifizierter graphitierter Ruß.

Trennvermögen

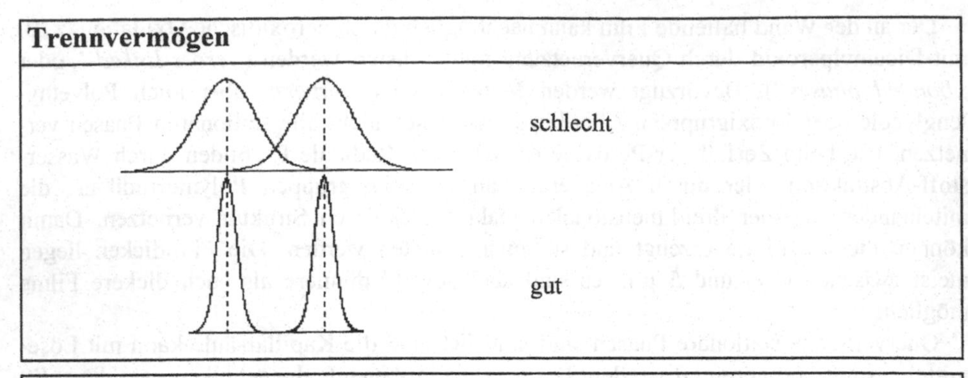

Auflösung

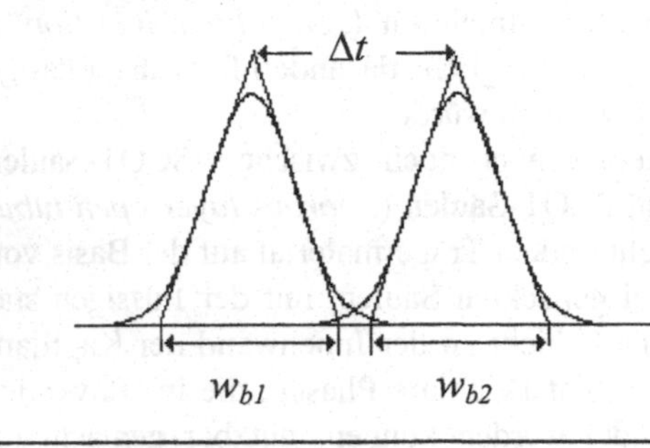

$$R = \frac{\Delta t}{\frac{w_{b1} + w_{b2}}{2}} \approx \frac{\Delta t}{w_{b2}} \tag{2.1}$$

R Auflösung („*resolution*“)

R = 1.0: Auflösung 85 %

R = 1.5: Auflösung 100 %

Peakverbreiterung

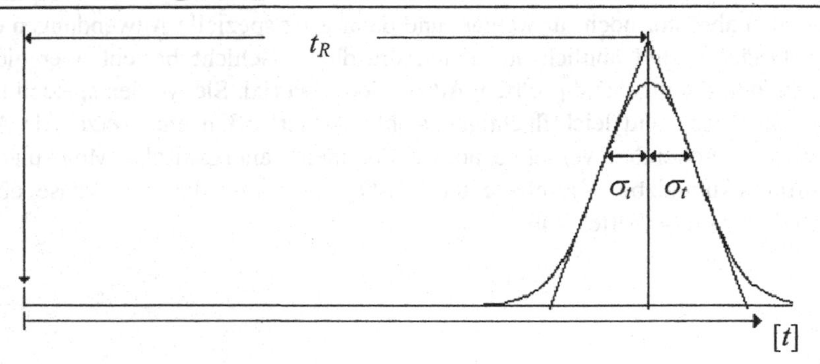

Einstein'sche Diffusionsgleichung: $\sigma_L^2 = 2Dt_R$ (2.2)

σ_t Peakbreite als Standardabweichung in chromatographischen Zeiteinheiten [s]

σ_L Peakbreite als Standardabweichung in Längeneinheiten [cm]

D Bruttodiffusionskoeffizient [$cm^2\ s^{-1}$]

t_R Gesamtretentionszeit in Zeiteinheiten [s]

2.3 Das Trennvermögen von gaschromatographischen Trennsäulen

Sowohl der Trennfaktor (α) als auch die relative Retention (r) beschreiben nicht die tatsächliche Auftrennung zweier Stoffe, sondern nur deren *Trennbarkeit* mittels einer bestimmten stationären Phase. Die Trennbarkeit beruht auf physikalischen und chemischen Stoffeigenschaften und ihren Wechselwirkungen mit der stationären Phase. Die Breite eines Peaks dagegen ist eine Folge von physikalischen Diffusionsvorgängen und je stärker diese unterdrückt werden können, um so schlanker werden die Peaks. Bei gleichem Trennfaktor werden zwei Peaks um so besser aufgetrennt, je schmäler sie sind.

Die Auftrennung oder Auflösung (R) („*resolution*") zweier benachbarter Peaks ergibt sich aus dem Abstand der Peakmaxima (Δt) und der Peakbreiten. Man behandelt die Peaks als Dreiecke, die durch die Wendetangenten gebildet werden und bestimmt die mittlere Basisbreite beider Peaks. In der Praxis beschränkt man sich auf die Basisbreite des zweiten Peaks (w_{b2}) und bildet das Verhältnis zum Peakabstand (Δt) (Gl. 2.1). Geht man im Moment der Probenaufgabe von der Annahme einer spontanen Verdampfung mit einem scharfen, sozusagen strichförmigen Konzentrationsprofil aus, so wird dieses im Verlauf der Wanderung durch die Säule infolge von verschiedenen Diffusionsvorgängen verbreitert und erscheint am Ende der Säule als Peak, dessen Form annähernd einer normalverteilten Gaußkurve entspricht. Bei konstanter Temperatur, d. h. unter isothermen Bedingungen, ist die Diffusion nur zeitabhängig und dieser Vorgang wird durch die eindimensionale Einstein'sche Diffusionsgleichung ($\sigma^2_L = 2Dt$) beschrieben, die in Gl. 2.2 folgendermaßen auf den chromatographischen Prozeß angewendet wird: Die Peakbreite in Form der Standardabweichung (σ_t) aus dem Chromatogramm in Zeiteinheiten [s] wird in Längeneinheiten (σ_L [cm]) umgerechnet: Das ist die Breite der Stoffbande [cm] am Ende der Säule mit der Länge (L [cm]). D ist ein Bruttodiffusionskoeffizient, der alle Vorgänge umfaßt, die zur Peakverbreiterung beitragen. Es ist die Varianz der Peakbreite ($\sigma^2_L = 2Dt_R$) und nicht die Peakbreite selbst, die zur Retentionszeit proportional ist. Im Gegensatz zur Angabe der Trennbarkeit durch den Trennfaktor bzw. die relative Retention wird hier die Gesamtretentionszeit (t_R) verwendet, da die maßgeblichen Diffusionsvorgänge in beiden Phasen, d. h. während der gesamten Verweilzeit eines Stoffs in der Säule, stattfinden.

Die Bodenzahl *N*

Strömungsabhängigkeit der Peakverbreiterung

$$t_R = \frac{L}{\overline{u}_i} \tag{2.3}$$

$$\frac{\sigma_L^2}{L} = \frac{2D}{\overline{u}_i} = H \tag{2.4}$$

$$N = \frac{L}{H} \tag{2.5}$$

Peakverbreiterung in Zeiteinheiten

$$\frac{\sigma_L}{\sigma_t} = \overline{u}_i = \frac{L}{t_R} \tag{2.6}$$

$$\sigma_L = \sigma_t \cdot \frac{L}{t_R} \tag{2.7}$$

$$\frac{\sigma_L^2}{L} = H = \left(\frac{\sigma_t}{t_R}\right)^2 \cdot L \tag{2.8}$$

$$N = \frac{L}{H} = \left(\frac{t_R}{\sigma_t}\right)^2 \tag{2.9}$$

t_R	Gesamtretentionszeit
L	Säulenlänge [cm]
$\overline{u}_i$	lineare Wanderungsgeschwindigkeit von Stoff i [cm s^{-1}]
D	Bruttodiffusionskoeffizient
H	Höhe eines Bodens
N	Bodenzahl
σ_L	Peakbreite in Längeneinheiten [cm]
σ_t	Peakbreite in Zeiteinheiten [s]

Die Gesamtretentionszeit (t_R) ist proportional zur Säulenlänge (L) und läßt sich durch diese in Gl. 2.3 mittels der linearen Trägergasgeschwindigkeit ($\overline{u}_i$ [cm/s]) ersetzen. Dadurch erkennt man den Einfluß der Säule auf die Peakverbreiterung. Wenn D sowie $\overline{u}_i$ konstant bleiben, ist die Varianz der Peakbreite pro Säulenlänge ebenfalls konstant. Die Konstante H mit der Dimension einer Länge ist der kleinste Säulenabschnitt, der einen vollständigen Beitrag zur Peakverbreiterung liefert. Je kleiner die Peakverbreiterung pro Säulenlänge ist, um so besser ist das Trennvermögen. H kann daher als Maß für das Trennvermögen verwendet werden und wird in Analogie zu anderen Trennverfahren als *Höhenäquivalent zu einem theoretischen Boden – HETP* („*height equivalent to a theoretical plate*") bzw. kurz als *Höhe eines Bodens* (auch *Trennstufe* genannt) bezeichnet. Je größer die Zahl solcher Böden (Bodenzahl N) ist, die in einer Säule gegebener Länge enthalten sind, um so besser wird sie trennen.

Die Bodenzahl (N) kann nach Gl. 2.5 aus L und H bestimmt werden. Dazu muß aber erst eine Umformung (Gln. 2.6 bis 2.9) der Peakbreite von Längeneinheiten (σ_L) in die entsprechenden Zeiteinheiten (σ_t) erfolgen, da aus einem Chromatogramm nur Zeiten entnommen werden können. Bei konstanter Trägergasströmung ist die Wanderungsgeschwindigkeit eines Stoffs durch die Säule ebenfalls konstant und die Längen entsprechen den Zeiten. Mittels Gl. 2.9 kann die Bodenzahl (N) aus der Breite (σ_t) eines Peaks und der Gesamtretentionszeit (t_R) bestimmt werden.

Die Bodenzahl (N) ist allerdings keine Säulenkonstante, sondern hängt von der Retention, d. h. vom Retentionsfaktor (k) des ausgewerteten Peaks ab, der infolgedessen mit angegeben werden muß. Bei Kapillarsäulen sollte der k-Wert > 3 sein, um realistische Zahlenwerte zu bekommen.

Die Form eines idealisierten Peaks als Gaußkurve

$$Y = Y_o \cdot e^{-\frac{X^2}{2\sigma^2}} \qquad (2.10)$$

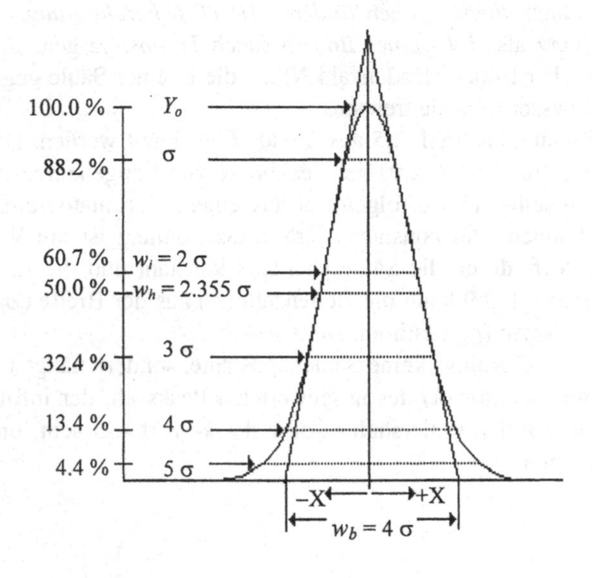

Praktische Bestimmung der Bodenzahlen aus Peakbreiten

Bodenzahl N		effektive Bodenzahl N_{eff}	
$N = (t_R/\sigma_t)^2$	(2.11)	$N_{eff} = (t'_R/\sigma_t)^2$	(2.11')
$N = 5.545 \cdot (t_R/w_h)^2$	(2.12)	$N_{eff} = 5.545 \cdot (t'_R/w_h)^2$	(2.12')
$N = 16 \cdot (t_R/w_b)^2$	(2.13)	$N_{eff} = 16 \cdot (t'_R/w_b)^2$	(2.13')

Für die praktische Bestimmung der Bodenzahl (N) kann man anstelle von σ_t die Peakbreite an jeder beliebigen Stelle des Peaks messen, sofern die dazugehörige Höhe angegeben wird, da die Form eines idealisierten gaschromatographischen Peaks als Gaußkurve mathematisch (Gl. 2.10) eindeutig festgelegt ist. Die Peakbreite läßt sich als ein Vielfaches der Standardabweichung (σ) ausdrücken und ist im Exponenten der Gl. 2.10 mit der dazugehörigen Höhe (Y) einer Gaußkurve verbunden. Dabei ist Y_0 die Peakhöhe im Maximum und X ist die halbe Peakbreite, d. h. der Abstand von der Mittelachse der Gaußkurve (Ordinate). Die Formeln für die Bestimmung der Bodenzahlen unterscheiden sich lediglich durch die entsprechenden Faktoren für die unterschiedlichen Peakhöhen.

Für die manuelle und graphische Bestimmung der Bodenzahl aus einem Chromatogramm wird praktisch nur die Bestimmung der Peakbreite in halber Höhe (w_h) verwendet, da sowohl für die Peakbreite in Höhe der Wendepunkte (w_i) als auch für den Abstand zwischen den Schnittpunkten der Wendetangenten mit der Basislinie (w_b) die Wendetangenten eingezeichnet werden müssen, was bei den schmalen Peaks von Kapillarsäulen kaum möglich ist. Bei modernen Datensystemen wird die Bodenzahl (N) elektronisch aus der Funktion bestimmt und neben anderen Kennzahlen automatisch ausgegeben, wenn man z. B. den *„system suitability test"* abfragt. Trotzdem wird man diese Kennzahl noch gelegentlich aus einem vorliegenden Chromatogramm bestimmen wollen.

Praktische Bestimmung der Bodenzahl (*N*)

Wenn auch die Peakbreiten und die Gesamtretentionszeiten in Zeiteinheiten anfallen, können wir dafür die Längeneinheiten aus dem Chromatogramm verwenden, da diese dazu proportional sind. Die Peakbreite wird zweckmäßigerweise in halber Höhe mittels einer Meßlupe (Fadenzähler) ermittelt und die Gesamtretentionszeit mit einem Lineal. Die Berechnung erfolgt nach Gl. 2.12.

Das Trennvermögen wird auch in Form der analogen *effektiven Bodenzahl* (N_{eff}) angegeben. Im Gegensatz zur Bodenzahl (N) wird dazu aber die reduzierte Retentionszeit (t'_R) verwendet. Die effektive Bodenzahl ist zahlenmäßig kleiner und steht dadurch in einem realistischeren Verhältnis zur tatsächlichen Auflösung einer Säule als die zahlenmäßig sehr große Bodenzahl (N).

Tailingfaktor *T* nach USP

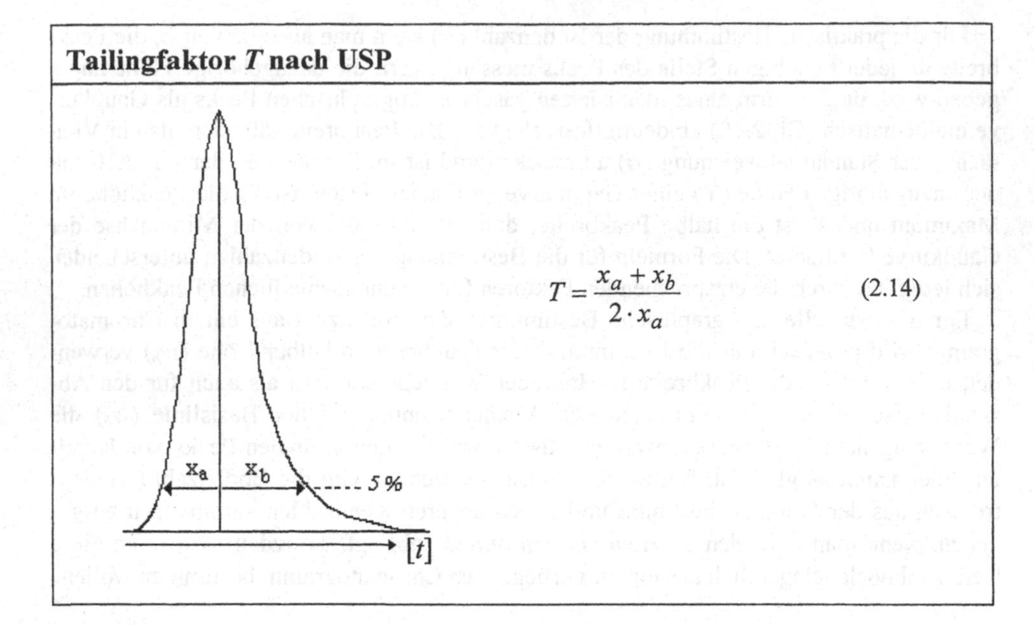

$$T = \frac{x_a + x_b}{2 \cdot x_a} \tag{2.14}$$

Trennbarkeit α, Trennvermögen *N*, Retention *k* und Auflösung *R*

$$R = \frac{1}{4} \cdot \frac{\alpha - 1}{\alpha} \cdot \frac{k}{k+1} \cdot \sqrt{N} \tag{2.15}$$

Die Trennzahl *TZ*

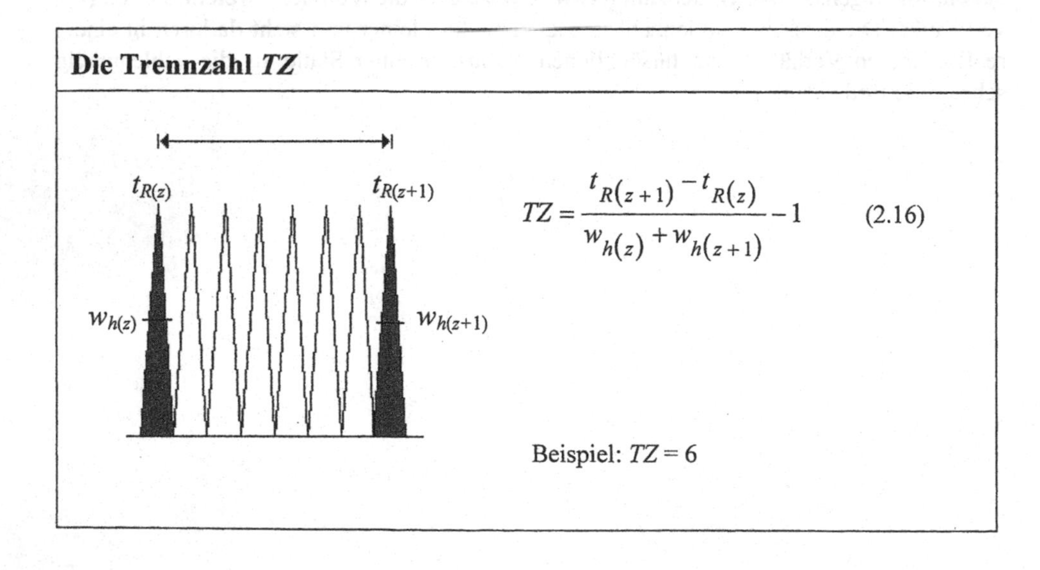

$$TZ = \frac{t_{R(z+1)} - t_{R(z)}}{w_{h(z)} + w_{h(z+1)}} - 1 \tag{2.16}$$

Beispiel: $TZ = 6$

Für die bisherigen Erläuterungen wurde ein idealisierter Peak in Form einer Gaußkurve zugrunde gelegt. Ein realer Peak entspricht dieser jedoch nur annähernd und unterscheidet sich hauptsächlich durch ein sog. Tailing (engl. tail: Schweif) von ihr. Die dadurch hervorgerufene Peakasymmetrie wird durch das Verhältnis des Abstands hinter (x_b) zu demjenigen vor der Mittelachse (x_a) der Gaußkurve beschrieben. Im allgemeinen werden diese Abstände in 10 % der Peakhöhe bestimmt. Die USP (U.S. Pharmacopeia) jedoch definiert einen Tailingfaktor T, (s. Gl. 2.14), der sich aus dem Verhältnis der Summe der beiden Abstände ($x_a + x_b$) zum doppelten Abstand ($2\,x_a$) in 5 % der Peakhöhe errechnet. Bei einem symmetrischen Peak ist der Zahlenwert von T daher gleich eins und steigt mit zunehmenden Tailing. Mit Fronting bezeichnet man die Form eines Peaks, bei der der Anstieg weniger steil als der Abfall ist (s. S. 86).

Tailing wird meist durch Adsorptionseffekte hervorgerufen, wie sie besonders beim Altern einer Säule auftreten. Daher ist die Bestimmung des Tailingfaktors ein wichtiger Bestandteil der Validierung einer gaschromatographischen Methode und ihrer ständigen routinemäßigen Überprüfung. Auch der Tailingfaktor wird mit modernen Datensystemen elektronisch und damit automatisch bestimmt und bei jedem Säulentest („*system suitability test*") mit ausgegeben.

Die vier chromatographischen Begriffe Trennbarkeit (α), Trennvermögen (N), Retentionsfaktor (k) und Auflösung (R) werden in Gl. 2.15 zusammengefaßt. Im Trennfaktor (α) drückt sich die Selektivität des chromatographischen Systems auf die Auflösung (R) aus, im k-Wert die Retention und in der Bodenzahl (N) der Einfluß der Peakverbreiterung durch Diffusion. Es ist bemerkenswert, daß das Trennvermögen der Säule, ausgedrückt durch die Bodenzahl (N), nur mit der Wurzel zur Auflösung beiträgt, während die *Selektivität* der stationären Phase einen viel stärkeren Einfluß hat.

Das Trennvermögen läßt sich auch auf der Basis des logarithmischen Index-Systems durch die *Trennzahl TZ* („*separation number SN*") beschreiben: Sie entspricht der Anzahl der Peaks in Form von Dreiecken, die zwischen zwei aufeinanderfolgenden n-Alkanen mit der C-Zahl z und z+1 Platz haben. Die Trennzahl (TZ) hat zweifelsohne einen sehr viel anschaulicheren Bezug zum Trennvermögen einer gaschromatographischen Säule als die Bodenzahlen.

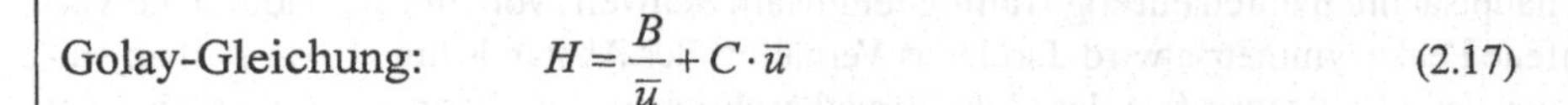

Strömungsabhängigkeit des Trennvermögens von Kapillarsäulen

Golay-Gleichung: $H = \frac{B}{\overline{u}} + C \cdot \overline{u}$ (2.17)

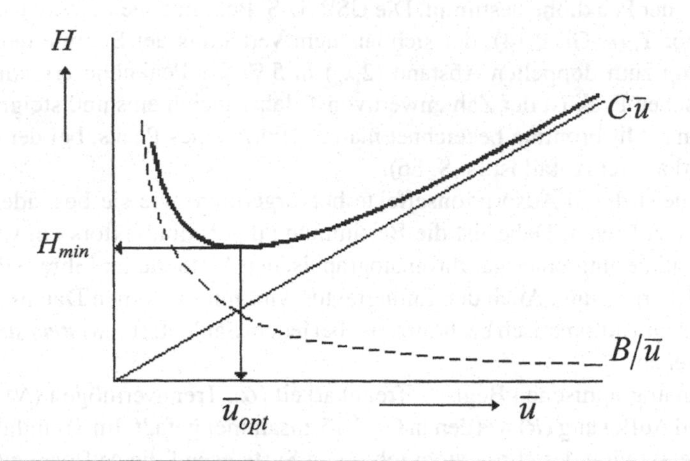

Peakverbreiterung durch axiale Diffusion in der Gasphase: B-Term

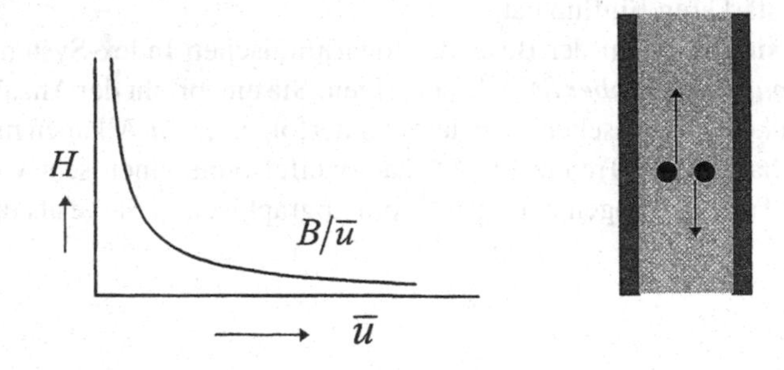

$$\sigma_L^2 = 2 \cdot D_M \cdot t_M \quad (2.2')$$

$$t_M = \frac{L}{\overline{u}} \quad (2.3')$$

$$\frac{\sigma_L^2}{L} = \frac{2 \cdot D_M}{\overline{u}} = H_{M,a} \quad (2.4')$$

$$H_{M,a} = B/\overline{u} \quad (2.18)$$

Für Kapillarsäulen: $B = 2 \cdot D_M$

Für gepackte Säulen: $B = 2 \cdot \gamma \cdot D_M$

2.4 Peakverbreiterung durch Diffusion

Die Peakverbreiterung wird durch verschiedene Diffusionsvorgänge hervorgerufen; sie sind nach Gl. 2.2 (S. 26) zeitabhängig. Die Wanderungsgeschwindigkeit eines Stoffs ist proportional zur Trägergasströmung. Variiert man diese, läßt sich die Zeitabhängigkeit der Diffusion und ihr Einfluß auf die Peakverbreiterung und damit auf H untersuchen. Trägt man die experimentell gemessenen Werte von H für einen Peak gegen die lineare Trägergasströmung ($\overline{u}$ [cm/s]) auf, resultiert eine hyperbolische Funktion, die für Kapillarsäulen durch die Golay-Gleichung (Gl. 2.17) beschrieben wird und sich aus zwei strömungsabhängigen Beiträgen, den Termen ($B/\overline{u}$) und ($C \cdot \overline{u}$) zusammensetzt. Die Hyperbel hat ein Minimum (H_{min}) mit der dazugehörigen optimalen linearen Trägergasströmung ($\overline{u}_{opt}$), da einer minimalen Bodenhöhe (H_{min}) ein Maximum an Böden (N) bei gegebener Säulenlänge (L) entspricht (s. Gl. 2.5, S. 28).

2.4.1 Peakverbreiterung durch axiale Diffusion in der Gasphase: B-Term

Der Term ($B/\overline{u}$) beschreibt die axiale Diffusion in der Gasphase. Um diese Vorgänge zu untersuchen, ersetzen wir in Gl. 2.2 den allgemeinen Diffusionskoeffizienten (D) durch den Diffusionskoeffizienten in der Gasphase (D_M) und die Gesamtretentionszeit (t_R) durch die Verweilzeit in der Gasphase (t_M) (s. Gl. 2.2'). Entsprechend verfahren wir in Gl. 2.3 und ersetzen die lineare Wanderungsgeschwindigkeit eines Stoffs ($\overline{u}_i$) durch die Trägergasströmung ($\overline{u}$) (s. Gl. 2.3'). Aus den Gln. 2.2' und 2.3' folgen Gl. 2.4' und Gl. 2.18, in der der Beitrag ($H_{M,a}$) zur Bodenhöhe (H) als Folge der Peakverbreiterung ausgedrückt ist, die durch die axiale Diffusion in der Gasphase erfolgt und die um so kleiner ist, je kürzer die Aufenthaltszeit in der Gasphase ist, d. h. je schneller die Trägergasströmung ist. Dieser Term hat die Form einer Hyperbel und je nach Größe des Diffusionskoeffizienten in der Gasphase (D_M) fällt diese mehr oder weniger steil ab. Dieser Term begrenzt das Trennvermögen bei kleinen Trägergasströmungen. Bei gepackten Säulen berücksichtigt noch ein Labyrinthfaktor ($\gamma \approx 1$) die gekrümmten und unterschiedlich langen Wege in der Säulenpackung.

Der C-Term der Golay-Gleichung

$$C = C_M + C_S \tag{2.19}$$

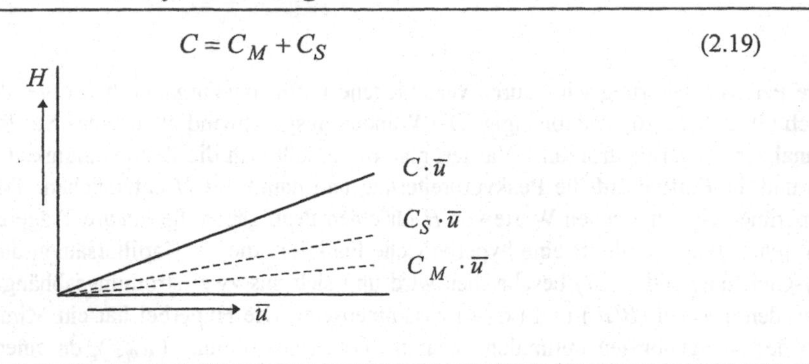

Peakverbreiterung durch Diffusion in der Gasphase: C_M-Term

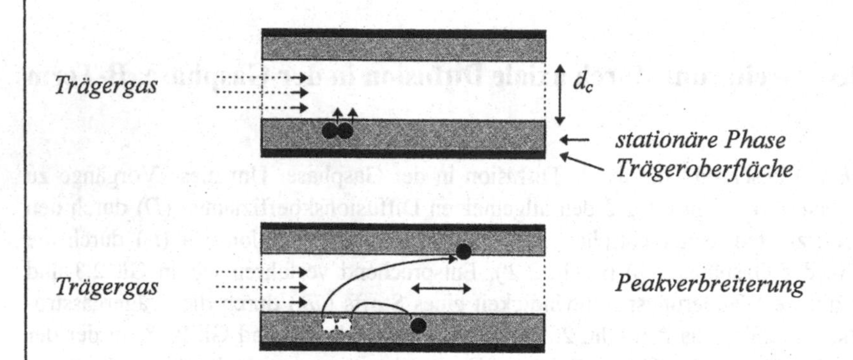

Zeitunterschiede Δt beim Phasenwechsel

$$\Delta t \approx \frac{d_c^2}{D_M} \tag{2.20}$$

Austauschverzögerung in der mobilen Phase

$$C_M = \frac{1+6k+11k^2}{96(1+k)^2} \cdot \frac{d_c^2}{D_M} \tag{2.21}$$

Beitrag der lateralen Diffusion in der mobilen Phase zur Bodenhöhe H

$$H_{M,l} = C_M \cdot \overline{u} \tag{2.22}$$

2.4.2 Peakverbreiterung beim Phasenwechsel: C-Term

Der Term (C) hat die Funktion einer Zeit [s] und beschreibt die zeitliche Verzögerung der Molekel beim Phasenwechsel infolge von Diffusionsvorgängen. Man kann den C-Term noch aufteilen in einen Term (C_M) für die Diffusionsvorgänge in der mobilen und einen Term (C_S) für solche in der stationären Phase (Gl. 2.19). Unterschiedlich lange Diffusionswege und entsprechend unterschiedlich lange Verweilzeiten in den beiden Phasen führen dazu, daß die einzelnen Molekel zu unterschiedlichen Zeiten den Phasenwechsel vollziehen, wobei das Kollektiv sich insgesamt normal verteilt. Die $C \cdot \overline{u}$ -Funktion ist die Gleichung einer durch Null gehenden und mit $\overline{u}$ ansteigenden Geraden im $H/\overline{u}$ - Diagramm.

Der Term (C_M) beschreibt die zeitliche Verzögerung der Molekel beim Phasenwechsel infolge von Diffusionsvorgängen in der Gasphase. Wenn zwei Molekel gleichzeitig aus der stationären Phase in die Gasphase übertreten, besteht die Möglichkeit, daß das eine sofort wieder umdreht und in die stationäre Phase zurückdiffundiert, während das andere die längere Wegstrecke bis zur gegenüberliegenden Wand der Kapillare zurücklegt. Entsprechend unterschiedlich sind daher die Diffusionswege und die Verweilzeiten in der Gasphase. Würde kein Trägergas fließen, würde diese Querdiffusion (laterale Diffusion) nicht zur Peakverbreiterung führen, im Gegensatz zur axialen Diffusion (B-Term). Erst im fließendem Trägergas werden die beiden Molekel unterschiedlich weit transportiert. Die aus den Zeitunterschieden Δt (s. Gl. 2.20) resultierende Peakverbreiterung ist um so stärker, je länger die Diffusionswege sind, d. h. je größer der Durchmesser der Kapillarsäule (d_c) ist und je schneller das Trägergas strömt ($\overline{u}$). Multipliziert man die Austauschverzögerung (C_M [s]) mit der linearen Trägergasströmung ($\overline{u}$ [cm/s]) ergibt sich der Beitrag ($H_{M,l}$ [cm]) zur gesamten Bodenhöhe (H). Darüber hinaus ist diese Zeitverzögerung beim Phasenwechsel auch noch eine Funktion der Retention (k). Der vollständige Ausdruck des Terms (C_M) ist mit Gl. 2.21 beschrieben.

Peakverbreiterung durch Diffusion in der stationären Phase: C_S-Term

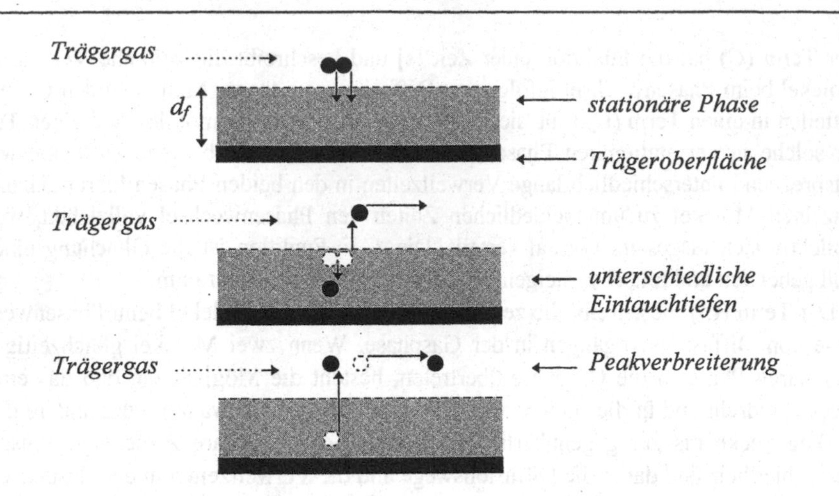

Zeitunterschiede beim Phasenwechsel

$$\Delta t \approx \frac{d_f^2}{D_S} \tag{2.23}$$

Austauschverzögerung in der stationären Phase

$$C_S = \frac{2}{3} \cdot \frac{k}{(1+k)^2} \cdot \frac{d_f^2}{D_S} \tag{2.24}$$

Beitrag der Diffusion in der stationären Phase zur Bodenhöhe H

$$H_S = C_S \cdot \bar{u} \tag{2.25}$$

Berechnete Beiträge der verschiedenen Terme zur Bodenhöhe H [mm] für verschiedene Durchmesser (d_c) und Filmdicken (d_f) von Filmkapillarsäulen

d_c [mm]:		0.32		0.53	
d_f [µm]:		0.5	5.0	0.5	5.0
$H_{M,a} = B/\bar{u}$	(Gl. 2.18)	0.267	0.267	0.267	0.267
$H_{M,l} = C_M \cdot \bar{u}$	(Gl. 2.22)	0.068	0.068	0.187	0.187
$H_S = C_S \cdot \bar{u}$	(Gl. 2.25)	0.0069	0.694	0.0069	0.694
$H = H_{M,a} + H_{M,l} + H_S$		0.34	1.02	0.46	1.15

Bedingungen: $k = 5$; $\bar{u} = 30$ cm/s; $D_M = 0.4$ cm²/s; $D_S = 1 \cdot 10^{-5}$ cm²/s.

Der Term (C_S [s]) beschreibt die zeitliche Verzögerung der Molekel beim Phasenwechsel durch Diffusionsvorgänge in der stationären Phase. Wenn zwei Molekel gleichzeitig aus der Gasphase in den Film der stationären Phase übertreten, kann das eine sofort wieder in die Gasphase zurückdiffundieren, wo es von der Strömung erfaßt und weitertransportiert wird, während das andere bis zum Grund des Films taucht und entsprechend lange wieder für den Rückweg zur Oberfläche benötigt. Die daraus resultierenden Zeitunterschiede (s. Gl. 2.23) sind um so größer, je dicker der Film (d_f) ist und je schneller das Trägergas strömt ($\overline{u}$). Auch hier verhält sich das Molekelkollektiv normalverteilt. Diese Art der Zeitverzögerung beim Phasenwechsel ist ebenfalls von der Retention (k) abhängig und dieser Zusammenhang ist in Gl. 2.24 beschrieben.

Beispiel

In der nebenstehenden Tabelle sind berechnete Beiträge der einzelnen Terme zur Gesamtbodenhöhe (H) für Kapillarsäulen mit unterschiedlichen Innendurchmessern (d_c) und Filmdicken (d_f) für eine Retention von $k = 3$ und eine Trägergasströmung von 30 cm/s zusammengestellt. Die dafür notwendigen Daten für die Diffusionskoeffizienten sind typische Werte, die allerdings je nach Stoff und Temperatur variieren können. Diese berechneten Werte lassen sich folgendermaßen interpretieren:

- Bei der dünnen Kapillarsäule ($d_c = 0.32$ mm) mit dünnem Film ($d_f = 0.5$ µm) bestimmt im wesentlichen der B-Term und in geringerem Maße noch der C_M-Term die Bodenhöhe. Der Einfluß der Filmdicke (C_S-Term) ist hier noch vernachlässigbar, wird jedoch ausschlaggebend bei der größeren Filmdicke von 5 µm.
- Bei der Kapillarsäule mit großem Innendurchmesser ($d_c = 0.53$ mm) ist der Einfluß der lateralen Diffusion in der Gasphase (C_M) schon ausgeprägter und etwa gleich dem B-Term, während die Wirkung eines dünnen Films ($d_f = 0.5$ µm) ebenfalls vernachlässigbar ist. In gleicher Weise wie bei der dünneren Kapillarsäule erhöht jedoch ein dicker Film ($d_f = 5.0$ µm) maßgeblich den C_S-Term sowie die Bodenhöhe und verschlechtert dadurch das Trennvermögen.

Peakverbreiterung durch Streudiffusion bei gepackten Säulen: A-Term

Van Deemter-Gleichung: $$H = A + \frac{B}{\overline{u}} + C \cdot \overline{u} \qquad (2.26)$$

$$A = 2 \cdot \lambda \cdot d_p \qquad (2.27)$$

λ Parameter für Homogenität der Packung (~ 1)

d_p Partikeldurchmesser

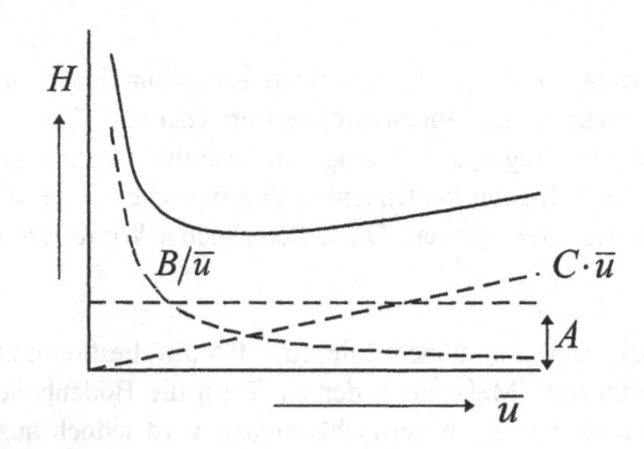

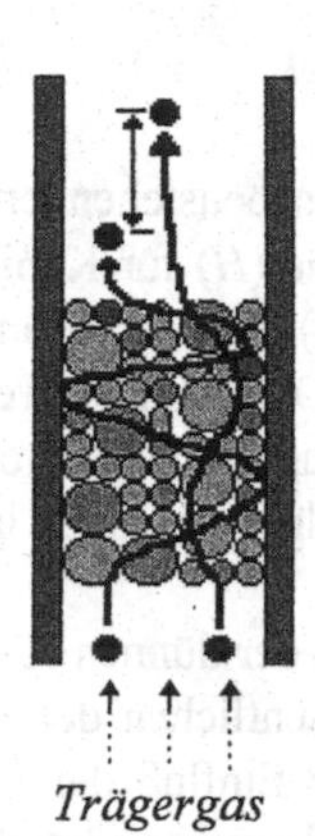

Einfluß des Trägergases auf das Trennvermögen von Kapillarsäulen

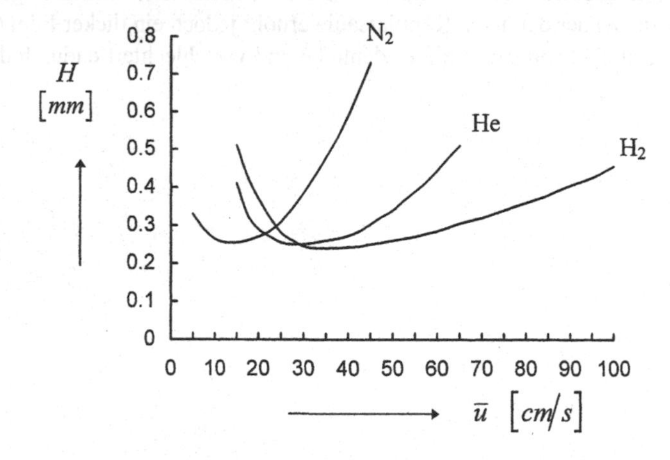

Bodenhöhe H für Naphthalin ($k = 7.5$) als Funktion von Art und Strömung der Trägergase N_2, He und H_2; Glaskapillarsäule: 50 m x 0.23 mm, 100 °C isotherm; stationäre Phase: vernetztes Dimethylsilicon, Filmdicke $d_f = 0.3$ µm.

2.4.3 Peakverbreiterung durch Streudiffusion bei gepackten Säulen: A–Term

Bei gepackten Säulen gibt es als weiteren Effekt die Streudiffusion in der Säulenpackung („*eddy diffusion*"), die ebenfalls zur Peakverbreiterung führt. Dieser Beitrag zur Peakverbreiterung wird durch den *A*-Term in der sog. *van Deemter-Gleichung* beschrieben, die sich durch diesen Term von der Golay-Gleichung unterscheidet. Dieser Term beschreibt die Dispersion aufgrund von unterschiedlich langen Wegen, die sich bei der Wanderung von Stoffmolekeln durch die Säulenpackung ergeben: einige Molekel finden den kürzesten Weg, andere brauchen am längsten; die Mehrzahl bewegt sich dazwischen. Die Homogenität der Pakkung wird durch einen Faktor (λ) berücksichtigt ($\lambda \sim 1$ für homogen gepackte Säulen). Der Beitrag der Streudiffusion ist eine strömungsunabhängige Konstante (A) und entspricht etwa dem doppelten Korndurchmesser. Bei Kapillarsäulen entfällt dieser Term.

2.4.4 Einfluß des Trägergases auf das Trennvermögen von Kapillarsäulen

Zwar ist die minimal erreichbare Bodenhöhe praktisch unabhängig von der Art des Trägergases, sie wird aber je nach Trägergas bei unterschiedlichen Strömungsgeschwindigkeiten erhalten, wie das nebenstehende Diagramm für die Trägergase Wasserstoff (H_2), Helium (He) und Stickstoff (N_2) zeigt. Ersichtlich eignet sich Wasserstoff am besten als Trägergas, da das Optimum (ca. 40 cm/s) bei höheren Strömungsgeschwindigkeiten als für Stickstoff (ca. 15 cm/s) und Helium (ca. 25 cm/s) liegt, was kürzere Analysenzeiten und damit auch bessere Nachweisgrenzen zur Folge hat. Scheidet Wasserstoff aus Sicherheitsgründen aus, wird meist Helium als Alternative verwendet. Diese $H/\overline{u}$-Funktionen sind jedoch komplexer als hier gezeigt, da sie zusätzlich noch von allen anderen Parametern abhängen, die in der Golay-Gleichung (Gl. 2.17) und der van Deemter-Gleichung (Gl. 2.26) enthalten sind, wie z. B. die Diffusionskoeffizienten im Trägergas und in der stationären Phase bei der jeweiligen Temperatur. Dementsprechend können die optimalen Werte für die Strömungsgeschwindigkeit durchaus variieren und sind nicht in jedem Fall übertragbar. Der Einfluß einiger weiterer Parameter (k, d_f, d_c und Säulenlänge L) wurde eingehend von Ingraham et al.* untersucht.

---

* D.F. Ingraham, C.F. Shoemaker und J.W. Jennings, *J. High Resol. Chromatogr.* **5** (1982) 227.

3 Die Trennbarkeit von Stoffen durch Gas-Flüssig-Chromatographie

Mit der Gas-Flüssig-Chromatographie werden zwei Stoffe getrennt, wenn sie sich in ihrer Flüchtigkeit unterscheiden. Die Flüchtigkeit ergibt sich einerseits aus dem Dampfdruck des reinen Stoffs und andererseits aus seiner Löslichkeit in der stationären Phase aufgrund polarer/unpolarer Wechselwirkungen. Zwei Stoffe werden sich immer unterscheiden, entweder in ihren Dampfdrücken (Siedetemperaturen) oder in ihren Polaritäten. Sie sind daher im Prinzip immer trennbar, sofern sie verdampfbar sind oder sich reproduzierbar entweder durch thermische Zersetzung (Pyrolyse) oder durch chemische Umsetzungen zu flüchtigen Derivaten umsetzen lassen. Unpolare Stoffe werden im Prinzip nach der Reihenfolge ihrer Dampfdrükke getrennt; diese Regel gilt allerdings streng nur für die Glieder einer homologen Reihe. Bei polaren Stoffen bewirken starke zwischenmolekulare Wechselwirkungskräfte oft sogar eine Umkehr in der Reihenfolge der Dampfdrücke. Solche Kräfte sind als *van der Waal's Kräfte* bekannt und lassen sich folgendermaßen unterteilen:

- Dispersionskräfte
- Wechselwirkung zwischen zwei Dipolen
- Wechselwirkung zwischen Dipol und induziertem Dipol
- Wasserstoffbrückenbindungen

Die in der GC übliche Unterscheidung zwischen polaren und unpolaren Säulen ist allerdings zu einfach, wird der Vielzahl der Wechselwirkungen nicht gerecht und reicht für die Erklärung von spezifischen Trennungen nicht aus. Die gezielte Ausnutzung unterschiedlich polarer stationärer Phasen war früher, als noch ausschließlich mit gepackten Säulen getrennt wurde, notwendiger als heute, da selbst mit unpolaren, aber leistungsfähigen Kapillarsäulen bereits kleine Trennfaktoren oft schon für eine vollständige Auftrennung ausreichen. Die meisten der in diesem Kapitel gezeigten Beispiele wurden deshalb auch mit gepackten Säulen erhalten, da bei diesen der Einfluß der Polarität stärker hervortritt. Polare Phasen unterliegen allerdings einer Temperaturbeschränkung: Nicht nur ihre thermische Stabilität nimmt mit steigender Temperatur ab, sondern ebenfalls die Wirksamkeit der zwischenmolekularen Wechselwirkungskräfte.

Das molare Verteilungsgleichgewicht

Konzentration des Analyten *i* in der stationären Phase

$$x_{i(S)} = \frac{n_{i(S)}}{N_S} \tag{3.1}$$

$x_{i(S)}$ Molenbruch des Analyten *i* in der Lösung der stationären Phase

$n_{i(S)}$ Molzahl des Analyten *i* in der Lösung der stationären Phase

N_S Gesamtmolzahl der stationären Phase

Konzentration des Analyten *i* in der Gasphase *

$$x_{i(G)} = \frac{n_{i(G)}}{N_G} = \frac{p'_i}{P_G} \tag{3.2}$$

$x_{i(G)}$ Molenbruch des Analyten *i* in der Gasphase

$n_{i(G)}$ Molzahl des Analyten *i* in der Gasphase

N_G Gesamtmolzahl der Gasphase

p'_i Partialdruck des Analyten *i* in der Gasphase

P_G Gesamtdruck der Gasphase

$$x_{i(G)} = n_{i(G)} / N_G = p'_i / P_G \quad \textit{Gasphase}$$

$$x_{i(S)} = n_{i(S)} / N_S \quad \textit{stationäre Phase}$$

Raoult'sches Gesetz : $p'_i = x_{i(S)} \cdot p_i^\circ$ (3.3)

---

* Abweichend von der chromatographischen Nomenklatur wird bei der Diskussion physikalischer Vorgänge in der Gasphase hier das tiefgestelle Symbol *G* (für Gasphase) anstelle von *M* (für mobile Phase) verwendet, da die hier beschriebenen Vorgänge im Gleichgewicht, d. h. in der „ruhenden" Gasphase erfolgen.

3.1 Physikalisch-chemische Grundlagen

Zwei Stoffe werden getrennt, wenn sie sich zwischen den beiden Phasen unterschiedlich verteilen. Dieses Verhalten wird durch die Verteilungskonstante (K_c) zwar beschrieben, aber nicht erklärt. Dazu benötigen wir die physikalisch-chemischen Beziehungen von binären Lösungen. Zur Beschreibung von physikalisch-chemischen Vorgängen verwenden wir hier die molaren Konzentrationen in Form der jeweiligen Molenbrüche des Analyten (i) in der Gasphase ($x_{i(G)}$) und in der stationären Phase ($x_{i(S)}$). Bei den hier vorliegenden kleinen Konzentrationen ergibt sich der Molenbruch aus dem Verhältnis der Molzahl des Analyten (i) zur vorhandenen Zahl der Mole der Gasphase (N_G) bzw. der stationären Phase (N_S) entsprechend den Gln. 3.1 und 3.2. Im gleichen Verhältnis wie die Molzahlen steht der Partialdruck (p_i') des Analyten zum Gesamtdruck (P_G) der Gasphase (s. Gl. 3.2).

Wir betrachten nun einen kleinen Abschnitt der Säule, der etwa einem chromatographischen Boden entspricht, wie einen geschlossenen Behälter. Darin soll sich bei abgeschaltetem, d. h. ruhendem, Trägergas das Verteilungsgleichgewicht eines flüchtigen Analyten (i) einstellen, ausgedrückt durch die Molenbrüche in beiden Phasen. Die Konzentration in der Gasphase ($x_{i(G)}$) kann auch durch das Verhältnis von Partialdruck (p_i') zum Gesamtdruck (P_G) der Gasphase ersetzt werden (s. Gl. 3.2).

Der Partialdruck (p_i') eines flüchtigen Analyten (i) über der Lösung in der stationären Phase wird durch das *Raoult'sche Gesetz* (Gl. 3.3) beschrieben und ergibt sich aus dem Dampfdruck des reinen Stoffs (p_i°) bei gegebener Temperatur (T) und seiner Konzentration in der Lösung ($x_{i(S)}$). Diese Beziehung gilt aber nur für „ideale Lösungen" d. h. wenn der gelöste Stoff dem Lösemittel chemisch so ähnlich ist, daß keine zusätzlichen zwischenmolekularen Wechselwirkungskräfte (van der Waal's Kräfte) auftreten.

Einfluß des Lösemittels auf den Partialdruck eines gelösten Stoffs

● Molekül des gelösten Stoffs (Analyt)

○ Molekül des Lösemittels (stationäre Phase)

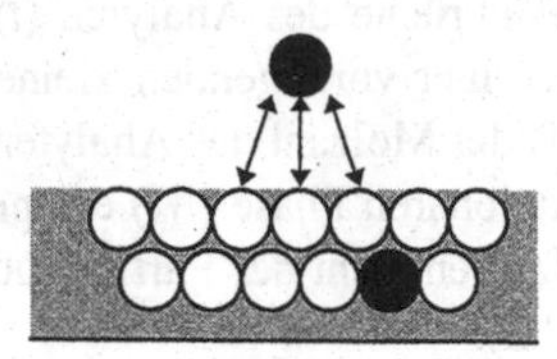

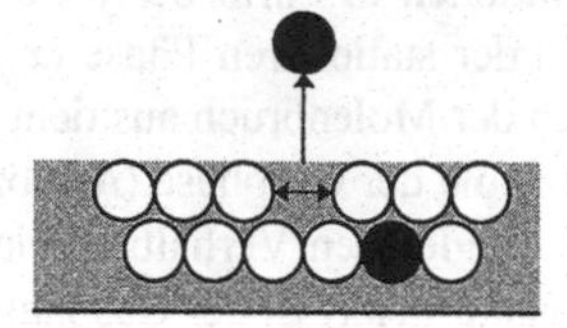

Anziehungskräfte	Abstoßungskräfte
Dampfdruckerniedrigung	Dampfdruckerhöhung
Aktivitätskoeffizient $\gamma < 1$	Aktivitätskoeffizient $\gamma > 1$

Henry'sches Gesetz : $p_i' = x_{i(S)} \cdot \gamma \cdot p_i^{\circ}$ (3.4)

ideale Lösungen: $\gamma = 1$

ideal verdünnte Lösungen: $\gamma = konstant$

konzentrierte Lösungen: $\gamma = f(x_{i(S)})$

Solche Kräfte machen sich bemerkbar, wenn ein Molekül von der Oberfläche der stationären Phase in die Gasphase verdampft. Da sich die Kräfte an dieser Grenzfläche nur einseitig auswirken, kann das Molekül von den Lösemittelmolekülen z. B. stark angezogen und damit sein Verdampfen erschwert werden. Wenn andererseits die Anziehungskräfte der Lösemittelmoleküle untereinander stärker sind als zum gelösten Stoffmolekül, wird letzteres an der Phasengrenze aus der Lösung hinaus gedrängt. In beiden Fällen wird die Konzentration in der Gasphase (p_i') daher anders sein, als zu erwarten wäre, wenn sie sich allein aus dem Dampfdruck des Stoffs (p_i°) und seiner Konzentration in der Lösung ($x_{i(S)}$) zusammensetzen würde. Dieser Unterschied wird durch einen Korrekturfaktor ausgeglichen, der als Aktivitätskoeffizient (γ) bezeichnet wird.

Gl. 3.4 ist eine um den Aktivitätskoeffizienten (γ) erweiterte Fassung des Raoult'schen Gesetzes (*Henry'sches Gesetz*). Der Aktivitätskoeffzient (γ) kann größer oder kleiner als 1 sein, je nachdem, ob die Moleküle beim Verdampfen von der stationären Phase angezogen ($\gamma < 1$) oder abgestoßen ($\gamma > 1$) werden.

Bei idealen Lösungen ist $\gamma = 1$ und ein derartiges System kann man z. B. bei einer Mischung von Hexan in Heptan annehmen, da sich die Wechselwirkungskräfte zwischen den Molekülen der reinen Kohlenwasserstoffe nicht von denen im Gemisch unterscheiden. Da man aber in der Gaschromatographie wegen der viel zu geringen Flüchtigkeitsunterschiede Hexan nicht gut auf einer Säule mit Heptan als stationärer Phase chromatographieren kann, scheiden derartige ideale Verhältnisse hier aus.

Bei kleinen Konzentrationen, wo jedes Stoffmolekül vollständig von Lösemittelmolekülen umgeben ist, ist γ zwar größer oder kleiner als 1, aber konstant, d. h. konzentrationsunabhängig. Dieser Fall liegt bei der Gaschromatographie vor.

Bei konzentrierten Lösungen, wo die Wahrscheinlichkeit zusätzlicher Wechselwirkungskräfte zwischen den gelösten Stoffmolekülen untereinander mit steigender Konzentration zunimmt, beginnt γ konzentrationsabhängig zu werden. Das ist die Ursache von azeotropen Gemischen bei der Destillation, die es daher in der Gaschromatographie nicht gibt.

Trennungen nach Dampfdruck- und/oder Polaritätsunterschieden

$$k = \frac{W_{i(S)}}{W_{i(G)}} = \frac{n_{i(S)}}{n_{i(G)}} = \frac{t'_R}{t_M} \tag{3.5}$$

$$k = \frac{n_{i(S)}}{n_{i(G)}} = \frac{x_{i(S)}}{x_{i(G)}} \cdot \frac{N_S}{N_G} \tag{3.6}$$

$$k = \frac{p'_i}{\gamma \cdot p_i^\circ} \cdot \frac{P_G}{p'_i} \cdot \frac{N_S}{N_G} = \frac{P_G}{\gamma \cdot p_i^\circ} \cdot \frac{N_S}{N_G} \tag{3.7}$$

$$\alpha = \frac{t'_{R(2)}}{t'_{R(1)}} = \frac{k_2}{k_1} \tag{3.8}$$

$$\alpha = \frac{\gamma_1}{\gamma_2} \cdot \frac{p_1^\circ}{p_2^\circ} \tag{3.9}$$

Trennung nach Dampfdruckunterschieden

$$\alpha = \frac{p_1^\circ}{p_2^\circ} \qquad \gamma_1 = \gamma_2 \tag{3.9'}$$

Trennung nach Polaritätsunterschieden

$$\alpha = \frac{\gamma_1}{\gamma_2} \qquad p_1^\circ = p_2^\circ \tag{3.9''}$$

Aus den molaren Konzentrationen des Analyten in den beiden Phasen können wir den Zusammenhang mit der chromatographischen Retention herstellen. Dazu verwenden wir das Mengenverhältnis (k), das ebenfalls dem Verhältnis der Molzahlen des Analyten in beiden Phasen entspricht. Den Zusammenhang von k mit den Retentionszeiten (t'_R bzw. t_M) kennen wir bereits (s. Gl. 1.6, S. 10 und Gl. 3.5). Wenn wir in Gl. 3.5 anstelle der Molzahlen die Konzentrationen in Form der Molenbrüche aus den Gln. 3.1 und 3.2 einsetzen, bekommen wir Gl. 3.6. Daraus folgt mit den Gln. 3.2 und 3.4 Gl. 3.7. Sie zeigt die Abhängigkeit der Retention (k) sowohl von spezifischen Eigenschaften (p_i°) des Analyten als auch von säulenspezifischen Parametern (P_G, N_S, N_G) sowie von der Wechselwirkung des Analyten mit der stationären Phase, ausgedrückt durch den Aktivitätskoeffizienten (γ).

Definiert man nun die Trennbarkeit zweier Stoffe nach Gl. 3.8 durch ihren Trennfaktor (α), werden die rein apparativen Parameter (t_M, N_S, N_G) eliminiert, da sie für beide Stoffe gleich sind. Gl. 3.9 beschreibt die beiden fundamentalen Prinzipien der gaschromatographischen Trennung zweier Stoffe: entweder nach Unterschieden in ihren Dampfdrücken (Gl. 3.9') und/oder in ihren Polaritäten (Gl. 3.9"). Mittels der GC erfolgt die Trennung bevorzugt nach Dampfdruckunterschieden, aber dieses Trennprinzip wird von Einflüssen der Polarität der stationären Phase und ihrer Wechselwirkung mit der Polarität des Analyten überlagert. Bei homologen Reihen verschwindet dieser Einfluß, da alle Glieder dieser Reihe dieselbe funktionelle Gruppe und damit dieselbe Polarität aufweisen. Der Aktivitätskoeffizient ist für alle Glieder gleich und Gl. 3.9 vereinfacht sich zu Gl. 3.9'. Bei homologen Reihen handelt es sich meist um ein Gemisch mit einem weiten Flüchtigkeitsbereich, und eine optimale Auftrennung über den gesamten Bereich erfordert eine temperaturprogrammierte Arbeitsweise. Beispiele für die Trennung von homologen Reihen nach ihren Dampfdruckunterschieden werden daher erst im Kapitel „Arbeitsweise mit Temperaturprogramm“ (Abschnitt 6.2.2) besprochen. Haben andererseits zwei Stoffe den gleichen Dampfdruck, werden sie sich in ihrer Polarität unterscheiden und können dann aufgrund von unterschiedlichen Aktivitätskoeffizienten getrennt werden (Gl. 3.9"). Trennungen durch Polaritätsunterschiede werden im folgenden Kapitel behandelt. Sind zwei Stoffe sowohl in ihrer Flüchtigkeit als auch in ihrer Polarität identisch, handelt es sich um optische Antipoden, die zu ihrer Auftrennung die spezifische Wechselwirkung mit optisch aktiven stationären Phasen benötigen (s. Abschnitt 3.2.4).

Kohäsion gleichartiger unpolarer Moleküle durch Dispersionskräfte

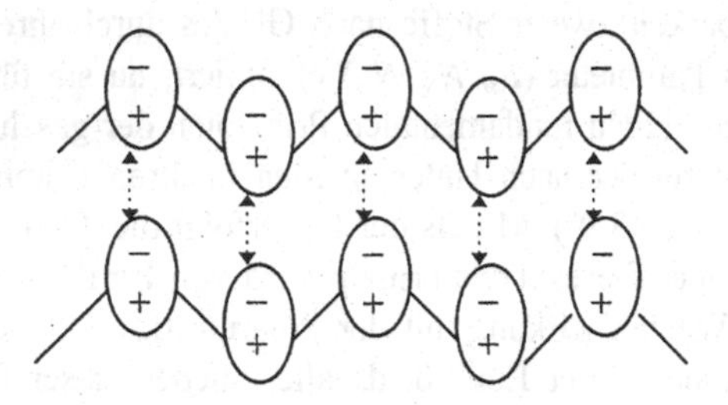

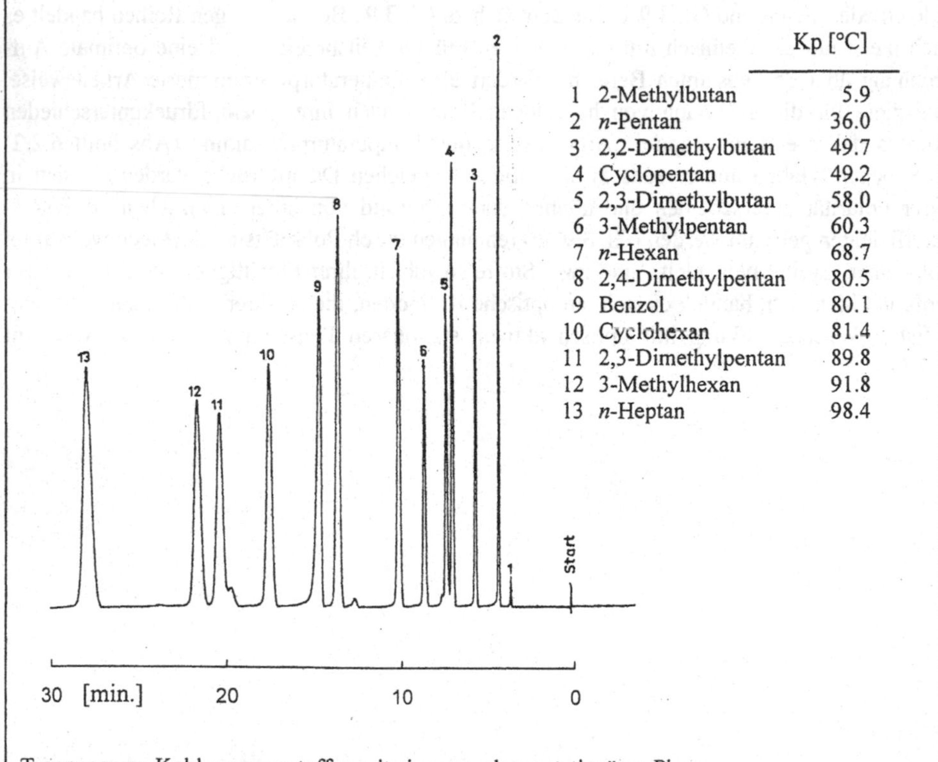

		Kp [°C]
1	2-Methylbutan	5.9
2	*n*-Pentan	36.0
3	2,2-Dimethylbutan	49.7
4	Cyclopentan	49.2
5	2,3-Dimethylbutan	58.0
6	3-Methylpentan	60.3
7	*n*-Hexan	68.7
8	2,4-Dimethylpentan	80.5
9	Benzol	80.1
10	Cyclohexan	81.4
11	2,3-Dimethylpentan	89.8
12	3-Methylhexan	91.8
13	*n*-Heptan	98.4

<u>Trennung von Kohlenwasserstoffen mit einer unpolaren stationären Phase</u>

15 m x 0.50 mm SCOT-Schichtkapillare, Squalan, 25 °C isotherm; FID.

3.2 Einfluß der Polarität auf die Trennbarkeit

3.2.1 Dispersionskräfte

Hierbei handelt es sich um Anziehungskräfte, die zwischen allen Atomen eines Moleküls wirksam sind, d. h. auch zwischen unpolaren Gruppen. Sie werden durch schnell fluktuierende elektrische Dipole aufgrund einer zeitlich ungleichmäßigen, aber schnell wechselnden Elektronenverteilung im Molekül hervorgerufen. Diese elektrischen Oszillatoren treten mit einem benachbarten Molekül in Wechselwirkung. Der Name Dispersionskräfte rührt daher, daß für ihre Größe dieselben Eigenfrequenzen maßgebend sind, die auch in die optische Dispersionsformel mit eingehen. Beide Effekte sind auf virtuelle Dipole zurückzuführen, die von diesen schnellen Elektronenbewegungen in der Hülle der Moleküle herrühren. Die Dispersionskräfte bewirken den Zusammenhalt zwischen allen, auch unpolaren Molekülen, und ihre Stärke nimmt additiv mit der Größe des Moleküls zu. Mit zunehmender Molekülgröße steigt daher der Zusammenhalt im flüssigen Zustand und damit auch die, für die Verdampfung erforderliche Verdampfungsenergie und der Siedepunkt, z. B. bei den homologen *n*-Alkanen. Bei einem polaren Molekül ist dann zusätzlich zu den stets vorhandenen Dispersionskräften noch der Einfluß der polaren Gruppe wirksam. Wie London zeigte (daher auch die Bezeichnung London-Kräfte), nimmt das Potential dieser Kräfte mit der 6. Potenz des Molekelabstandes ab. Damit handelt es sich um Nahwirkungen, die stark von der sterischen Anordnung beeinflußt werden: verzweigte, d. h. sperrige Kohlenwasserstoffe kommen im Chromatogramm immer vor den jeweiligen *n*-Alkanen, wie das nebenstehende Chromatogramm zeigt. Im Gegensatz dazu weisen cyclische Kohlenwasserstoffe aufgrund ihrer dichteren Struktur geringere Molekelabstände auf und werden daher stärker festgehalten und später eluiert. Genauso verhalten sich die Siedepunkte, da die Trennung von zwei Molekülen beim Verdampfungsvorgang eine mit dem Molgewicht steigende Verdampfungsenergie erfordert. Wenn diese die Bindungsenergie der schwächsten im Molekül vorhandenen kovalenten Bindung überschreitet, wird sich das Molekül eher zersetzen als verdampfen. Damit ist auch die Gaschromatographierbarkeit eines Stoffs begrenzt. Bei unpolaren Kohlenwasserstoffen liegt sie bei einer Kettenlänge von etwa 120 C-Atomen.

Orientierung von Molekülen durch Dipol/Dipol-Wechselwirkung

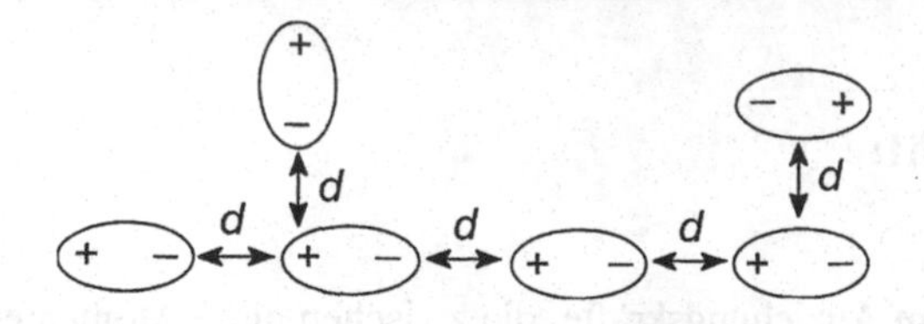

Verbindungstyp	Beispiel	Dipolmoment [Debye]	analoge Dipolphasen
R-CH=O	Acetaldehyd	2.55	
R_1 - CO-R_2	Aceton	2.80	
R-C≡N	Acetonitril	3.4	Nitrilphasen
R-OH	Ethanol	1.70	
R_1-COO-R_2	Ethylacetat	1.81	Polyesterphasen
R_1-O-R_2	Diethylether	1.15	Polyethylenglycole
R-NO_2	Nitromethan	3.54	

Analoge Dipolmomente in Dipolphasen

Polyethylenglycol (Carbowax)

1.15 D

CH_2 O CH_2 H

CH_2 CH_2 O

1.7 D

Polyester (Ethylenglycolsuccinat)

1.8 D

O

CH_2 O CH_2 C

CH_2 C CH_2 O

O

1.8 D

n

Nitrilsiliconphasen

R

O−Si−O

$(CH_2)_3$ − C≡N

3.5 D

n

3.2.2 Dipol/Dipol-Wechselwirkung

Zu den Orientierungskräften gehören die starken Wechselwirkungskräfte, die durch Moleküle mit einem permanenten Dipolmoment hervorgerufen werden. Durch die gegenseitige Anziehung bzw. Abstoßung der partiellen elektrostatischen Ladungen ist die Anordnung der Moleküle strukturiert. Sie unterliegt allerdings einer starken Abnahme mit der Temperatur, da die zunehmende thermische Bewegung die ideale Orientierung verhindert. Die Energie dieser Wechselwirkung liegt etwa zwischen 5 und 25 kJ/mol und nimmt mit $1/d^3$ des zunehmenden Abstands d zwischen den Dipolmolekülen ab.

In der nebenstehenden Tabelle sind Momente einiger funktioneller Gruppen aufgeführt, die sich auch in stationären Phasen finden. Dabei ist der Kohlenstoff als Träger der positiven Ladung und der Sauerstoff bzw. Stickstoff als negatives Ende des Dipols anzusehen. Wenn man die Gruppenmomente der Einzelmoleküle auf die entsprechenden funktionellen Gruppen in den polymeren stationären Phasen überträgt, kann man sich deren chromatographische Wirkung in etwa vorstellen. Stationäre Phasen, die polare Gruppen mit Dipolmomenten enthalten, werden im folgenden als *Dipolphasen* charakterisiert.

Starke Dipol/Dipol-Wechselwirkungskräfte sind – ähnlich wie starke Wasserstoffbrückenbindungen – häufig die Ursache, wenn polare Moleküle einen für ihre Molekülgröße viel zu hohen Siedepunkt haben und daher ein stark abweichendes chromatographisches Verhalten zeigen. So müßte z. B. Acetonitril (μ = 3.4 D, Kp. 82 °C) entsprechend seiner Molekülgröße, vergleichbar etwa Propin, viel tiefer sieden. Tatsächlich hat es auf einer unpolaren Phase (Dimethylsilicon) einen Retentionsindex von 455 und wird daher zwischen *n*-Butan und *n*-Pentan eluiert, entsprechend einem fiktiven Kp. von ca. +20 °C. In diesem Fall wird in der ideal verdünnten Lösung der unpolaren stationären Phase die Dipol/Dipol-Wechselwirkung aufgehoben und es bleiben nur noch die schwächeren Dispersionkräfte wirksam. Auf einer Dipolphase (Carbowax 20 M) dagegen hat Acetonitril einen Retentionsindex von 1010 und wird daher erst nach *n*-Decan (Kp. 174 °C) eluiert. Dieses Beispiel zeigt deutlich die Stärke der Dipol/Dipol-Wechselwirkung. Es zeigt andererseits aber auch, daß die allgemein verbreitete Ansicht, unpolare Phasen würden Stoffe in der Reihenfolge ihrer Siedepunkte trennen, so nicht zutrifft, sondern streng nur für ebenfalls unpolare Stoffe, z. B. Kohlenwasserstoffe, oder für die Glieder einer homologen Reihe gilt.

Trennung der isomeren Xylole durch Dipol/Dipol-Wechselwirkung

	p-Xylol	*m*-Xylol	*o*-Xylol
Kp. [°C]:	138.4	139.1	143.6
Dipolmoment [D]:	$\mu_r = 0$	$\mu_r = 0.37$	$\mu_r = 0.58$

1 Toluol
2 Ethylbenzol
3 *p*-Xylol
4 *m*-Xylol
5 Isopropylbenzol
6 *o*-Xylol

0 3 6 9 12 15 [min.]

Trennung von Aromaten (BTEX) an einer Dipolphase *

60 m x 0.25 mm Filmkapillare, Polyethylenglycolester (Heliflex AT-1000), 0.2 µm; 70 °C.

* mit freundlicher Genehmigung der Fa. Alltech Assoc., Inc.

Wechselwirkung Dipol/induzierter Dipol

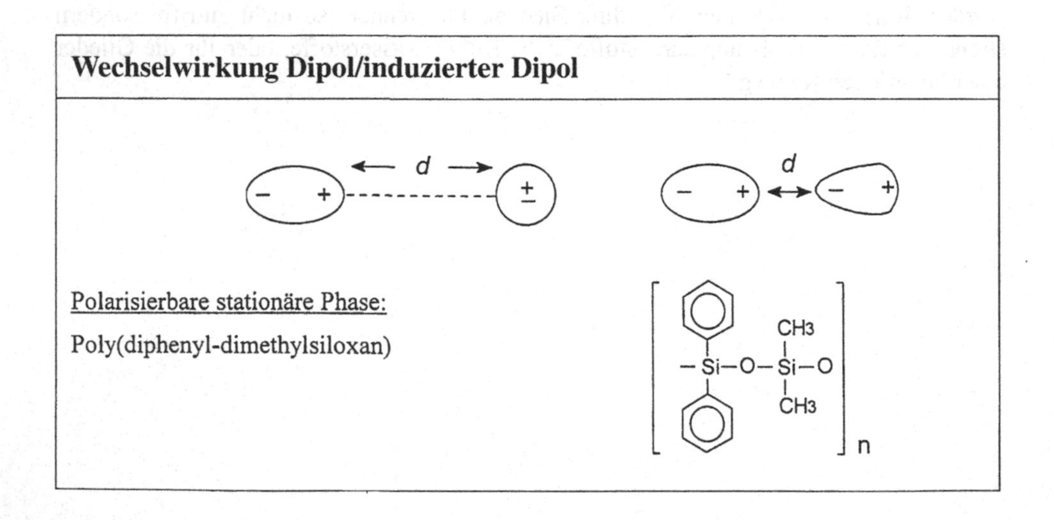

Beispiel für Dipol/Dipol-Wechselwirkung: Trennung der isomeren Xylole

Von den drei isomeren Xylolen werden *m*- und *p*-Xylol auf unpolaren Phasen nicht getrennt, da sie praktisch die gleichen Siedepunkte haben. Sie können aber aufgrund ihrer starken Dipolmomente mit Dipolphasen getrennt werden. Die Methylgruppe am aromatischen Ring ist das positive Ende eines zum Ring hin gerichteten Dipolmoments der Stärke μ = 0.34 D. Durch Vektoraddition ergibt sich daher für *p*-Xylol ein resultierendes Dipolmoment von Null, da sich die Dipolmomente in *p*-Stellung gegenseitig aufheben. Auf Dipolphasen (z. B. Polyethylenglycol) werden die Isomeren daher in der ansteigenden Reihenfolge der Dipolmomente eluiert: *p*-, *m*-, *o*-Xylol.

3.2.3 Wechselwirkung Dipol/Induzierter Dipol

Schwächere Wechselwirkungskräfte werden hervorgerufen, wenn ein dipolloses, aber polarisierbares Molekül (Analyt oder stationäre Phase) auf ein Partnermolekül mit einem permanenten Dipolmoment trifft. Dieses kann in dem polarisierbaren Molekül eine Ladungsasymmetrie bewirken, die ein induziertes Dipolmoment hervorruft. Dadurch wird das Molekül stärker in der stationären Phase zurückgehalten als es seinem Dampfdruck entspricht. Die Polarisierbarkeit ist gleich dem Dipolmoment, das in der Volumeneinheit einer Substanz durch ein homogenes elektrisches Feld der Stärke 1 induziert wird. Sie hat die Dimension eines Volumens [cm^3] in der Größenordnung des Molekülvolumens, d. h. ca. 10^{-24} cm^3 und ihre Größe hängt davon ab, wie leicht die Elektronenwolke verschoben werden kann. Nun ist das Feld einer polaren Gruppe sicher nicht homogen, aber in großer Nähe beträchtlich stark. Die an einer Dipol/induzierter Dipol-Wechselwirkung beteiligte Energie ist proportional zu $1/d^6$ und liegt in der Größenordnung von ca. 0.8–5 kJ/mol. Stationäre Phasen, die dipollose, aber polarisierbare Gruppen, hauptsächlich die Phenylgruppe enthalten, werden daher im folgenden als *polarisierbare Phasen* bezeichnet.

Trennung durch Wechselwirkung von Dipol/induziertem Dipol

Polarisierbarkeit α [cm^3] von Benzol und Cyclohexan	
Cyclohexan (*c*-H)	$10.9 \cdot 10^{-24}$
Benzol (Bo)	$10.3 \cdot 10^{-24}$
in der Ringebene	$12 \cdot 10^{-24}$
senkrecht zur Ringebene	$6 \cdot 10^{-24}$

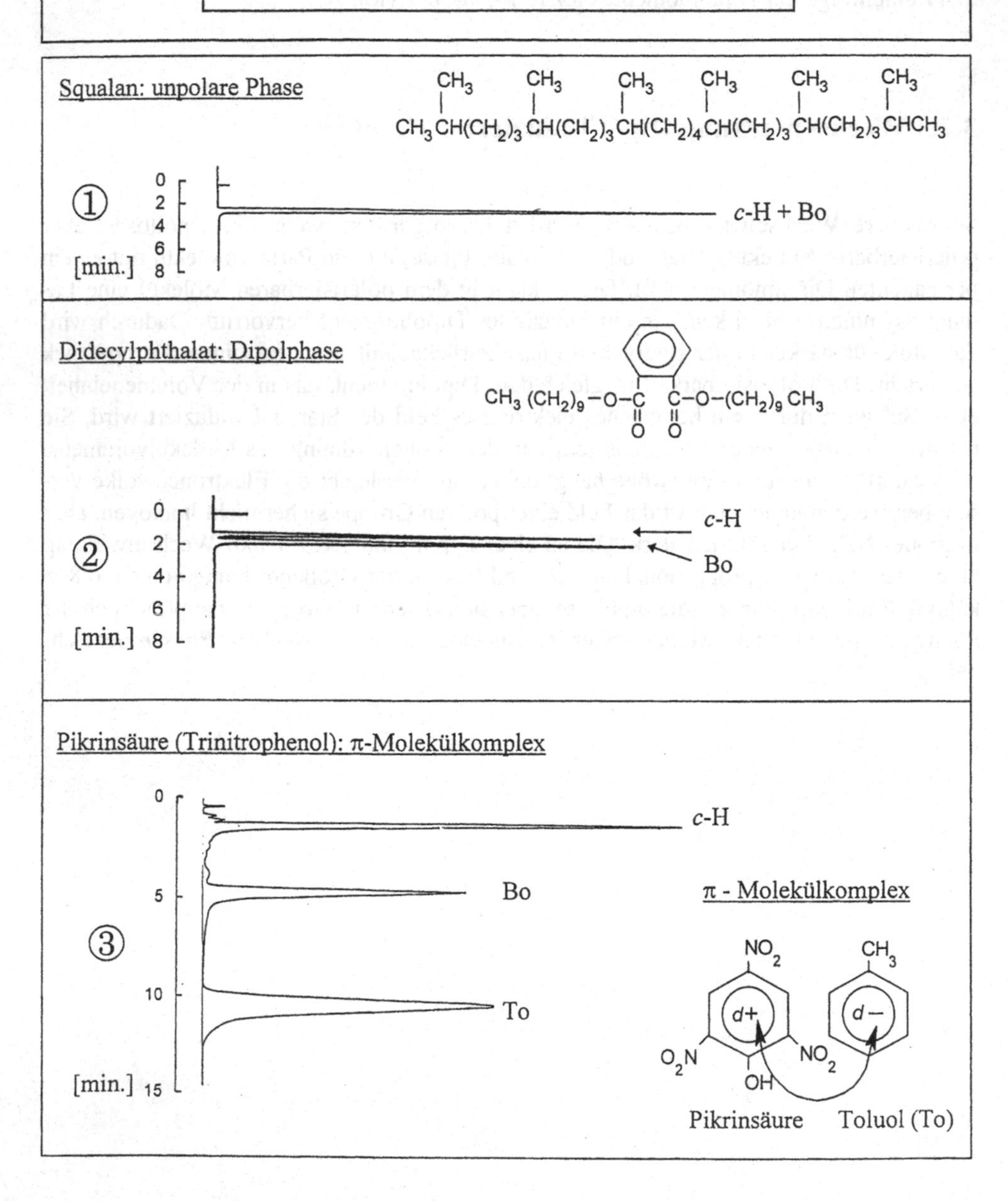

Wenn die π-Elektronen in einem aromatischen Ring oder einer Doppelbindung mit dem positiven Ende eines Dipols in Wechselwirkung treten, entsteht eine Donor-Akzeptor-Wechselwirkung, die von einer schwachen Polarisierung über sog. π-Molekelkomplexe bis zu Charge-Transfer-Komplexen führen kann. Viele selektive Trennungen in der GC lassen sich interpretieren, wenn man π-Molekelkomplexe zugrunde legt. Solche Komplexe werden gebildet, wenn das Akzeptormolekül eine hohe Elektronenaffinität besitzt, wie z. B. Aromaten mit elektronegativen Substituenten (Nitrogruppen). Das Donormolekül dagegen benötigt ein π-Elektronensystem (Aromat oder Doppelbindung) mit niedriger Ionisierungsenergie. Dies wird z. B. durch Substituenten 1. Ordnung (Alkylgruppen) hervorgerufen, die Elektronen an den Ring oder an die Doppelbindung abgeben und durch Erhöhung der Elektronendichte das Ionisierungspotential der Elektronen vermindern. Diese π-Molekelkomplexe haben eine niedrige Aktivierungsenergie und damit eine für die Chromatographie ausreichend schnelle Gleichgewichtseinstellung. Solche mehr oder weniger stark ausgeprägten Molekelkomplexe stellen einen stetigen Übergang von definierten Charge-Transfer-Komplexen mit einem echten Elektronenübergang zwischen den beiden Partnern zu reinen Dipol-Wechselwirkungen dar. Sie sind daher im konkreten Einzelfall meist nicht eindeutig zuzuordnen.

Beispiel: Trennung Benzol/Cyclohexan

Mit einer gepackten Säule und einer unpolaren stationären Phase wie z. B. Squalan, einem verzweigten C_{30}-Kohlenwasserstoff, werden Benzol (Bo) und Cyclohexan (*c*-H) nicht getrennt (Chromatogramm 1), da der Siedepunktsunterschied nur 0.7 °C beträgt. Das reicht zwar für das höhere Trennvermögen einer Kapillarsäule, wie das Chromatogramm auf S. 50 zeigt, aber auch mit einer gepackten Säule gelingt diese Trennung, sofern diese eine polare Dipolphase (Chromatogramm 2), z. B. Didecylphthalat enthält. Zwar haben beide Moleküle die gleiche Polarisierbarkeit, aber wegen der Anisotropie der Polarisierbarkeit beim Benzol ließe sich diese Trennung noch als einfache Wechselwirkung zwischen Dipol und induziertem Dipol erklären. Erhöht man dagegen die Akzeptorwirkung der stationären Phase durch Verwendung von Pikrinsäure, liegt ein starker π-Molekelkomplex vor und die Aromaten Benzol (Bo) und Toluol (To) werden nun sehr viel stärker von Cyclohexan (*c*-H) abgetrennt (Chromatogramm 3).

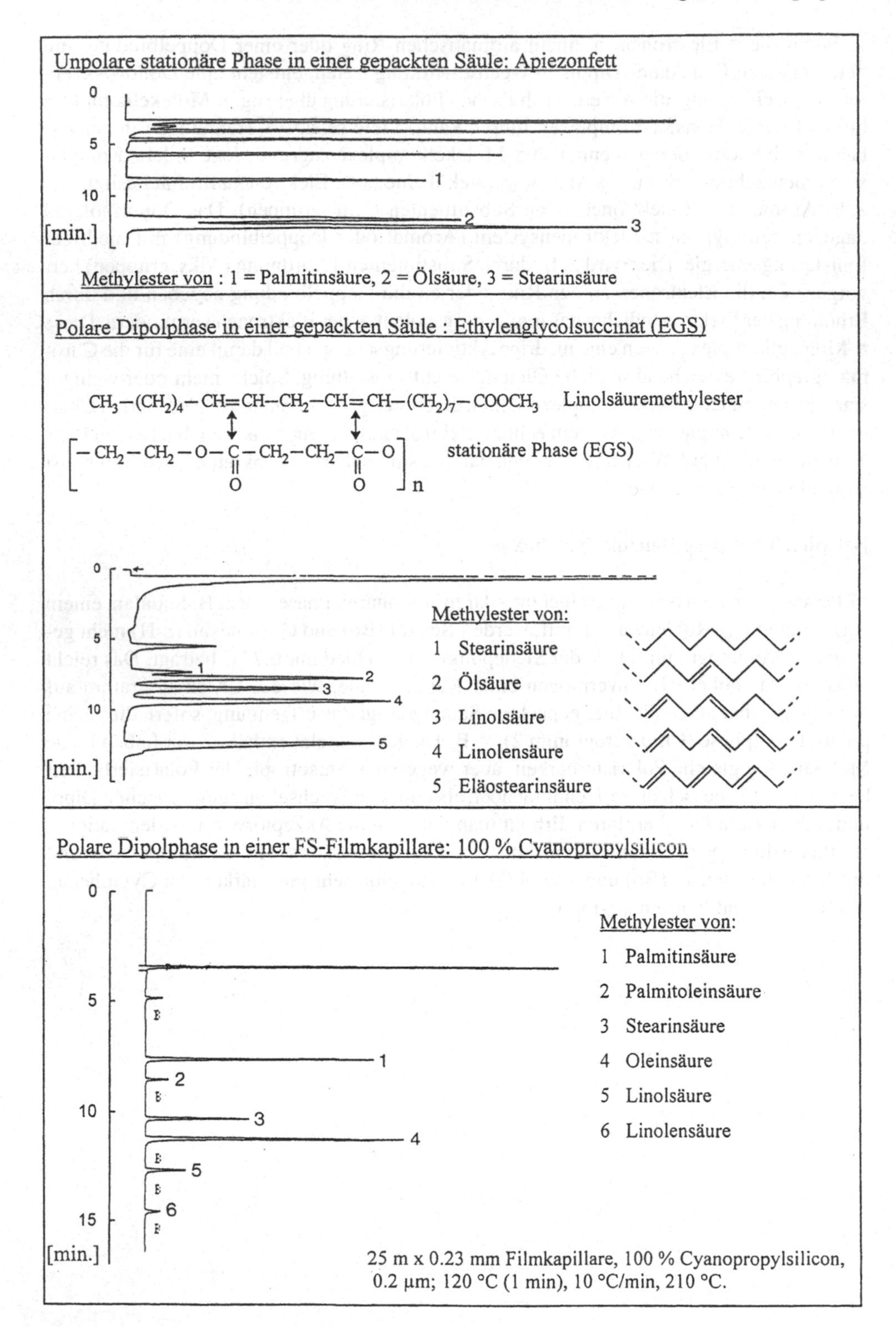
Unpolare stationäre Phase in einer gepackten Säule: Apiezonfett
0
5
10
[min.]
1
2
3
Methylester von : 1 = Palmitinsäure, 2 = Ölsäure, 3 = Stearinsäure
Polare Dipolphase in einer gepackten Säule : Ethylenglycolsuccinat (EGS)
CH3–(CH2)4–CH=CH–CH2–CH=CH–(CH2)7–COOCH3
Linolsäuremethylester
[–CH2–CH2–O–C–CH2–CH2–C–O]n
O
O
stationäre Phase (EGS)
0
5
10
[min.]
1
2
3
4
5
Methylester von:
1 Stearinsäure
2 Ölsäure
3 Linolsäure
4 Linolensäure
5 Eläostearinsäure
Polare Dipolphase in einer FS-Filmkapillare: 100 % Cyanopropylsilicon
0
5
10
15
[min.]
1
2
3
4
5
6
Methylester von:
1 Palmitinsäure
2 Palmitoleinsäure
3 Stearinsäure
4 Oleinsäure
5 Linolsäure
6 Linolensäure
25 m x 0.23 mm Filmkapillare, 100 % Cyanopropylsilicon,
0.2 µm; 120 °C (1 min), 10 °C/min, 210 °C.

Wird eine Doppelbindung durch die Einwirkung eines permanenten Dipols, z. B. einer Carbonylgruppe in einem Polyester, polarisiert, ist ebenfalls anzunehmen, daß sich ein π-Komplex formiert. Diese Wechselwirkung folgt aus den analogen nucleophilen Eigenschaften von Olefinen, insbesondere, wenn die Doppelbindung symmetrisch von unpolaren Alkylgruppen flankiert ist wie bei den ungesättigten C_{18}-Fettsäureestern. Die Wirkung einer Dipolphase auf polarisierbare Stoffe ist um so ausgeprägter, je mehr polarisierbare Gruppen, z. B. Doppelbindungen, im Molekül des Analyten enthalten sind und je ausgedehnter ein konjugiertes Doppelbindungssystem ist.

Beispiel: Trennung von gesättigt/ungesättigten C_{18}-Fettsäuremethylestern

Auf einer unpolaren stationären Phase, z. B. Apiezon, erscheint der einfach ungesättigte Ölsäuremethylester vor dem gesättigten Stearinsäuremethylester, entsprechend der Reihenfolge der Siedepunkte. Bei einer Dipolphase, z. B. einem Polyester, ist die Reihenfolge nun umgekehrt, und auch die mehrfach ungesättigten C_{18}-Säuren (Linol- und Linolensäure) werden um so stärker zurückgehalten, je mehr polarisierbare Doppelbindungen vorhanden sind. Besonders stark wird Eläostearinsäure mit einem konjugierten System aus drei Doppelbindungen zurückgehalten, da hier die Verschiebbarkeit der π-Elektronen und damit die Polarisierbarkeit besonders ausgeprägt ist.

Früher wurden die mehrfach ungesättigten Fettsäuremethylester fast ausschließlich mit Polyesterphasen, z. B. Diethylenglycolsuccinat, in gepackten Säulen (s. nebenstehende Abbildungen) getrennt. Da sich aber Polyesterphasen im Gegensatz zu Siliconphasen nur schwierig in Fused-Silica-Kapillaren einbringen lassen, werden sie heute durch Nitrilsiliconphasen mit einer hohen Dichte an Nitrilgruppen (z. B. Poly(100 %-cyanopropylsiloxan)) ersetzt, um eine vergleichbare Dipoleinwirkung auf die eng benachbarten, aber nicht konjugierten Doppelbindungen zu ermöglichen. Sterische Anordnungen beeinflussen gerade bei der kurzen Reichweite von Dipolmomenten stark die Retention. So werden die *cis*-Isomeren (z. B. Ölsäuremethylester) stärker zurückgehalten als die *trans*-Isomeren (Elaidinsäuremethylester) und erscheinen daher später im Chromatogramm.

Die Wasserstoffbrückenbindung

$R_1 - X - H \cdots\cdots\rightarrow |Y - R_2$

Zunehmende Bindungsstärke der H-Brücke durch:

	X		Y	
abnehmendes Atomvolumen des H-Donors ↓	N–H	⋯→	|N	steigende Elektronegativität des H-Akzeptors ↓
	O–H	⋯→	|O	
	F–H	⋯→	|F	

Funktionelle Gruppen für H-Brückenbindungen:

–C–O–H	Alkohole, Kohlehydrate
=C–O–H	Enole, Phenole
–COO–H	Carbonsäuren
–CO–NR–H	Amide
–C–NR–H	primäre (R=H) und sekundäre Amine

Sterische Effekte bei der Ausbildung von H-Brücken

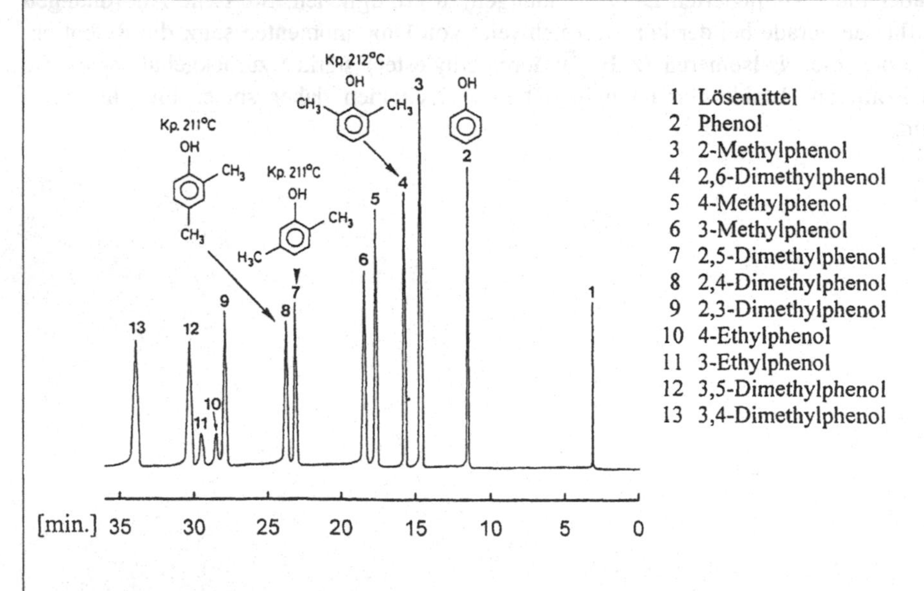

Trennung von Phenolen

50 m x 0.25 mm Stahl-Filmkapillare, Didecylphthalat + Phosphorsäure; 125 °C; FID.

3.2.4 Wasserstoffbrückenbindungen

Zu den stärksten Orientierungskräften zählen die sog. Wasserstoffbrücken. Sie entstehen, wenn ein H-Atom an ein stark elektronegatives Element mit kleinem Atomvolumen gebunden ist, dadurch sauren Charakter annimmt und von einem ungepaarten Elektronenpaar eines elektronegativen Atoms in einem anderen Molekül angezogen wird.

Die Stärke der H-Brücke steigt mit der Elektronegativität des Bindungspartners und mit abnehmenden Atomvolumen des mit dem Wasserstoff verbundenen Elements. Es handelt sich im Prinzip um eine besonders stark ausgeprägte Dipol/Dipol-Wechselwirkung, wobei der positivierte saure Wasserstoff das positive Ende des Dipols darstellt, das von einem einsamen Elektronenpaar des Partners angezogen wird. Alle stationären Dipolphasen sind daher zusätzlich auch als H-Akzeptoren für solche H-Brückenbindungen befähigt. Die Stärke der H-Brücke gegenüber anderen Dipol/Dipol-Wechselwirkungen liegt in der Kleinheit der Wasserstoffatome, wodurch eine starke Annäherung der beiden Partner gelingt. Die Energie einer H-Brücke liegt mit ca. 20 kJ/mol bereits bei 5–10 % einer echten Valenz.

Die Dipol/Dipol-Wechselwirkung nimmt proportional mit der 3. Potenz des Abstands d ($1/d^3$) ab und ist daher auch stark von sterischen Effekten beeinflußt, wie das Chromatogramm der Phenole mit einer Dipolphase (Didecylphthalat + Phosphorsäure) zeigt. Bei 2,6-Dimethylphenol ist die phenolische OH-Gruppe so stark durch die beiden benachbarten Methylgruppen abgeschirmt, und damit die H-Brücke so geschwächt, daß dieses Phenol trotz des höheren Siedepunkts von 212 °C früher eluiert wird als die beiden 2,4- und 2,5-Dimethylphenole mit dem gleichen Siedepunkt von 211 °C, bei denen die OH-Gruppe nur einseitig abgeschirmt ist. Die weitere Auftrennung dieser beiden Dimethylphenole ist dann analog zur Trennung von *p*- und *m*-Xylol aufgrund von Dipol/Dipol-Wechselwirkungen, wobei das *p*-Isomere zuerst eluiert wird, da sich die Dipolmomente der beiden Methylsubstituenten durch die *p*-Stellung kompensieren.

Abtrennung von Alkoholen und Estern durch H-Brückenbindungen

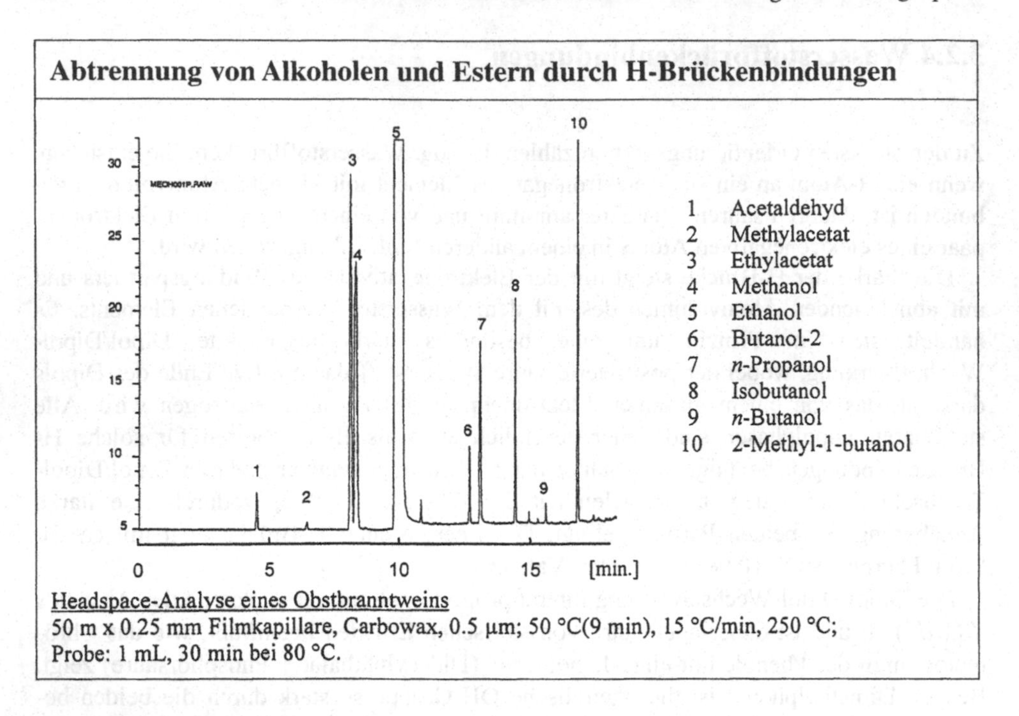

Headspace-Analyse eines Obstbranntweins
50 m x 0.25 mm Filmkapillare, Carbowax, 0.5 µm; 50 °C(9 min), 15 °C/min, 250 °C;
Probe: 1 mL, 30 min bei 80 °C.

Trennung racemischer N-TFA-Aminosäure-isopropylester*

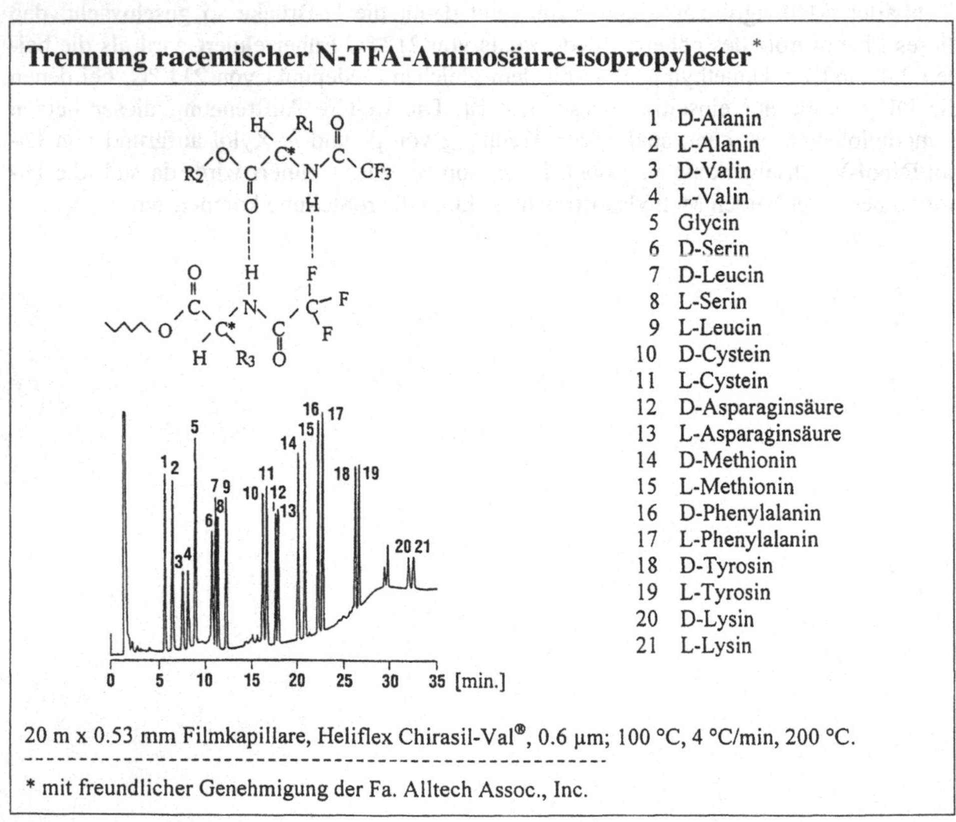

20 m x 0.53 mm Filmkapillare, Heliflex Chirasil-Val®, 0.6 µm; 100 °C, 4 °C/min, 200 °C.

* mit freundlicher Genehmigung der Fa. Alltech Assoc., Inc.

Starke Wasserstoffbrücken bestehen zwischen einem Sauerstoffatom als Protonenakzeptor und einer OH-Gruppe, z. B. zwischen dem Ethersauerstoff in einer Polyethylenglycolphase und einem Alkohol. Damit kann man z. B. Alkohole besser von Estern abtrennen.

Beispiel: Auftrennung eines Obstbranntweins

Das nebenstehende Headspace-Chromatogramm zeigt die Trennung von Alkoholen und Estern in einem Obstbranntwein. Mit Polyethylenglycol als stationärer Phase werden die Alkohole Ethanol (Kp. 78 °C) und Methanol (Kp. 65 °C) so stark zurückgehalten, daß sogar Methanol später als Ethylacetat (Kp. 77 °C) eluiert wird.

Säureamide bilden wegen der Acidität der NH_2-Gruppe starke H-Brücken zum Carbonylsauerstoff und diese sind bekanntermaßen für die Struktur von Peptiden und Proteinen verantwortlich. Noch stärkere H-Brücken bestehen wegen der hohen Elektronegativität mit Fluor als Protonenakzeptor (ca. 25–35 kJ/mol). Mit Hilfe dieser besonders starken H-Brücken gelingt es, Racemate in die Enantioisomeren zu trennen. Optische Antipoden sind in ihren physikalischen Eigenschaften identisch und können daher chromatographisch nur getrennt werden, wenn sie unter Ausbildung eines reversiblen diastereoisomeren Addukts mit einem optisch aktiven Partner in Wechselwirkung treten. Eine derartige diastereomere cyclische Struktur wurde von E. Gil-Av* für die Auftrennung von NTFA-Aminosäureestern an einer stationären Phase aus einem optisch reinen, aber schwerflüchtigen N-TFA-Aminosäureester zugrundegelegt (s. Beispiel). Zahlreiche chirale Verbindungen können mit weiteren chiralen Phasen getrennt werden, von denen besonders solche auf der Basis von permethylierten Cyclodextrinen breite Anwendung gefunden haben.

Die H-Brücken sind aufgrund ihrer starken Wechselwirkung für selektive Trennungen in der GC besonders wirkungsvoll, beeinträchtigen aber auch stark die Flüchtigkeit von polaren Stoffen. Kann ein Molekül mehr als drei H-Brücken ausbilden, ist es nicht mehr unzersetzt verdampfbar, wie z. B. Kohlenhydrate. Andererseits bietet der aktive Wasserstoff vielfältige Möglichkeiten, flüchtige Derivate durch Silylierung, Veresterung, Acetylierung, etc. herzustellen.

---

* E. Gil-Av, B. Feibush und R. Charles-Sigler, 6th International Symposium on Gas Chromatography and Associated Techniques, Rome, 1966.

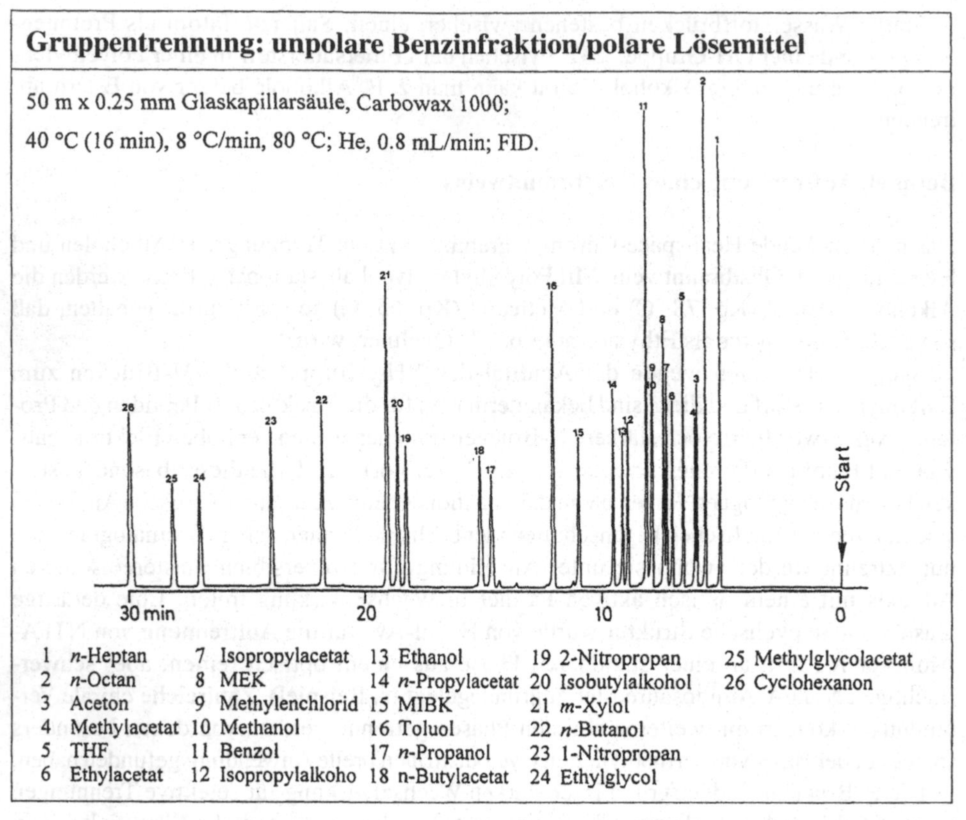

Gruppentrennung: unpolare Benzinfraktion/polare Lösemittel

50 m x 0.25 mm Glaskapillarsäule, Carbowax 1000;
40 °C (16 min), 8 °C/min, 80 °C; He, 0.8 mL/min; FID.

1 *n*-Heptan
2 *n*-Octan
3 Aceton
4 Methylacetat
5 THF
6 Ethylacetat
7 Isopropylacetat
8 MEK
9 Methylenchlorid
10 Methanol
11 Benzol
12 Isopropylalkoho
13 Ethanol
14 *n*-Propylacetat
15 MIBK
16 Toluol
17 *n*-Propanol
18 n-Butylacetat
19 2-Nitropropan
20 Isobutylalkohol
21 *m*-Xylol
22 *n*-Butanol
23 1-Nitropropan
24 Ethylglycol
25 Methylglycolacetat
26 Cyclohexanon

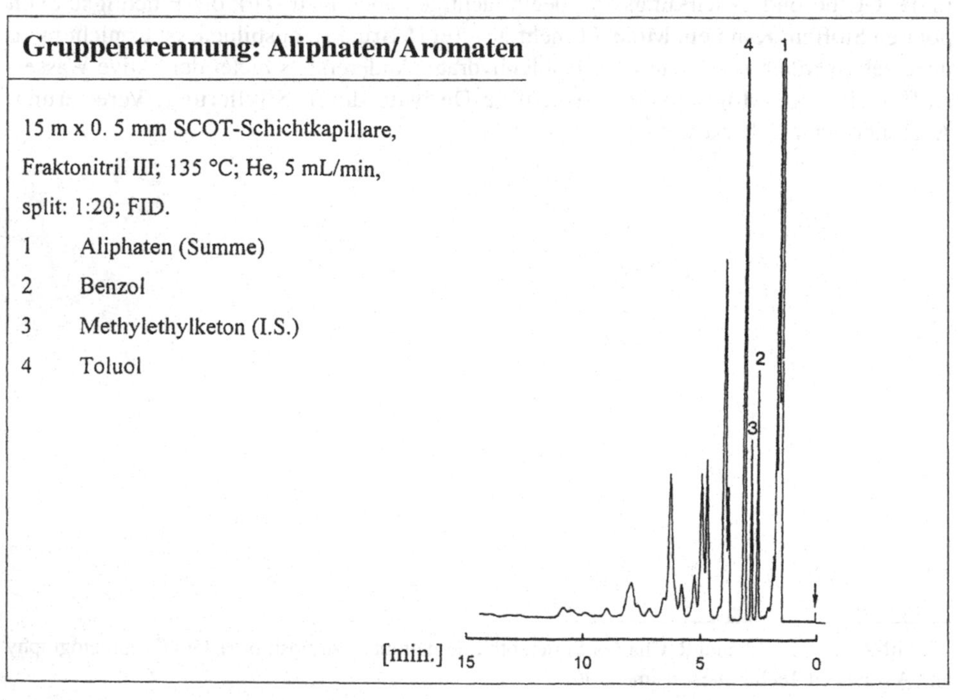

Gruppentrennung: Aliphaten/Aromaten

15 m x 0. 5 mm SCOT-Schichtkapillare,
Fraktonitril III; 135 °C; He, 5 mL/min,
split: 1:20; FID.

1 Aliphaten (Summe)
2 Benzol
3 Methylethylketon (I.S.)
4 Toluol

3.2.5 Gruppentrennungen Polar/Unpolar

Die bisher diskutierten Beispiele zeigten, wie aufgrund von spezifischen Wechselwirkungen mit der stationären Phase die Retention polarer Stoffe gezielt beeinflußt werden kann. Häufig wäre jedoch eine Gruppentrennung bestimmter Verbindungsklassen mit gleicher Polarität (Summe aller Alkohole, Ester oder Kohlenwasserstoffe) erwünscht. Dafür ist die GC weniger geeignet, da immer auch nach Dampfdruckunterschieden getrennt wird. Mit stark polaren stationären Phasen gelingt es jedoch, unpolare Stoffe als Gruppe mit kurzer Retention zu eluieren. Eine dafür typische Aufgabenstellung liegt bei der Trennung von Lösemitteln vor. Diese enthalten häufig auch Benzinfraktionen, die mit unpolaren stationären Phasen unerwünschterweise in die einzelnen Komponenten aufgetrennt werden und entsprechend ihren Siedepunkten im Bereich der leichtflüchtigen Lösemittel erscheinen. Das erschwert nicht nur die Trennung und Identifizierung, sondern kompliziert auch die Auswertung, da die einzelnen Peaks der Kohlenwasserstoffe erst wieder zusammengerechnet werden müssen. Eine Abtrennung als Summenpeak noch vor Aceton wäre daher erwünscht und gelingt auch, wie das Chromatogramm (obere Abb.) zeigt, mit Polyethylenglycol (Carbowax 1000). Aceton und alle weiteren gebräuchlichen Lösemittel werden erst nach *n*-Octan eluiert.

Durch weitere Erhöhung der Polarität der stationären Phase kann man erreichen, daß sich unpolare aliphatische Kohlenwasserstoffe darin überhaupt nicht mehr lösen und dann ungetrennt mit dem Inertpeak durch die Säule wandern. Findet trotzdem eine schwache Trennung statt, beruht sie auf einer Adsorption an der Oberfläche der stationären Phase. Auf diesem Effekt beruht ein Verfahren, den Gehalt von Aromaten (BTEX), vor allem von Benzol, in Benzinen zu bestimmen. Dazu kann man z. B. als stark polare Dipolphase Ethylenglycol-bis-(2-cyanoethylether), bekannt unter der Handelsbezeichnung „Fraktonitril III“, in einer SCOT-Trennkapillare verwenden (s. nebenstehendes Beispiel in der unteren Abb.). Diese Gruppentrennung wird dadurch bewirkt, daß die Retention der aliphatischen Kohlenwasserstoffe proportional zur Oberfläche der stationären Phase erfolgt, während die Aromaten sich darin lösen und daher proportional zur Menge der stationären Phase zurückgehalten werden. Mit steigender Filmdicke ändert sich die Oberfläche nicht, wohl aber das Volumen der stationären Phase und damit die Retention der Aromaten. Dadurch gelingt es sogar mit gepackten Säulen mit hoher Belegung an stationärer Phase, Benzol (Kp. 78 °C) noch hinter *n*-Decan (Kp. 174 °C) zu eluieren.

McReynolds-Konstanten für OV-17 (Diphenyl (50 %)-dimethylsilicon)

Testsubstanz	Kp. °C	$I^{Squalan}$	I^{OV-17}	McReynolds-Konstante	
Benzol	80.2	653	772	x'	119
Butanol-1	117.5	590	748	y'	158
2-Pentanon	101.7	627	789	z'	162
1-Nitropropan	131.6	652	895	u'	243
Pyridin	115.5	699	906	s'	202

Art der Wechselwirkung mit der stationären Phase

Testsubstanz	Dipol	π-Komplex	H-Brücken	stellvertretend für:
Benzol	–	Donor	–	Olefine, Aromaten
Butanol-1	+	–	Donor	Alkohole, Phenole, Enole Säuren, Amide
2-Pentanon	+	Akzeptor	(–)*	Aldehyde, Ketone, Ester, Ether
1-Nitropropan	+	Akzeptor	(–)*	Nitro- und Nitrilverbindungen
Pyridin	+	Donor	(–)*	Amine, Aromaten

* Die ebenfalls vorhandene Eigenschaft, als Akzeptor für H-Brücken zu wirken, ist für Trennkapillaren nicht nutzbar, da es praktisch keine stationäre Phase gibt, die als Donor für H-Brücken geeignet wäre.

Berechnung der McReynolds-Konstanten für Benzol (x')

$$x' = I^{polar}_{Benzol} - I^{Squalan}_{Benzol}$$

3.3 Charakterisierung der Polarität von stationären Phasen

Das chromatographische Verhalten eines Analyten folgt aus seinen Stoffeigenschaften und der Wechselwirkung mit der stationären Phase. Es kann durch den Retentionsindex beschrieben werden. Umgekehrt ist es ebenfalls möglich, die Polarität von stationären Phasen mit dem Indexsystem empirisch zu charakterisieren. Dazu wird anhand von Indexverschiebungen von ausgewählten polaren Analyten der Einfluß der Wechselwirkung auf verschiedene Stoffklassen beschrieben. Beim Retentionsindexsystem betrachtet man die Retention eines Analyten relativ zu den beiden Kohlenwasserstoffen, zwischen deren Retentionszeit er fällt. Man zerlegt formal ein Molekül in eine polare Gruppe und einen unpolaren Anteil. Die Retentionzeit auf einer einzigen Säule erlaubt es aber noch nicht, zwischen dem Einfluß des unpolaren Restes und der polaren funktionellen Gruppe zu unterscheiden. Erst wenn die Analyse auf einer anderen Säule mit anderer Polarität wiederholt wird, läßt sich der Einfluß der polaren Gruppe ermitteln. Der unpolare Anteil des Moleküls wirkt ausschließlich über Dispersionkräfte und ist in beiden Fällen gleich. Diese stets vorhandene Wirkung der Dispersionkräfte wird bereits durch das Bezugssystem der homologen Reihe der unpolaren *n*-Alkane erfaßt. Eine Indexverschiebung kann daher nur vom polaren Anteil hervorgerufen worden sein. Entsprechend dem Rohrschneider/McReynolds-System werden fünf Testsubstanzen verwendet. Diese ausgewählten Testsubstanzen sind typische Vertreter der wichtigsten Wechselwirkungskräfte.

Die Polarität einer stationären Phase wird bestimmt, indem man die Indexverschiebungen mißt, die diese 5 Testsubstanzen im Vergleich zu einer unpolaren Phase erfahren, wofür Squalan (Hexamethyltetracosan, ein verzweigter C_{30}-Kohlenwasserstoff, s. Formel S. 56) verwendet wird. Diese Indexverschiebungen werden als sog. McReynolds-Konstanten (x', y', z', u', s') angegeben. Dazu werden für jede der 5 Testsubstanzen bei 120 °C die Retentionsindices (*I*) für beide Säulen bestimmt, entsprechend dem in der nebenstehenden Tabelle aufgeführten Beispiel. Als polare Phase wird hier ein Poly-(50 %-diphenyl-50 %-dimethylsiloxan) (OV-17) benutzt. Die Berechnung wird am Beispiel von Benzol (x') gezeigt.

Tabelle der Säulenpolaritäten

McReynolds-Konstanten

Squalan: unpolar, Referenzsystem

$[H_3C$ ... $CH_3\ CH_3\ CH_3]_{1/2}$

	x'	y'	z'	u'	s'
Squalan	0	0	0	0	0

Dimethylsilicon[a]: unpolar

$[-Si(CH_3)_2-O-Si(CH_3)_2-O]_n$

	x'	y'	z'	u'	s'
100 % Methyl	17	57	45	67	43

Phenylmethylsilicon[a] : polarisierbar

$[-Si(C_6H_5)_2-O]-[-Si(CH_3)_2-O]_n$

	x'	y'	z'	u'	s'
5 % Phenyl	32	72	65	98	67
20 % Phenyl	69	113	111	171	128
50 % Phenyl	119	158	162	243	202
75 % Phenyl	178	204	208	305	208

Polyethylenglycole[a]: Dipolphase

$O-[CH_2-CH_2]_n-OH$

	x'	y'	z'	u'	s'
Carbowax 600	350	631	428	632	605
Carbowax 1500	347	607	418	626	589
Carbowax 4000	325	551	375	582	520
Carbowax 20 M	322	536	368	572	510

Cyanopropylphenyl (CPPh) dimethylsilicon [b]: polarisierbar und Dipolphase

$[-Si((CH_2)_3CN)(C_6H_5)-O]-[-Si(CH_3)_2-O]_n$

	x'	y'	z'	u'	s'
6 % CPPh	50	115	107	164	103
14 % CPPh	82	170	157	236	160
50 % CPPh	227	373	336	489	398
100 % CPPh	523	757	659	942	801

---

[a] E. Leibnitz und H.G. Struppe, *Handbuch der Gaschromatographie*, Akademische Verlagsgesellschaft Geest & Portig K.-G., Leipzig 1984, S. 460–466.

[b] Katalog der Fa. Chrompack International BV, The Netherlands.

Die nebenstehende Tabelle enthält McReynolds-Konstanten von einigen typischen stationären Phasen. Umfangreiche Zusammenstellungen solcher Daten finden sich in den Katalogen der Säulenhersteller.

Ein hoher Wert für x' zeigt, daß die stationäre Phase eine starke Affinität zu π-Elektronen (in Aromaten, Olefinen) aufweist und als Elektronendonor zur Bildung von π-Molekelkomplexen geeignet ist. Umgekehrt ist ein hoher Wert für z' und u' charakteristisch für Substanzen mit stark polarisierten Dipolmomenten, die als Akzeptoren für solche π-Molekelkomplexe wirken können: so steigen z. B. beide Werte (z' und u') parallel mit zunehmenden Gehalt an Phenylgruppen in Methylphenylsiliconen an.

Ein hoher Wert für y' zeigt, daß die stationäre Phase als Akzeptor für H-Brücken geeignet ist und alle Substanzen mit einem aktiven H-Atom daher stark zurückhält.

Der Wert s' beschreibt das Verhalten von Pyridin sowohl in seiner Eigenschaft als Aromat, ähnlich wie Benzol (x'), aber auch als Akzeptor für H-Brücken. Allerdings gibt es heute praktisch keine stationäre Phase mehr mit einem aktiven H-Atom, die als Donor für eine H-Brücke geeignet wäre, da solche Phasen gerade wegen der Aktivität des Wasserstoffs thermisch nicht ausreichend stabil sind. Selbst bei Polyethylenglycolen unterschiedlicher Molekulargröße ist ein Einfluß der endständigen OH-Gruppe auf die s'-Konstante nicht erkennbar, da das Verhältnis s'/x' (Pyridin/Benzol ~0.96) konstant bleibt. Das zeigt, daß Pyridin sich eher wie ein Aromat verhält. Nur bei den unpolaren Dimethylsiliconen ist der Wert für das Verhältnis s'/x' deutlich größer (~2.5), und das ist auf den schwach sauren Charakter von Polysiloxanen zurückzuführen. Bei Siliconphasen mit steigendem Anteil an polaren Gruppen wird dieser schwache Effekt dann durch die zunehmenden polaren Wechselwirkungen überdeckt. Übrigens ist bei der Analyse von Aminen der schwach saure Charakter selbst von silanisierten Oberflächen in unbelegten Fused-Silica-Kapillaren, die als Transferleitungen und als *„retention-gap"* verwendet werden, zu beachten, da durch starke Adsorption tailende Peaks verursacht werden können.

4 Trennungen durch Gas-Fest-Chromatographie

Bei der Gas-Fest-Chromatographie ist der zugrunde liegende physikalische Vorgang die Adsorption, und infolgedessen wird meist die Bezeichnung Adsorptions-Gaschromatographie benützt. Sie ist die älteste Form der GC und wurde zuerst von Erika Cremer (1950) zur Trennung von Gasen verwendet. Die Trennung von Gasen und von leichtflüchtigen niedermolekularen Verbindungen ist nach wie vor die Hauptanwendung der Adsorptions-Gaschromatographie und zwar aus folgendem Grund: Starke Adsorbentien mit entsprechend hohen Adsorptionsenergien erfordern für die Desorption hohe Temperaturen, die meist über dem Siedepunkt des flüchtigen Adsorptivs (Analyt) liegen. Dadurch lassen sich diese Stoffe bequem bei Säulentemperaturen über Raumtemperatur trennen, und man vermeidet eine apparativ aufwendige Kühlung der Säule bzw. des ganzen GC-Ofens. Für schwerflüchtige Stoffe sind die dafür erforderlichen hohen Säulentemperaturen aber wieder von Nachteil.

Ein chromatographisches Problem bei Adsorbentien ist ihre kleine *„lineare Adsorptionskapazität*“. Das ist der Bereich, in dem mit steigender Beladung das Phasengleichgewicht konstant bleibt. In einem nichtlinearen System wandern nämlich die hohen Konzentrationen schneller als die niedrigen und daraus resultiert dann eine konzentrationsabhängige Retention mit stark tailenden Peaks.

Neuere Entwicklungen haben eine größere Zahl homogener und vor allem reproduzierbar herstellbarer Adsorbentien hervorgebracht. Obwohl damit der Anwendungsbereich der Adsorptions-GC beträchtlich erweitert worden ist, werden auch diese Materialien meist nur für ganz gezielte Anwendungen eingesetzt. Die besten Informationen dazu liefern die Kataloge der Säulenhersteller. Hier muß ein knapper Überblick genügen.

Die Adsorptions-GC hat gegenüber der Gas-Flüssig-GC einige Vorteile, die für bestimmte Anwendungen nützlich sein können: Das ist einmal das fehlende oder zumindest wesentlich geringere Säulenbluten, das für den Betrieb von einigen hochempfindlichen Detektoren (z. B. Heliumdetektor) eine entscheidende Voraussetzung ist. Ist keine flüssige stationäre Phase vorhanden, entfällt auch der langsame Diffusionsprozeß (C_S-Term in Gl. 2.24). Da die Desorption wesentlich schneller erfolgt, können Trennungen mit der Adsorptions-GC oft bei höheren Gasströmungen und daher in kürzerer Zeit durchgeführt werden.

Verteilungskonstanten für die Adsorptions-GC an festen Phasen

$$K_g = \frac{W_{i(S)}/W_S}{W_{i(M)}/V_M} = \frac{W_{i(S)}}{W_{i(M)}} \cdot \frac{V_M}{W_S} \qquad [\mathrm{Lg^{-1}}] \qquad (4.1)$$

$$K_S = \frac{W_{i(S)}/A_S}{W_{i(M)}/V_M} = \frac{W_{i(S)}}{W_{i(M)}} \cdot \frac{V_M}{A_S} \qquad [\mathrm{Lg\ cm^{-2}}] \qquad (4.2)$$

K_g Verteilungskonstante bezogen auf die Masse (Gewicht) des Adsorbens
K_S Verteilungskonstante bezogen auf die Oberfläche des Adsorbens
$W_{i(S)}$ Menge des Analyten *i* an (in) der stationären Phase (Adsorbens)
$W_{i(M)}$ Menge des Analyten *i* in der mobilen Phase
V_M Volumen der mobilen Phase
W_S Gewicht (Masse) [g] der festen stationären Phase (Adsorbens)
A_s spezifische Oberfläche [$cm^2\ g^{-1}$] des Adsorbens

Lineare Adsorptionskapazität

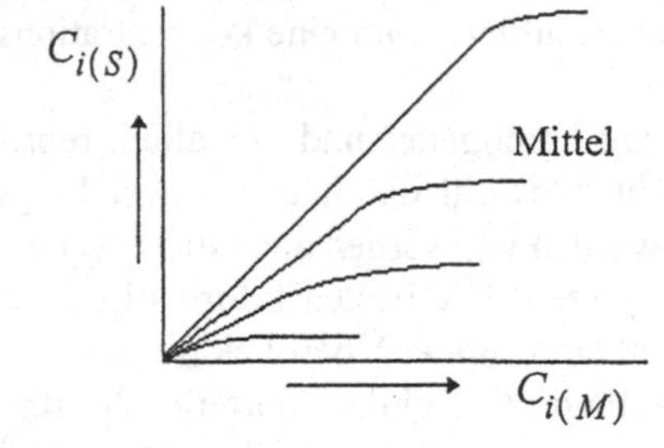

$C_{i(S)}$ = Konzentration von Analyt *i* am Adsorbens

$C_{i(M)}$ Konzentration von Analyt *i* in der mobilen Gasphase

Porengrößen eines Adsorbens

Makroporen > 200 nm

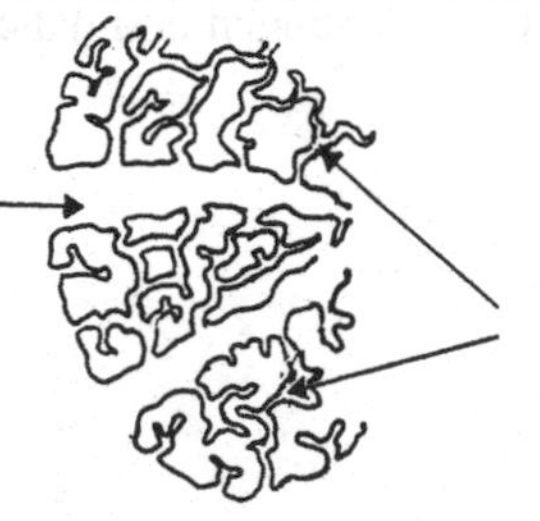

Mikroporen < 3 nm

4.1 Allgemeines zur Adsorptions-Gaschromatographie

Bei der Adsorptions-GC wird das Phasengleichgewicht des flüchtigen Adsorptivs ebenfalls durch eine Gleichgewichtskonstante gekennzeichnet. Im Gegensatz zur Verteilungskonstante (K_c) bei der Gas-Flüssig-GC wird jedoch die Konzentration, d. h. die Menge des Adsorptivs, nicht als Volumenkonzentration angegeben (Gl. 1.2), sondern entweder auf das Gewicht des Adsorbens (K_W, Gl. 4.2) oder auf seine Oberfläche bezogen (K_S, Gl. 4.3). Damit sind beide Konstanten aber nicht mehr dimensionslos.

Der im Vergleich zur Gas-Flüssig-GC kleinere lineare Bereich der Adsorptionskapazität beruht auf der heterogenen Oberfläche, d. h. auf der ungleichförmigen Verteilung der Adsorptionsenergien über die Fläche, da die Adsorptionszentren in ihrer Adsorptionsstärke eine statistische Verteilung aufweisen, wobei die stärksten Zentren mit der geringsten Häufigkeit vorliegen und damit den kleinsten linearen Bereich haben. Der gesamte lineare Bereich ergibt sich dann als Mittel. Durch Zugabe von geringen Mengen eines Sättigers wird der lineare Bereich vergrößert; tatsächlich werden aber nur die stärksten Zentren mit ihrem kleinen Bereich abgesättigt und ihr Einfluß auf das Mittel damit beseitigt. Die Oberfläche eines Adsorbens läßt sich so mit einer geringen Mengen einer stationären Phase imprägnieren, und damit ergeben sich vielfältige Möglichkeiten, die Selektivität gezielt zu variieren.

Wichtig für ein Adsorbens ist eine hohe chemische, mechanische und thermische Stabilität sowie eine enge und homogene Verteilung der Porengröße. Die Poren können in einem weiten Bereich variieren, von Porenöffnungen in der Größenordnung von Moleküldurchmessern bis zu makroskopischen Kanälen und Spalten in der Größenordnung von einigen µm. Der Bereich umfaßt mikroporöse ($d < 3$ nm), mittelporige und makroporöse ($d > 200$ nm) Adsorbentien. Entsprechen die Porenöffnungen etwa der Größe von Atomen oder Molekülen, lassen sich diese aufgrund ihrer Größe oder Gestalt trennen und solche Adsorbentien werden dann als *Molekularsiebe* (*Molsiebe*) bezeichnet. In derart engen Poren wird das Adsorptivmolekül rundum stärker von der umgebenden Porenoberfläche festgehalten als an offenen Oberflächen oder in weiten Poren, wo diese Wechselwirkung nur einseitig und damit schwächer erfolgt.

Eigenschaften von graphitiertem Ruß als Trennphase

Bezeichnung	Hersteller	spez. Oberfläche [$cm^2 g^{-1}$]	
Graphpac®-GB	Alltech	100–110	
Carbopack® B	Supelco	100	Gase
Carbopack® B-HT*	Supelco	100	Schwefelverbindungen
Carbograph® 1	Alltech	90	Gase
Carbograph® 1-SC*	Alltech	90	Schwefelverbindungen
Graphpac®-GC	Alltech	10–13	leichtflüchtige Stoffe, struktur- und stereoisomere Verbindungen
Carbograph® 2	Alltech	12	
Carbopack® C	Supelco	10	
Carbopack® C-HT*	Supelco	10	
Carbograph® 3	Alltech	8	
Carbopack® F	Supelco	5	

* HT bedeutet eine zusätzliche Desaktivierung durch H_2 bei 1000 °C (hydrogen treated) und SC eine spezielle Vorbehandlung für S-Verbindungen (SF_6, SO_2, H_2S, COS, Mercaptane, Disulfide).

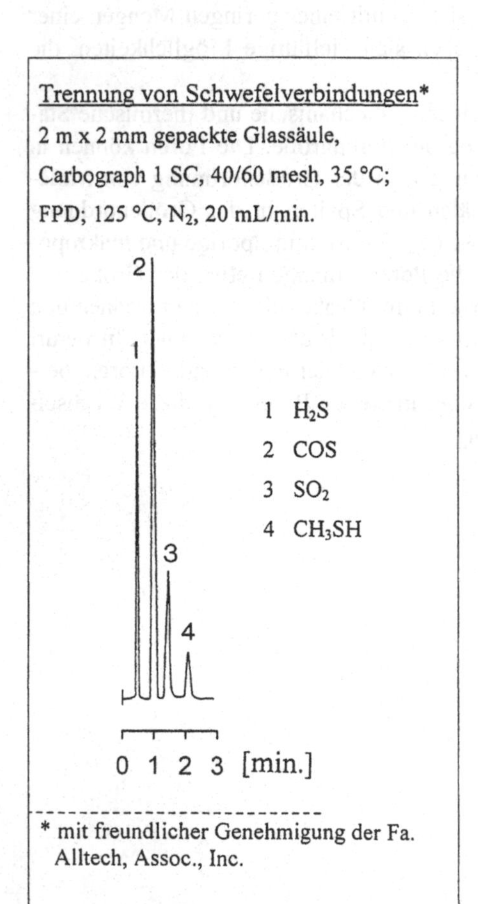

* mit freundlicher Genehmigung der Fa. Alltech, Assoc., Inc.

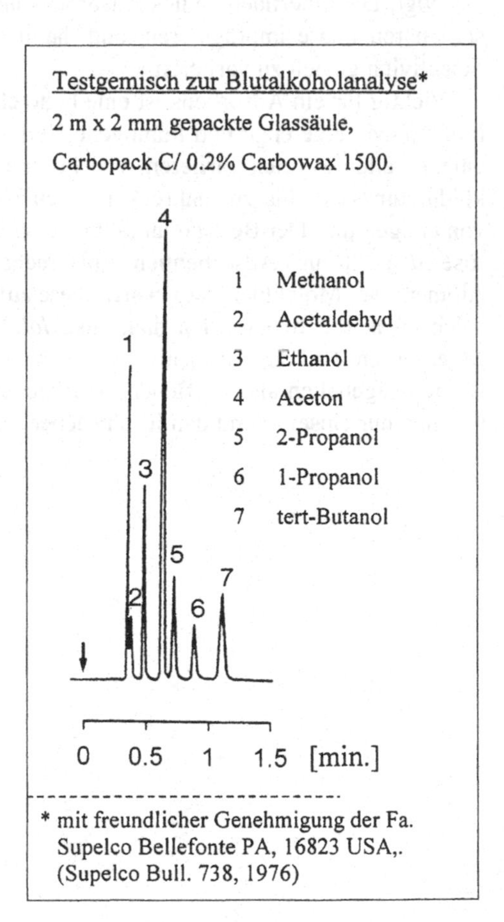

* mit freundlicher Genehmigung der Fa. Supelco Bellefonte PA, 16823 USA,. (Supelco Bull. 738, 1976)

4.2 Kohlenstoff als Adsorbens

Adsorbentien auf der Basis von Kohlenstoff weisen eine unpolare Oberfläche auf. Die Trennungen beruhen daher auf der Wechselwirkung der Dispersionskräfte und sind stark von sterischen Effekten beeinflußt. Aktivkohle spielt zwar als Trennphase heute keine Rolle mehr, wird aber zur adsorptiven Anreicherung von Luftschadstoffen viel verwendet.

Graphitierter Ruß

Aktivkohle ist weitgehend durch Adsorbentien auf der Basis von graphitiertem Ruß ersetzt. Dieses inerte Material aus Graphitkohlenstoff ist nicht porös; es wird durch Erhitzen von Ruß auf ca. 3000 °C unter Ausschluß von Sauerstoff hergestellt (GTR = thermisch graphitierter Ruß). Es wird in verschiedenen Qualitäten sowohl zur adsorptiven Anreicherung anstelle von Aktivkohle (Carbotrap von Supelco und Graphtrap® von Alltech) als auch als Trennphase (s. nebenstehende Tabelle) in gepackten Säulen angeboten. Mit abnehmender spezifischer Oberfläche steigt die Anwendbarkeit für höhere Molekulargewichtsbereiche. Die Dispersionswechselwirkung und damit die Trennbarkeit hängen stark von der Geometrie des Analyten ab und aus diesem Grund eignen sich diese Materialien gut für die Trennung von struktur- und stereoisomeren Verbindungen. Zum Beispiel eluieren cyclische Kohlenwasserstoffe im Gegensatz zur Gas-Flüssig-GC vor den entsprechenden *n*-Alkanen (*c*-Hexan vor *n*-Hexan), da bei den cyclischen Verbindungen eine koplanare Adsorption aus sterischen Gründen erschwert ist.

Oberflächenmodifizierter graphitierter Ruß

Durch Adsorption einer kleinen Menge einer festen oder flüssigen Phase (0.1–6 % einer Nichtsilicon-Phase, meist Polyethylenglycole) läßt sich die Oberfläche von graphitiertem Ruß modifizieren und damit seine Adsorptionseigenschaft gezielt beeinflussen. Durch die geringe Menge an flüssiger Phase und den entsprechend dünnen Film gelingt es, sehr schnelle Analysen durchzuführen, wie z. B. die Blutalkoholanalyse (s. nebenstehendes Chromatogramm) mittels einer Säule mit 0.2 % Carbowax 1500 auf Carbopack C. Derart modifizierter graphitierter Ruß ist auch in Form von Kapillarsäulen (Carbograph™ von Alltech und CLOT-Schichtkapillaren von Supelco) für leichtflüchtige Kohlenwasserstoffe bis mittelflüchtige Rohölfraktionen, aber auch für polare Stoffe einsetzbar.

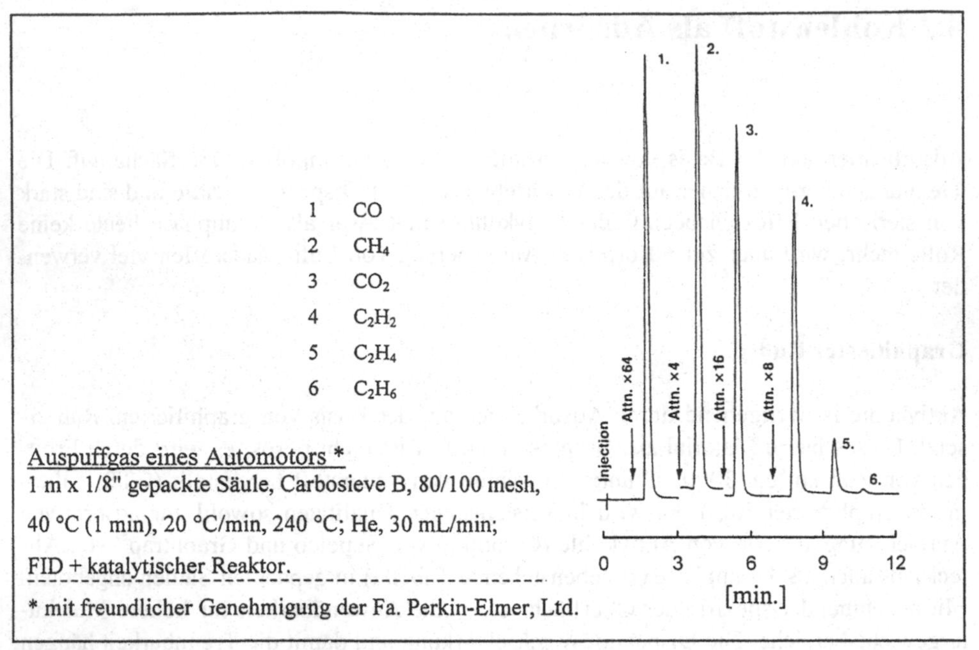

Auspuffgas eines Automotors *
1 m x 1/8" gepackte Säule, Carbosieve B, 80/100 mesh,
40 °C (1 min), 20 °C/min, 240 °C; He, 30 mL/min;
FID + katalytischer Reaktor.

* mit freundlicher Genehmigung der Fa. Perkin-Elmer, Ltd.

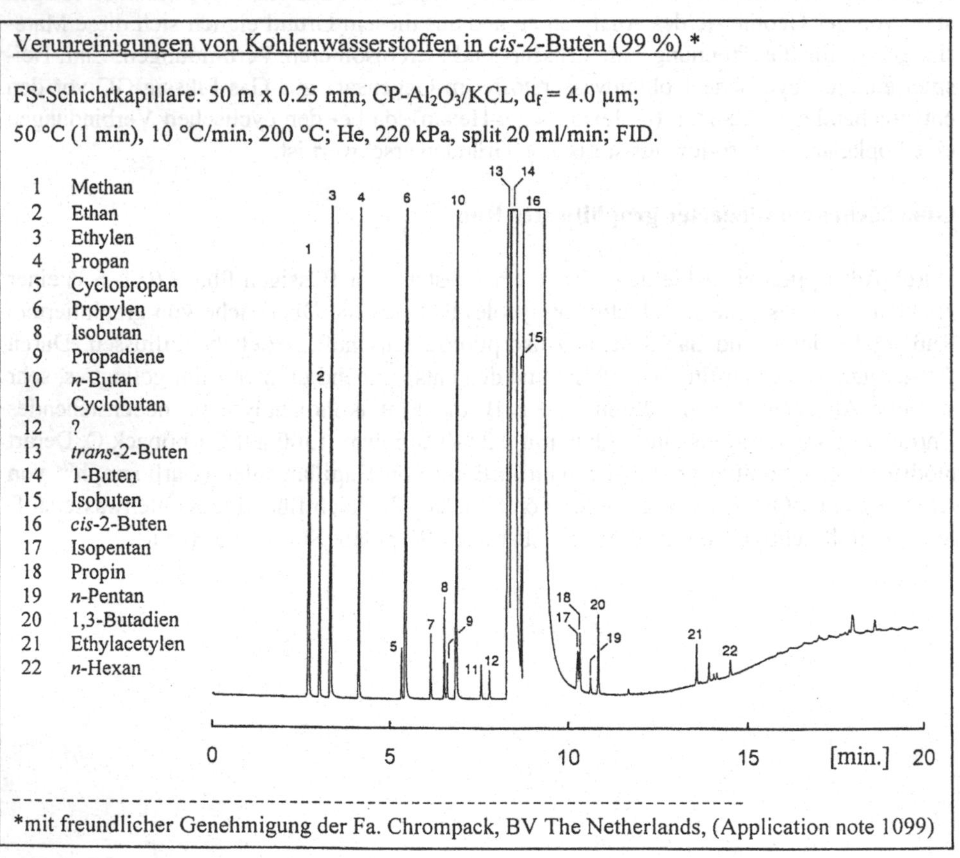

Verunreinigungen von Kohlenwasserstoffen in *cis*-2-Buten (99 %) *
FS-Schichtkapillare: 50 m x 0.25 mm, CP-Al_2O_3/KCL, d_f = 4.0 µm;
50 °C (1 min), 10 °C/min, 200 °C; He, 220 kPa, split 20 ml/min; FID.

*mit freundlicher Genehmigung der Fa. Chrompack, BV The Netherlands, (Application note 1099)

Kohlenstoffmolekularsiebe

Während graphitierter Ruß unporös ist, gelingt es, durch thermische Zersetzung von Vinylidenchlorid porösen Kohlenstoff mit einer spezifischen Oberfläche von 1000–1200 m^2/g herzustellen. Maßgebend für die Trennwirkung sind die Mikroporen von 1–1.5 nm mittlerer Porenweite. Verschiedene Varianten von Kohlenstoffmolekularsieben werden unter den Handelsbezeichnungen Carbosieve® und Carboxen®, Carbosphere™ und Spherocarb® als Füllmaterialien in gepackten Säulen angeboten, sind aber auch als PLOT-Schichtkapillaren von Chrompack (CP-CarboPLOT P7) mit entsprechend besserem Trennvermögen verfügbar. Infolge der starken Adsorptivität können nur die niederen Kohlenwasserstoffe bis maximal C_6 getrennt werden, da die notwendigen hohen Säulentemperaturen sonst zu pyrolytischer Zersetzung führen.

4.3 Anorganische Adsorbentien

Aluminiumoxid

Aluminiumoxid ist ein an sich stabiles Adsorbens mit einer spezifischen Oberfläche von ca. 200 cm^2/g, das für die Trennung von niederen Kohlenwasserstoffen gut geeignet ist. Von den verschiedenen polymorphen Formen wird die γ-Form für chromatographische Anwendungen bevorzugt. Die Oberfläche ist heteropolar mit basischen und sauren Zentren und enthält zusätzlich noch Hydroxylgruppen, die dem Material hygroskopische Eigenschaften verleihen. Dadurch unterliegen die Retentionszeiten je nach Feuchtigkeitsgehalt starken Schwankungen, und aus diesem Grund wird es wenig eingesetzt. Dieses Material wird nicht nur in gepackten Säulen verwendet, es ist auch in Form von PLOT-Schichtkapillaren (z. B. Rt-Alumina™ von Restek) verfügbar. Bei entsprechenden PLOT-Schichtkapillaren von Chrompack (CP-Al_2O_3/KCl und CP-Al_2O_3/Na_2SO_4) ist durch Desaktivierung mit den Salzen KCl und Na_2SO_4 die Oberfläche modifiziert, wobei mit KCl eine unpolare und mit Na_2SO_4 eine mehr polare Al_2O_3-Oberfläche mit unterschiedlichen Selektivitäten zur Verfügung steht. KCl-modifizierte Al_2O_3-PLOT-Schichtkapillaren (DB-Alumina-KCl) werden auch von J&W Scientific angeboten.

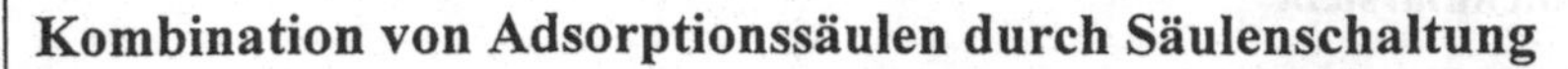

Kombination von Adsorptionssäulen durch Säulenschaltung

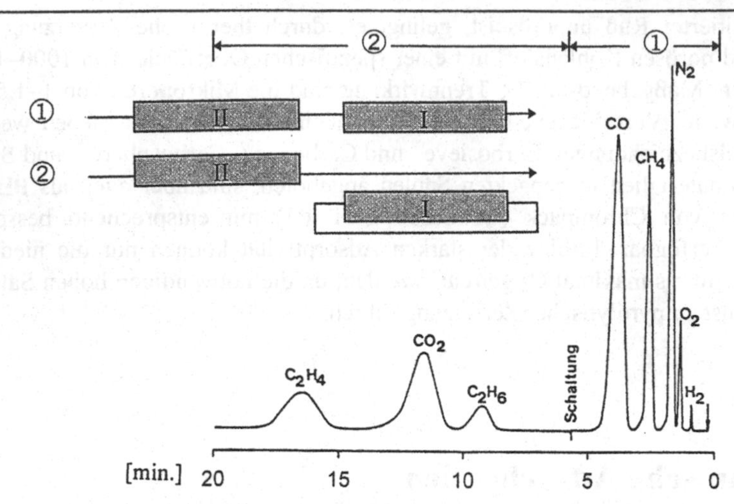

Trennung von Permanentgasen und niederen Kohlenwasserstoffen

Temperatur: 50 °C isotherm; Detektor: WLD

Säulensystem: I : 2 m x 1/8"gepackte Stahlsäule, Molekularsieb 5 Å

II: 0.5 m x 1/8" gepackte Stahlsäule, Silicagel, 40/60 mesh

Trennung von Schwefelverbindungen mit einer PLOT-Schichtkapillare

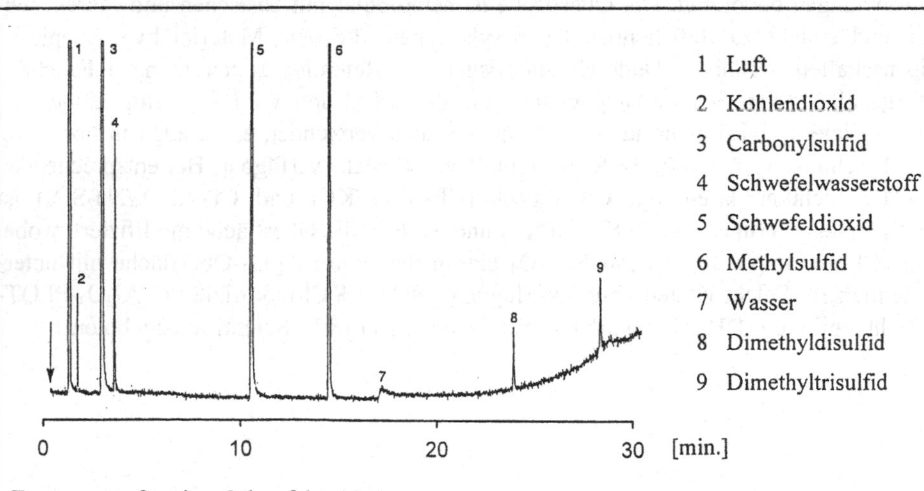

1 Luft
2 Kohlendioxid
3 Carbonylsulfid
4 Schwefelwasserstoff
5 Schwefeldioxid
6 Methylsulfid
7 Wasser
8 Dimethyldisulfid
9 Dimethyltrisulfid

Trennung gasförmiger Schwefelverbindungen

CP-SilicaPLOT FS-Schichtkapillare, 30 m x 0.32 mm, df = 4 µm; 40 °C (5 min),

10 °C/min, 200 °C; He, 30 kPa; Detektor: MS-TIC; Probe: 100 mL, ca. 1000 ppm in Luft.

*Mit freundlicher Genehmigung der Fa. Chrompack, BV The Netherlands (Application note 1257)

Zeolithische Molekularsiebe

Von den anorganischen zeolithischen Adsorbentien werden im wesentlichen nur die Linde-Molekularsiebe 5 Å und 13 X mit einem mittleren geometrischen Porendurchmesser von 5 bzw. 9 Å zur Trennung der Inertgase H_2, O_2, N_2, CH_4 und CO eingesetzt. Das Molsieb 5 Å ist auch als PLOT-Schichtkapillare (CP-Molsieb 5 Å von Chrompack) erhältlich. Bei Gasanalysen ergibt sich das Problem, daß immer auch CO_2 bestimmt werden muß, daß aber CO_2 auf Molsieb 5 Å nur durch Temperaturprogrammierung bis 300 °C, und auch dann nur unvollständig, eluiert werden kann. Eine vollständige Gasanalyse einschließlich CO_2 erfordert daher die Verwendung einer weiteren Adsorptionssäule, die mittels Säulenschalttechnik mit der Molsiebsäule kombiniert wird. Das nebenstehende Chromatogramm zeigt einen sehr einfachen Fall durch Kopplung einer Molsiebsäule mit einer Silicagelsäule: CO_2 wird so stark in der Silicagelsäule zurückgehalten, daß inzwischen die übrigen Komponenten von der Molsiebsäule getrennt werden und diese aus dem System dann ausgeschaltet werden kann, worauf CO_2 direkt von der Silicagelsäule in den Detektor überführt wird. Komplexe Gasgemische (Erdgas und Raffinieriegase) benötigen mehrere Säulenkombinationen und eine dementsprechend kompliziertere Schaltung. Alternativen zur Auftrennung der Inertgase einschließlich CO_2 sowie der C_2-Kohlenwasserstoffe ohne Säulenschaltung sind die CP-CarboPLOT-P7-Schichtkapillare von Chrompack oder die Tieftemperaturprogrammierung einer Säule mit porösen Polymeren (s. folgenden Abschnitt).

Silicagele

Kieselgele oder Silicagele werden außer für die Bestimmung von CO_2 auch für schwefelhaltige Stoffe (COS, H_2S, CS_2 und SO_2) eingesetzt. In Form von unbeschichteten Kieselgelperlen (Porasil®, Spherosil®) wird das Material für leichte Gase (C_1–C_3) empfohlen. Silicagel ist ebenfalls in Form von PLOT-Schichtkapillaren (CP-SilicaPLOT von Chrompack) verfügbar und wird zur Trennung von C_1- bis C_4-Isomeren empfohlen, wobei Wasser die Retentionszeiten nicht beeinflußt. Oberflächenmodifizierte Kieselgele sind mit verschiedenen, chemisch an die Oberfläche von Porasil gebundenen Phasen unter der Bezeichnung Durapak® (Waters) bekannt. Durch die chemische Bindung, z. B. durch Veretherung der Silanolgruppen mit Alkoholen wie 3-Hydroxypropionitril (OPN/Porasil C), gelingt es, auch stark polare Gruppen thermisch stabil zu fixieren.

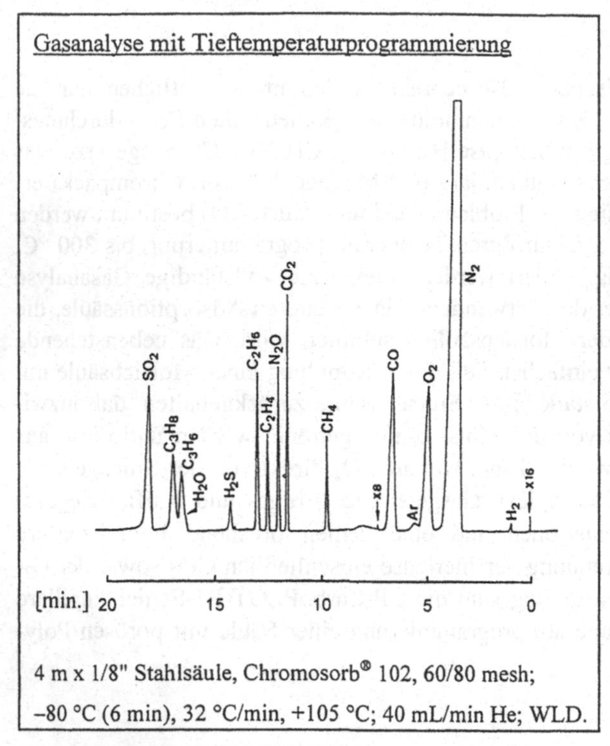

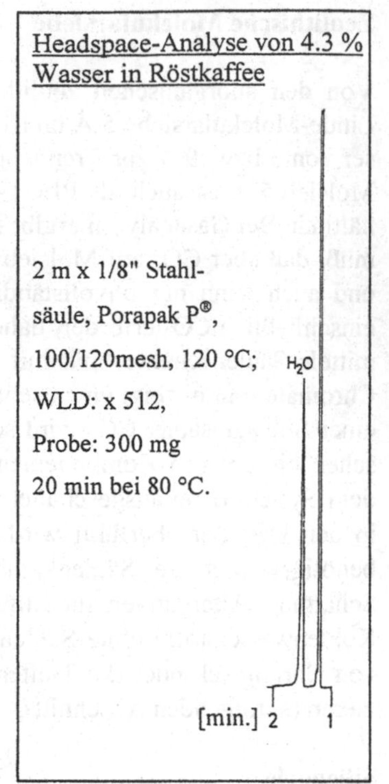

Headspace-Analyse von 4.3 % Wasser in Röstkaffee
2 m x 1/8" Stahlsäule, Porapak P®,
100/120mesh, 120 °C;
WLD: x 512,
Probe: 300 mg
20 min bei 80 °C.
H_2O
[min.] 2 1

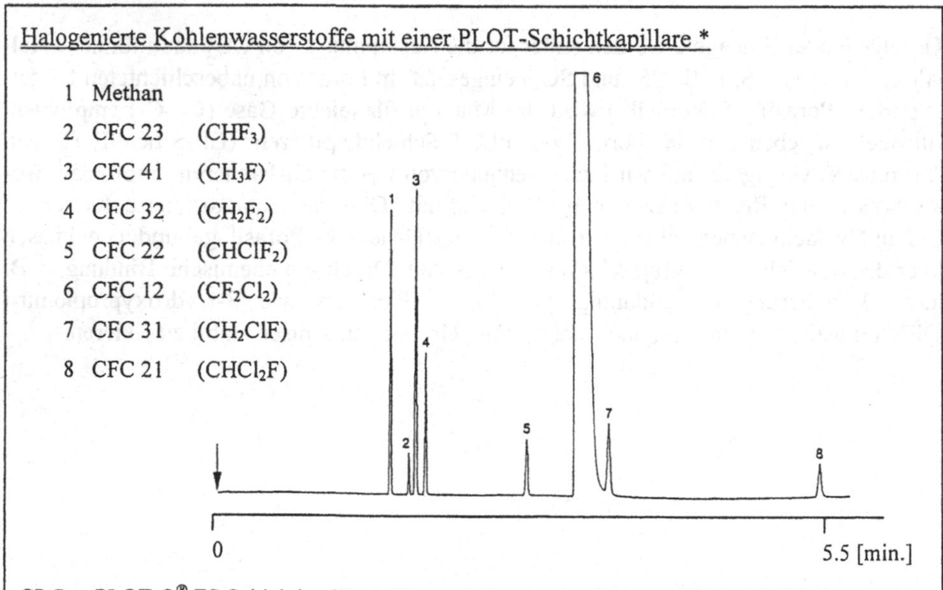

CP-PoraPLOT Q® FS-Schichtkapillare, 50 m x 0.53 mm; d_f = 20 µm; 100 °C, 15 °C/min, 200 °C; He; FID; Probenaufgabe: splitlos; Konzentrationsbereich ca. 50 ppm in N_2 + ca. 5000 ppm CFC 12.

---

* mit freundlicher Genehmigung der Fa. Chrompack BV, The Netherlands (Application note 918)

4.4 Poröse organische Polymere als Adsorbentien

Universellere Anwendungen als die o. g. Adsorbentien haben vernetzte poröse Polymere gefunden. Durch Polymerisation und Vernetzung von Styrol/Divinylbenzol werden unpolare Sorbentien als sphärische hochporöse Partikel gewonnen. Durch die unpolare Adsorbensoberfläche findet die Trennung durch schwache Adsorption statt, und durch das Fehlen von H-Brücken eluieren die Moleküle entsprechend ihrer Molekelgröße; z. B. hat Wasser einen Retentionsindex von ca. 300, d. h. es eluiert mit Propan (s. Chromatogramm oben links). Infolgedessen eignet sich dieses Material gut für die gaschromatographische Wasserbestimmung in einer Vielzahl von Proben als Alternative zur Karl-Fischer-Titration, speziell in Verbindung mit der Headspace-Probenaufgabe (s. Beispiel oben rechts). Es wird aber bevorzugt für die Analyse von Gasen und von niedermolekularen Stoffen verwendet. Eine Trennung der Permanentgase erfordert jedoch, infolge der schwachen Adsorption, Säulentemperaturen unterhalb der Raumtemperatur (s. Chromatogramm oben links). Die dafür notwendige Tieftemperaturprogrammierung ist eine Alternative zur Säulenschaltung für Gasgemische. Höhermolekulare Stoffe benötigen andererseits eine so stark erhöhte Säulentemperatur, daß diese Materialien im wesentlichen auf die Trennung von niedermolekularen Stoffen beschränkt sind.

Die Polarität kann durch Copolymerisation von Acrylnitril, Vinylpyridin, N-Vinyl-2-pyrrolidon, Acrylester, Ethylenglycol, Dimethylacrylat, Polyethylenimin und Dimethylacrylsäureethylenglycolester gezielt gesteigert werden. Am bekanntesten sind die Produkte von Waters (Porapak® Q, P, R, S, T, N, QS, PS), die Hunderter-Serie von Johns-Manville (Chromosorb® 101, 102, 103, 104, 105), von Alltech u. Supelco (HayeSep® Q, P, R. S, T, N, A, B, C, D, D_{ip}, D_B sowie Gas Chrom® 220, 254). Diese Materialien werden in gepackten Säulen verwendet, es gibt jedoch äquivalente PLOT-Schichtkapillaren von Chrompack (CP-PoraPLOT Q, Q-HT, S, U sowie CP-PoraPLOT Amine).

Diese Materialien werden nicht nur für die Gasanalyse, sondern auch für polare und leichtflüchtige Verbindungen eingesetzt. Als Ergänzung zur Analyse von schwererflüchtigen Stoffen eignet sich Tenax®-TA, ein Poly(2,6-diphenyl-*p*-phenylenoxid) mit einer relativ kleinen spezifischen Oberfläche von 17 m^2/g. Wegen der hervorragenden Temperaturstabilität bis 350 °C wird es häufig als Adsorbens zum Sammeln von Luftschadstoffen mit nachfolgender Thermodesorption benutzt.

5 Kriterien zur Auswahl von Trennsäulen

Die Kataloge der Säulenhersteller enthalten eine unüberschaubare Fülle unterschiedlichster Trennsäulen. Wozu benötigt man so viele Säulen? Die Antwort kann nur lauten: die meisten davon eigentlich nur für spezielle Anwendungen, die in den verschiedensten Arten von Vorschriften festgelegt sind. Das gilt besonders für die Vielzahl von Adsorptionsphasen. Der Anwender, der nach solchen Vorschriften arbeitet, muß sich nur die entsprechende Säule besorgen und sich an die Vorschrift halten. Weitere Überlegungen zur Säulenwahl erübrigen sich damit. Solche Überlegungen sind allerdings dann erforderlich, wenn keine Vorschriften existieren und der Anwender die Analysenmethode selbst entwickeln muß oder wenn er frei ist, eine vorhandene Methode zu ändern, zu verbessern oder an seine instrumentellen Gegebenheiten anzupassen.

Eine Befragung[*] in europäischen Labors hat ergeben, daß die überwiegende Zahl der Anwender (86 %) mit Kapillarsäulen arbeitet. Von den Phasen wird meist (73 %) die unpolare Phase Poly(100 %-dimethylsiloxan) benutzt, gefolgt mit 66 % von Poly(5 %-diphenyl-95 %-dimethylsiloxan), 53 % Polyethylenglycol, 38 % Poly(50 %-diphenyl-50 %-dimethylsiloxan) und 25 % Poly(14 %-cyanopropyl-phenyl-86 %-dimethylsiloxan). Dieses Ergebnis zeigt, daß man mit einer begrenzten Zahl von Phasen abgestufter Polarität auskommen kann. Schwieriger wird es dann schon, die übrigen Säulenparameter (Länge, Durchmesser und Filmdicke) festzulegen. Diese Parameter stehen im engen Zusammenhang mit dem im folgenden diskutierten Begriff der Säulenkapazität.

Neben rein analytischen und chromatographischen Kriterien sind oft noch instrumentelle Aspekte maßgebend. Sind im chromatographischen System gewisse Totvolumina enthalten (Ventile, Leitungen, auch Injektoren oder Detektoren), sind Säulen mit größerer Volumenströmung, d. h. größerem Innendurchmesser vorteilhaft, es sei denn, man kann an geeigneter Stelle ein sog. *Spülgas* („*make up gas*“) zugeben. Umgekehrt sind, z. B. bei der direkten GC/MS-Kopplung, die Innendurchmesser häufig auf maximal 0.25 mm und die entsprechenden geringeren Volumenströmungen beschränkt. Es ist in so einem Fall allerdings auch möglich, eine dickere Säule solchen Strömungsanforderungen anzupassen, wenn man am Säulenende einen *Strömungsteiler* („*splitter*“) verwendet.

---

[*] A. Muir, *LC-GC International*, April 1997, S. 250–252.

Das Phasenverhältnis β von Kapillarsäulen

$$\beta = V_G / V_S \qquad (1.4)$$

$$\beta = F_G / F_S \qquad (5.1)$$

$$\beta = d_c / 4d_f \qquad (5.2)$$

β Phasenverhältnis
V_G Volumen der Gasphase
V_S Volumen der stationären Phase
F_G Querschnittsfläche der Gasphase
F_S Querschnittsfläche der stationären Phase
d_c Innendurchmesser der Kapillarsäule
d_f Filmdicke

d_c d_f

Anwendungsbereiche von Kapillarsäulen mit unterschiedlichem β

Art der Stoffe	β
gasförmige, leichtflüchtige niedermolekulare Stoffe	< 100
typische GC-Anwendungen für die meisten flüchtigen Stoffe	100–500
schwerflüchtige höhermolekulare Stoffe	> 500

Phasenverhältnisse β von gebräuchlichen Kapillarsäulen

d_c [mm]	Filmdicke d_f [mm]					
	0.1	0.3	0.5	1.0	3.0	5.0
0.10	250	83				
0.18	450	150	90			
0.25	625	208	125	62		
0.32	800	267	160	80	27	16
0.53	1325	442	255	132	44	27

5.1 Filmdicke und Phasenverhältnis

Das Phasenverhältnis (β), d. h. das Volumenverhältnis der Gasphase zur stationären Phase (Gl. 1.4), ist ein nützlicher Begriff, um Säulen unterschiedlicher Dimensionen zu vergleichen. Das Volumenverhältnis ist auch gleich dem Verhältnis der Querschnittsflächen (Gl. 5.1), und damit werden die beiden Parameter Innendurchmesser (d_c) und Filmdicke (d_f) zusammengefaßt (Gl. 5.2). Hält man (β) konstant, kann man leicht zu anderen Säulen wechseln, ohne die übrigen GC-Parameter wesentlich ändern zu müssen.

Beispiel

Ist man mit der Auftrennung einer 0.53 mm Kapillarsäule bei einer Filmdicke von 1.0 µm nicht zufrieden, kann man zu einer 0.25 mm Kapillare wechseln. Man benötigt dann aber nach Gl. 5.2. eine Filmdicke von 0.47 µm, um bei gleicher Säulentemperatur auch die gleiche Retention, d. h. den gleichen *k*-Wert zu bekommen, nun aber mit besserer Auflösung.

Je kleiner der Wert für (β) ist, um so größer ist der Anteil der stationären Phase am Säulenvolumen. Damit nimmt die Retention zu, und solche Säulen ($\beta < 100$) eignen sich für gasförmige und leichtflüchtige Substanzen (s. nebenstehende mittlere Tabelle), für die bei abnehmendem Phasenverhältnis die Säulentemperatur entsprechend erhöht werden kann, weil sonst für eine brauchbare Retention der Ofen mit der Säule gekühlt werden müßte. Andererseits eignen sich Kapillarsäulen mit einem dünnen Film und infolgedessen einem hohen Phasenverhältnis ($\beta > 500$) für schwer flüchtige Substanzen mit hohem Molekulargewicht. Je größer β ist, um so tiefer kann die Säulentemperatur im Vergleich zum Siedepunkt eines Stoffs sein. Die nebenstehende (untere) Tabelle gibt eine Übersicht über Phasenverhältnisse für gängige Filmkapillaren. Für die meisten gaschromatographierbaren Stoffe liegen die günstigen Werte für β zwischen diesen Extremen.

Derartige Überlegungen werden hier nur für Kapillarsäulen angestellt. Die Kenntnis der Phasenverhältnisse für gepackte Säulen ($20 < \beta < 200$) ist weniger nützlich, und sie werden von den Säulenherstellern in der Regel auch nicht angegeben, da sowohl gepackte Säulen als auch PLOT-Schichtkapillaren nur noch für ganz spezielle Anwendungen mit genau vorgeschriebenen Methodenparametern eingesetzt werden, wodurch sich sowohl eine Säulenauswahl als auch eine Methodenoptimierung durch den Benutzer erübrigt.

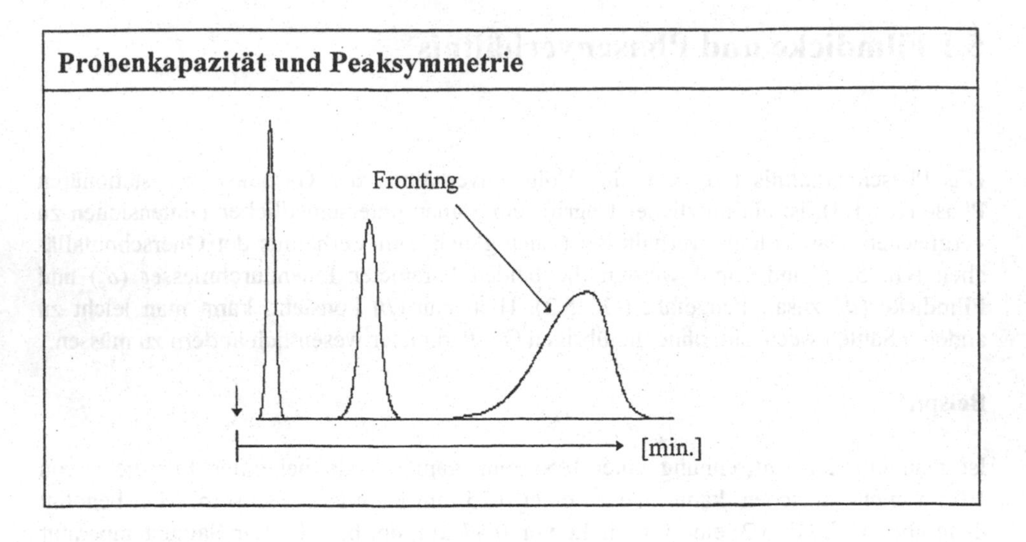
Probenkapazität und Peaksymmetrie
Fronting
[min.]

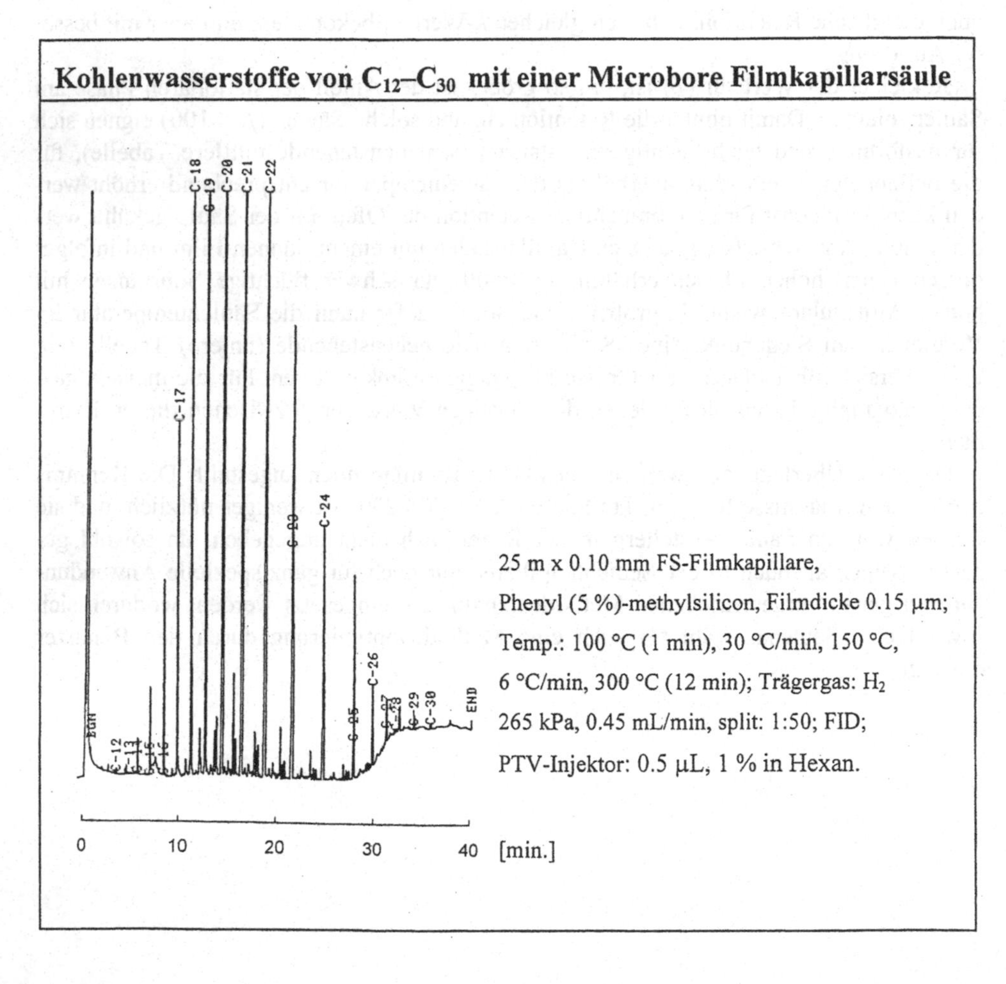
Kohlenwasserstoffe von C12–C30 mit einer Microbore Filmkapillarsäule
C-12
C-13
C-17
C-18
C-19
C-20
C-21
C-22
C-23
C-24
C-25
C-26
C-29
C-30
END
25 m x 0.10 mm FS-Filmkapillare,
Phenyl (5 %)-methylsilicon, Filmdicke 0.15 µm;
Temp.: 100 °C (1 min), 30 °C/min, 150 °C,
6 °C/min, 300 °C (12 min); Trägergas: H2
265 kPa, 0.45 mL/min, split: 1:50; FID;
PTV-Injektor: 0.5 µL, 1 % in Hexan.
0
10
20
30
40
[min.]

5.2 Probenkapazität

Innendurchmesser und Filmdicke einer Kapillarsäule stehen im engen Zusammenhang mit ihrer Probenkapazität. Darunter versteht man die maximale Menge einer Probenkomponente, die noch einen symmetrischen Peak liefert. Wird sie überschritten, entsteht durch Überladung ein breiter und unsymmetrischer Peak („*fronting*“, s. obere Abb.), der sich bis zu einem schiefen Dreieck entwickeln kann. Solche Peaks sind weniger ein Problem für die Quantifizierung, sofern die Peakfläche und nicht die Höhe bestimmt wird, sondern für die Peakerkennung und für die chromatographische Auflösung. Jede Peakverbreiterung beeinträchtigt die Auflösung von zwei benachbarten Peaks im Chromatogramm, aber auch deren Identifizierung, da das Peakmaximum aus dem vom Integrator vorgegebenem Fenster zur Peakerkennung rutschen kann. Es besteht hier ein stetiger Übergang von einem streng symmetrischen Peak zu einem verzerrten Überladungspeak, so daß sich hier kein Grenzwert definieren läßt.

Das Problem mit der Belastbarkeit einer Säule tritt auf, wenn Probenkomponenten mit stark unterschiedlichen Konzentrationen, z. B. Verunreinigungen im ppm Bereich in einem Lösemittel oder in einem Monomeren, unter Aufrechterhaltung ihres Trennvermögens quantifiziert werden müssen: Die Peaks von hohen Konzentrationen müssen dann noch symmetrisch und die Peaks von kleinen Konzentrationen noch gut auswertbar sein.

Dieses Problem stellt sich nicht bei Proben mit ähnlichen und vergleichbaren Konzentrationen der einzelnen Komponenten, die daher mit allen Säulen analysiert werden können. Bei solchen Proben kann man deshalb eine Säule einsetzen, die ein maximales Trennvermögen durch einen kleinen Innendurchmesser und einen dünnen Film aufweist, wie sie z. B. für das nebenstehende Chromatogramm (untere Abb.) verwendet wurde (25 m x 0.1 mm, Filmdicke 0.15 µm). Um die absoluten Mengen entsprechend klein zu halten, kann man die Probe auch verdünnen oder ein großes Splitverhältnis verwenden, ohne daß dadurch die kleineren Peaks unter die Nachweisgrenze fallen. In diesem Chromatogramm entspricht die Hauptkomponente n-C_{20} mit 13.7 Gew.-% einer Menge von ca. 12 ng, während z. B. der kleine, aber gerade noch erkennbare Peak von n-C_{12} mit 0.3 Gew.-% ca. 0.25 ng entspricht. Bei so geringen Konzentrationsunterschieden sind keine Überladungsprobleme zu erwarten und auch die Peaks der Hauptkomponenten sind daher ebenfalls schmal und symmetrisch.

Probenkapazität für Trennsäulen zur Gas-Flüssig-GC

$$K_c = \frac{C_{i(S)}}{C_{i(G)}} = k \cdot \beta \tag{1.1}$$

$$k = \frac{W_{i(S)}}{W_{i(G)}} \tag{1.3}$$

$$\beta = \frac{V_G}{V_S} \tag{1.4}$$

k Mengenverhältnis
β Phasenverhältnis
K_c Verteilungskonstante
$C_{i(S)}$ Konzentration des Analyten *i* in der stationären Phase
$C_{i(G)}$ Konzentration des Analyten *i* in der Gasphase
$W_{i(S)}$ Menge des Analyten *i* in der stationären Phase
$W_{i(G)}$ Menge des Analyten *i* in der Gasphase
V_S Volumen der stationären Phase
V_G Volumen der Gasphase

Belastbarkeit und Trennvermögen [N/m] von Kapillarsäulen

Bezeichnung*	d_c [mm]	N/m	Probenkapazität [ng]
Microbore	0.10	7000	< 20
Minibore	0.18	5000	20–100
Narrow Bore	0.25	3500	100–500
Wide Bore	0.32	3000	500–1000
Megabore	0.53	1500	1000–5000

* nach J & W Scientific

Die Probenkapazität wird durch Überladungseffekte in der stationären Phase begrenzt. Alle Maßnahmen, die die Konzentration ($C_{i(S)}$) des Analyten (i) in der stationären Phase verringern, vermindern die Überladung und erhöhen die Probenkapazität. Diese Zusammenhänge folgen aus der fundamentalen Beziehung der GC, nach der die Konzentration eines Analyten (i) in den beiden Phasen durch die Verteilungskonstante (K_c) beschrieben wird (s. Gl. 1.1, S. 6). Das gilt nicht nur für die Gas-Flüssig-Chromatographie, sondern in noch stärkerem Maße für die Adsorptions-Gaschromatographie mit ihrer kleineren Adsorptionskapazität.

Um $C_{i(S)}$ zu verringern, kann man z. B. K durch Erhöhung der Säulentemperatur verkleinern. Das Phasenverhältnis (β) verringert sich dadurch nicht, wohl aber das Mengenverhältnis (k): Die Menge ($W_{i(S)}$) des Analyten (i) in der stationären Phase nimmt ab und in der Gasphase ($W_{i(M)}$) dagegen zu. Die Probenkapazität ist daher retentionsabhängig. Die gleiche Menge, die bei langer Retentionszeit einen überladenen Peak liefert, kann bei einer höheren Säulentemperatur und dadurch kürzerer Retentionszeit durchaus wieder einen symmetrischen Peak bewirken. Allerdings können die Retentionszeiten für die erforderliche Auflösung dadurch zu klein geraten. Mit einer größeren Filmdicke (d_f) kann man dann wieder in den optimalen Bereich der Retention und Auflösung kommen. Umgekehrt ist ein Wechsel zu einem dickeren Film nur in Verbindung mit einer erhöhten Säulentemperatur sinnvoll, wenn die Retention gleich bleiben soll. Dadurch erhöht sich dann auch wieder die Kapazität durch den Verdünnungseffekt des nun dickeren Films.

Auch eine Vergrößerung des Gasvolumens (V_G) durch einen größeren Innendurchmessers verkleinert die Konzentration in der stationären Phase: Wenn β größer wird, muß das Mengenverhältnis (k) kleiner werden, damit die Verteilungskonstante (K_c) gleich bleibt. Zum Beispiel vergrößert eine Erhöhung von d_c von 0.25 auf 0.53 mm bei gleicher Filmdicke (d_f) das Phasenverhältnis (β) um etwa das Doppelte (s. Gl. 5.2, S. 84). Damit befindet sich bei gleicher absoluter Menge des Analyten und konstantem K ein größerer Anteil in der Gasphase und weniger davon in der stationären Phase. Die nebenstehende Tabelle versucht, zumindest als Anhaltspunkt, für gängige Kapillarsäulen eine Größenordnung der Belastbarkeit anzugeben, zusammen mit ihrem jeweiligen Trennvermögen (Anzahl der Böden N pro m). Die Kapillarsäulen sind hier entsprechend einer Klassifizierung von J&W Scientific bezeichnet.

Prep-GC: Erhöhter Probendurchsatz durch Überladung der Säule

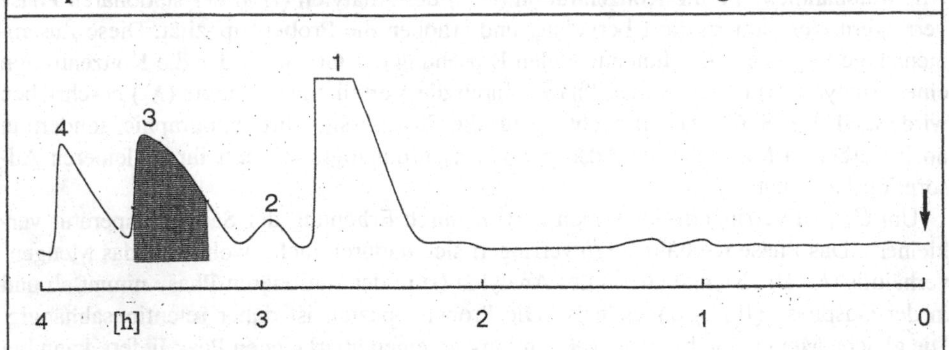

Präparative Abtrennung von Sabinen aus einem Terpengemisch

10 (in Serie) gepackte Stahlsäulen, je 0.9 m x 3/8", 5 % Apiezon auf Chromosorb G, 60/80, 70 °C; Trägergas: N_2, 250 kPa, 230 mL/min; FID (Ausgangssplitter); dosierte Probenmenge: 250 µL. Ausbeute: 550 µL (80 % nach 14 Cyclen).

Komponenten: 1= α-Pinen, 2 = Camphen, 3 = Sabinen, 4 = β-Pinen

Prep-GC: Erhöhter Probendurchsatz mit überlappender Arbeitsweise

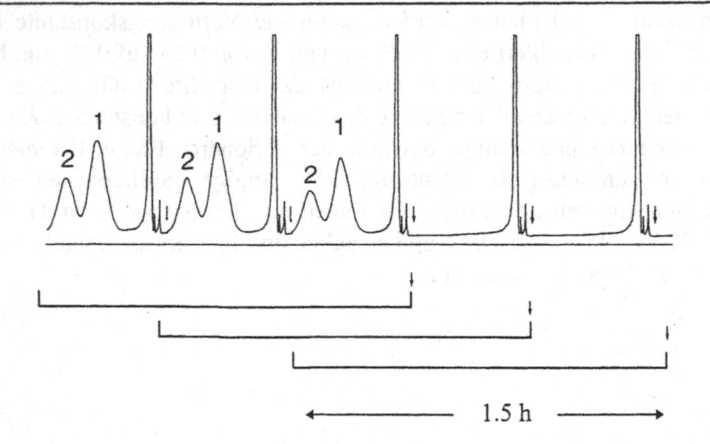

Trennung der diastereoisomeren N-Acetyl-*n*-butylester von Isoleucin und Alloisoleucin

5 (in Serie) gepackte Stahlsäulen, je 0.9 m x 3/8", 5 % Ethylenglycolsuccinat auf Chromosorb G, 60/80, 165 °C; Trägergas: N_2, 124 mL/min; FID (Ausgangssplitter); dosierte Probenmenge: 20 µL, Lösung in Heptanol.

Komponenten: 1 = N-Acetyl-alloisoleucin-*n*-butylester, 2 = N-Acetyl-isoleucin-*n*-butylester

Präparative Gaschromatographie

Für die präparative Gaschromatographie („Prep-GC") werden wegen der größeren Probenkapazität fast nur gepackte Säulen verwendet. Eine Überladung der Säule ist hier durchaus erwünscht, nicht nur, um den Probendurchsatz zu erhöhen, sondern auch, um die Abscheidung der getrennten Substanz aus dem heißen Trägergas in einer Kühlfalle zu erleichtern. Dazu muß das Trägergas unter den Taupunkt abgekühlt werden, und das ist nicht nur eine Frage der Temperatur, sondern auch der Konzentration in der Gasphase. Zwar wird auch hier die Trennung durch überladene unsymmetrische Peaks beeinträchtigt, dieser Nachteil läßt sich aber durch längere Säulen wieder etwas ausgleichen. Die Substanzmengen lassen sich nämlich weitaus stärker steigern, als in Folge davon das Trennvermögen durch den Überladungseffekt abnimmt.

Verwendet man lange (z. B. 4–9 m), aber nicht zu dicke (z. B. 3/8", d. h. 0.94 cm) gepackte Säulen, ist das Trennvermögen besser als mit sehr dicken (z. B. 30 cm) Säulen, wie sie mehr für technische Verfahren (*„large scale prep-GC"*) eingesetzt werden. Auch die Flexibilität in der Anpassung an wechselnde Trennprobleme ist einfacher. Das nebenstehende Beispiel zeigt die Trennung und Gewinnung von Sabinen mit einer insgesamt 9 m x 3/8" Säule bei einer Cycluszeit von 4 Std. Die dosierte Probenmenge betrug 250 µL und mit 14 solcher Cyclen wurden 550 µL (80 % Ausbeute) reines Sabinen gewonnen.

Mit langen gepackten Säulen nimmt man zwar sehr lange Retentionszeiten in Kauf. Setzt man aber für die Trennung einen bereits vorgereinigten engen Siedeschnitt ein, kann man die lange Zeit bis zum erstmaligen Erscheinen der zu trennenden Komponenten benutzen, um mit einer überlappenden Arbeitsweise mehrere Cyclen ineinanderzuschachteln und damit den Durchsatz erheblich zu steigern. Das gelingt am besten mit einem automatisierten Gerät. Ein Beispiel dafür ist die nebenstehend gezeigte Trennung der diastereoisomeren N-Acetyl-*n*-butylester von Isoleucin und Alloisoleucin. Hier wurden bei einer Analysenzeit von 1.5 Std. drei solcher Cyclen automatisch ineinandergeschachtelt.

Die präparative GC hat viel von ihrer früheren Bedeutung verloren, da die Anwendung zur Komponentenidentifizierung vollständig durch die Kopplungsverfahren GC/MS, GC/FTIR etc. ersetzt wurde. Bedeutung hat sie noch für die Gewinnung kleiner Mengen hochreiner Stoffe als Referenzmaterial, z. B. zur Bestimmung von Responsefaktoren, oder von Lösemitteln für die Spurenanalytik.

Polyaromatische Kohlenwasserstoffe mit einer 25 m Kapillarsäule

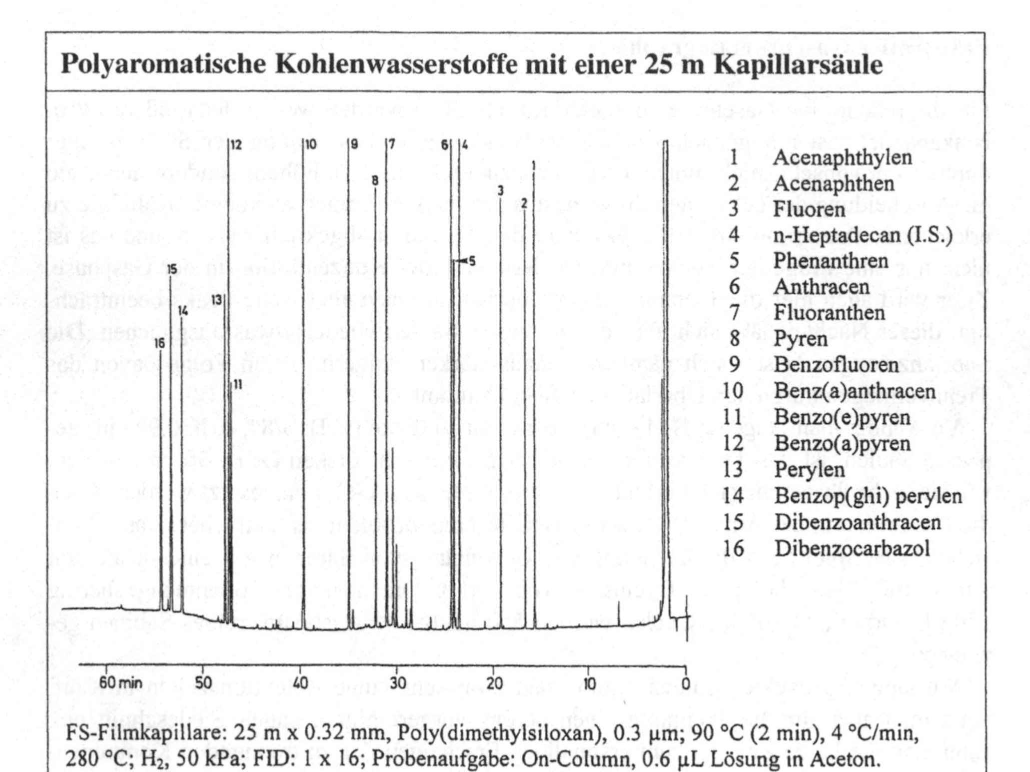

FS-Filmkapillare: 25 m x 0.32 mm, Poly(dimethylsiloxan), 0.3 µm; 90 °C (2 min), 4 °C/min, 280 °C; H_2, 50 kPa; FID: 1 x 16; Probenaufgabe: On-Column, 0.6 µL Lösung in Aceton.

Antikonvulsiva mit einer 10 m Kapillarsäule

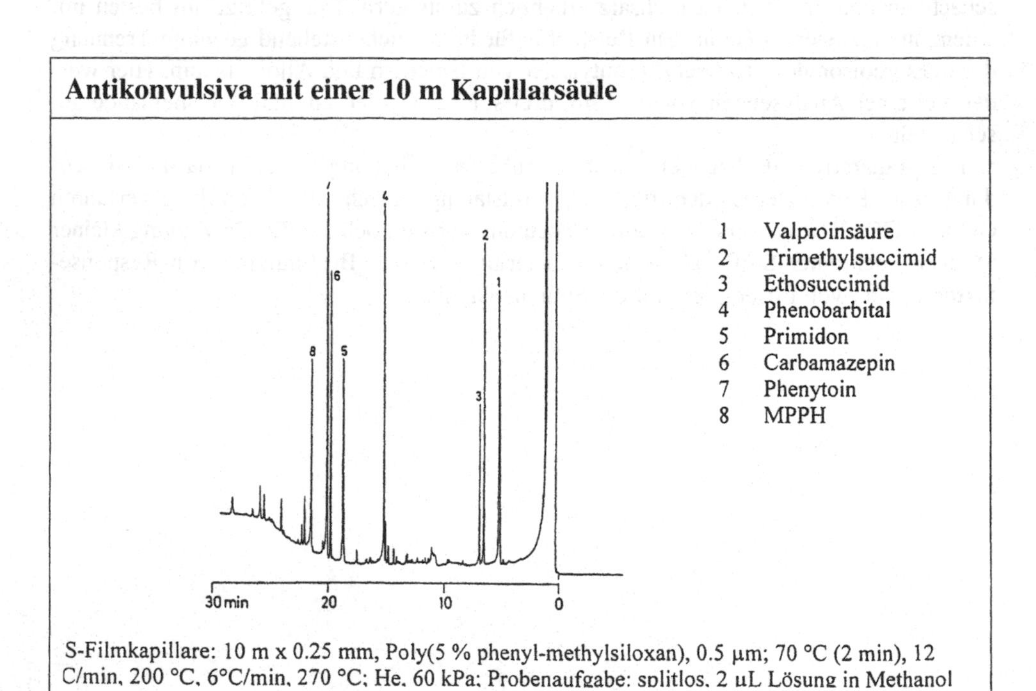

S-Filmkapillare: 10 m x 0.25 mm, Poly(5 % phenyl-methylsiloxan), 0.5 µm; 70 °C (2 min), 12 C/min, 200 °C, 6°C/min, 270 °C; He, 60 kPa; Probenaufgabe: splitlos, 2 µL Lösung in Methanol

5.3 Säulenlänge

Als generelle Regel für die Säulenlänge gilt: Alle negativen Eigenschaften einer Säule (Kosten, Analysenzeit, Restadsorptivitäten) sind proportional zu ihrer Länge, während ihre einzige positive Eigenschaft, ihr Trennvermögen (*N*), nur mit der Quadratwurzel ihrer Länge zunimmt (s. Gl. 2.15). Am gebräuchlichsten sind daher Kapillarsäulen mittlerer Länge (25–30 m), belegt mit einer unpolaren Phase, mit denen man ca. 50 % aller Trennaufgaben bewältigen kann. Für eine maximale Auftrennung wird man aber doch zu längeren Trennsäulen (50–100 m) greifen; diese sollte man aber dann mit Wasserstoff als Trägergas betreiben, um die damit verbundenen langen Analysenzeiten zu reduzieren. Häufig werden in der Praxis als zu lang empfundene Analysenzeiten durch einen übermäßig erhöhten Trägergasvordruck abgekürzt, was dann mit einem Verlust an Trennvermögen verbunden ist. Statt dieser „pneumatischen Verkürzung" einer zu langen Kapillarsäule wäre es vorteilhafter, gleich eine kürzere Kapillarsäule – dann aber unter optimalen Bedingungen – zu betreiben. In vielen Fällen bekommt man bereits mit sehr kurzen Kapillarsäulen (10–15 m) gute Trennungen (s. Beispiel in der nebenstehenden unteren Abb.).

Kurze Kapillarsäulen empfehlen sich wegen der geringeren Restadsorptivität auch für die Trennung von polaren und aktiven Stoffen. Damit kann man es sich dann noch zusätzlich leisten, einen dickeren Film zu verwenden, mit dem die Restadsorptivität der Oberfläche und damit das Tailing von Peaks noch weiter unterdrückt wird. Ein Beispiel dafür zeigt ebenfalls das Chromatogramm in der nebenstehenden (unteren) Abbildung.

5.4 Zusammenfassung

Zur Lösung eines vorliegenden Analysenproblems muß der Anwender eine geeignete Säule aussuchen und sie dann auch unter den richtigen Betriebsbedingungen nutzen. Ist maximales Trennvermögen erforderlich, wird der Benutzer eine lange Kapillarsäule mit einem kleinen Innendurchmesser und einem dünnen Film bevorzugen, soweit es die Belastbarkeit der Säule noch zuläßt. Darüber hinaus muß er Zeit investieren, d. h. längere Analysenzeiten durch eine niedrigere Säulentemperatur bei isothermer Betriebsweise oder durch eine langsamere Programmrate beim Temperaturprogramm in Kauf nehmen,

Kriterien zur Auswahl von Säulen

- Trennvermögen
- Analysenzeit
- Empfindlichkeit und Belastbarkeit

Fettsäuremethylester mit einer Multi-Cap™ Trennsäule *

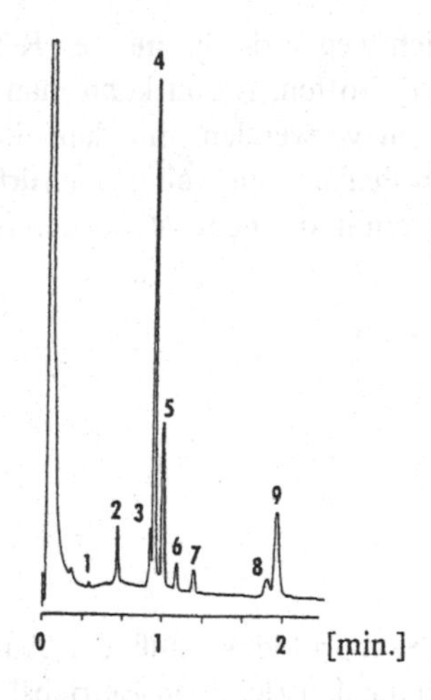

Methylester von

1	Myristinsäure,	C14:0
2	Palmitinsäure,	C16:0
3	Stearinsäure,	C18:0
4	Oleinsäure,	C18:1
5	Linolsäure	C18:2
6	Linolensäure	C18:3
7	Arachinsäure	C20:0
8	Behensäure	C22:0
9	Erucasäure	C22:1

Trennsäule: 1 m, MC-WAX Multi-Cap™, Temperaturprogramm: 180 °C (2 min), 40 °C/min, 210 °C; Trägergas: He, 150 mL/min (0.4 min), 230 mL/min; Detektor: FID.

---

* mit freundlicher Genehmigung der Fa. Alltech Assoc., Inc.

jeweils zusammen mit einer optimalen, d. h. meist langsameren Trägergasströmung (s. Abschnitt 6.12).

In der Praxis ist das maximale Trennvermögen einer Kapillarsäule jedoch eher selten gefordert. Meist ist eine möglichst kurze Analysenzeit erwünscht. In diesem Fall wird man zu der kürzest möglichen Kapillarsäule greifen. Die Frage nach dem geeigneten Durchmesser und der Filmdicke hängt wieder von der erforderlichen Belastbarkeit ab.

Eine hohe Belastbarkeit entspringt dem Wunsch nach einer hohen Empfindlichkeit für kleine Konzentrationen und stellt sich, wenn – wie bereits diskutiert – große Konzentrationsunterschiede eng benachbarter Peaks zusätzlich das volle Trennvermögen der Kapillarsäule erfordern. Auch bei Gasanalysen, und ebenfalls bei der Headspace-Analyse, ist eine Kapillarsäule wünschenswert, die ein großes Gasvolumen in kurzer Zeit aufnehmen kann, um eine Peakverbreiterung bereits während der langen Dosierzeit einer Gasprobe zu vermeiden. Bei der Wahl der geeigneten Säule und der Arbeitsbedingungen muß man daher entsprechend den nebenstehenden Gesichtspunkten die Prioritäten setzen und die richtige Auswahl treffen. Das muß aber nicht unbedingt ein (schlechter) Kompromiß sein.

In der Geschichte der Gaschromatographie wurde immer wieder versucht, Säulen zu entwickeln, welche die Anforderungen an Trennvermögen, Analysenzeit und Empfindlickeit vereinen. Die SCOT-Schichtkapillaren waren z. B. so ein Kompromiß. Sie konnten sich aber nicht allgemein durchsetzen. Neu dagegen sind Kapillarsäulen mit einem extrem dünnen Durchmesser von 40 µm. Solche Kapillaren würden jedoch bei den üblichen Längen einen viel zu hohen Trägergasvordruck erfordern. Aufgrund des kleinen Durchmessers und des damit verbundenen hohen Trennvermögens reicht aber eine Länge von 1 m aus und damit lassen sich sehr schnelle Analysen durchführen. Bleibt noch das Problem mit der Belastbarkeit. Eine einzige dieser dünnen Kapillarsäulen würde nur so geringe Mengen akzeptieren, daß sie einerseits nicht mehr handhabbar und andererseits für die Nachweisempfindlichkeit aller Detektoren nicht mehr ausreichend wären. Dieses Problem wurde vom Hersteller dieser *„Multi-Cap Kapillarsäulen"* (Alltech) dadurch gelöst, daß 900 dieser extrem dünnen und kurzen Kapillarsäulen parallel und synchron betrieben werden. Damit werden erstaunlich kurze Analysenzeiten bei gutem Trennvermögen erreicht, wie ein Vergleich des nebenstehenden Chromatogramms von Fettsäuremethylestern mit den bisher gezeigten Chromatogrammen (s. S. 58) ergibt.

Auswahl von universell verwendbaren vernetzten Phasen für Kapillarsäulen verschiedener Hersteller

	Perkin-Elmer	Varian	Agilent	Macherey-Nagel	Alltech	Quadrex	Restek	Sigma Aldrich	SGE	Phasen *
Methylsilicone										
100 % Methyl-	Elite-1	CP-Sil 5CB	HP-1, DB-1, Ultra-1	Optima-1	AT-1	007-1	Rtx -1	BP-1	SPB-1	OV-1, OV-101, SE-30, SP-100
5 % Phenyl-	Elite-5	CP-Sil8CB	HP-5, DB-5, Ultra-2	Optima 5	AT-5	007-2	Rtx-5	BP-5	SPB-5	OV-73, SE-54, SE-52
20 % Phenyl-	–	–	–	–	–	007-20	Rtx-20	–	SPB-20	OV-7
35 % Phenyl-	Elite-35	–	HP-35, DB-35	–	AT-35	007-11	Rtx-35	–	SPB-35	OV-11
50 % Phenyl-	Elite-17	CP-Sil24CB	HP-50, DB-17	Optima 17	At-17	007-17	Rtx-50	–	SPB-50	OV-17, SP-2250
6 % Cyanopropylphenyl-	Elite-1301	CP-624	HP-1301, DB-624, DB-1301	Optima 624	AT-1301	007-624	Rtx-1301, Rtx-624		SPB-1301	
14 % Cyanopropylphenyl-	Elite-1701	CP-Sil-19CB	HP-1701, DB-1701	Optima 1701	AT-1701	007-1701	Rtx-1701	BP-10	SPB-1701	OV-1701
50 % Cyanopropylphenyl-	Elite-225	CP-Sil-43CB	HP-225, DB-225	Optima 225	AT-225	007-225	Rtx-225	BP-225	SPB-225	OV-225
Polyethylenglycole (PEG)	Elite-Wax	CP-Wax52CB	HP-WAX, DB-WAX, HP-Innowax	Permabond CW20M	AT-Wax	007-CW	Stabilwax	BP-20	Supelcowax	Carbowax20M
PEG-säuremodifiziert	Elite-FFAP	CP-Wax58CB	HP-FFAP, DB-FFAP	Permabond-FFAP	AT-1000	007-FFAP	StabilwaxDA	BP-21	Nukol	OV-351, FFAP

* Hersteller der für die Immobilisierung zugrunde liegenden Phasen: OV: Ohio Valley Specialty Chemical Co., Marietta, OH; SE: General Electric Co.; SP und SPB: Supelco, Inc. Bellefonte, PA.

In der nebenstehenden Tabelle sind die Bezeichnungen von allgemein verwendbaren stationären Phasen für Kapillarsäulen der bekanntesten Hersteller und Lieferanten gegenübergestellt. Hierbei handelt es sich nur um eine kleine Auswahl von universell angewendeten Phasen. Von den meisten Phasen in dieser Tabelle gibt es zusätzliche Versionen, die ein besonders geringes Säulenbluten aufweisen und die sich daher besonders für die GC/MS-Kopplung eignen; sie sind durch Zusätze wie -MS, -ms, -ht gekennzeichnet. Die Hersteller von Säulen bieten darüber hinaus ein breites Sortiment von maßgeschneiderten Säulen für ganz spezielle Anwendungen an, besonders für normierte GC-Methoden (ASTM, USP, EPA etc.), die ebenfalls mit der jeweiligen Methoden-Nr. gekennzeichnet sind, z. B. XYZ-624, d. h. eine spezielle Säule für die EPA-Methode 624.

In dieser Schrift wird häufig Bezug genommen auf Säulen, Phasen oder Chromatogramme von Firmen, die unter den angegebenen Namen nicht mehr existieren. Die Beispiele (Bull.Nr. application notes etc.) wurden von den neuen Firmen jedoch meist übernommen und die hier angeführten Beispiele der Firma Chrompack BV finden sich daher bei der Fa. Varian und die von J&W Scientific bei der Fa. Agilent. Nachfolgend sind nur die Web-Adressen der in der nebenstehenden Tabelle aufgeführten Firmen angegeben, da die lokalen Adressen häufigen Änderungen unterworfen sind.

Agilent Technologies, Inc.: http://www.agilent.com/chem
Alltech Associates, Inc.: http://www.alltechweb.com
Macherey-Nagel, GmbH & Co. KG: http://www. macherey-nagel.com
PerkinElmer Instruments: http://www. perkinelmer.com/instruments
Quadrex Corp.: http://www.quadrexcorp.com
Restek Corp.: http://www.restekcorp.com
SGE International: http://www.sge.com
Supelco, Inc.: http://www. sigma-aldrich.com
Varian, Inc.: http://www.varianinc.com

6 Betriebsbedingungen der Gaschromatographie

Für eine erfolgreiche GC-Analyse benötigt man nicht nur einen gut funktionierenden Meßplatz, man muß diesen auch richtig betreiben. Nun besteht ein großer Vorteil der GC darin, daß die wesentlichen Betriebsbedingungen sehr einfach einzustellen sind: Abgesehen von der richtigen Säule sind das lediglich die Trägergasströmung und die Temperatur. Bei beiden Parametern handelt es sich um physikalische Größen, deren Wirkung einfach zu beurteilen ist. Es ist offensichtlich, daß eine Erhöhung der Trägergasströmung die Wanderungsgeschwindigkeit der Stoffe in der Säule beschleunigt und die Analysenzeit verkürzt. Der Einfluß der Temperatur ist ebenfalls unmittelbar ersichtlich. Wir können uns an den Siedepunkten der einzelnen Stoffe orientieren oder am Siedebereich einer Mischung. Damit haben wir schon einen guten Anhaltspunkt: Wenn wir zunächst mit der Säulentemperatur etwas darunter bleiben, werden wir schon beim ersten Versuch ein einigermaßen brauchbares Chromatogramm bekommen. Die Gaschromatographie ist insofern eine sehr robuste Methode, als man ziemlich viel falsch machen kann und dennoch ein auswertbares Ergebnis bekommt. Auswertbar zumindest in dem Sinne, daß man darauf aufbauend, das Verfahren schnell optimieren kann. Dazu trägt bei, daß die beiden physikalischen Parameter Gasstrom und Temperatur leicht einzustellen und zu ändern sind. Damit sind die beiden wesentlichen Bedingungen auch von einem entsprechend programmierten Computer kontrolliert einstellbar. Man kann die weitere Methodenoptimierung daher auch automatisch über Nacht durchführen, vorausgesetzt, das Gerät hat auch einen automatischen Probengeber – heute eigentlich eine Selbstverständlichkeit.

Die programmierte Einstellung bzw. Änderung der Temperaturbedingungen ist schon länger möglich, da sie einfacher durchzuführen ist als die automatische und elektronisch gesteuerte Trägergasregelung, die erst seit wenigen Jahren verfügbar ist. Neben dem praktischen Nutzen von programmiert einstellbaren Parametern liegt der Vorteil auch in der Dokumentation dieser beiden Betriebsparameter, die im Meßprotokoll als Methodenparameter festgehalten und ausgedruckt werden. Damit ist eine wesentliche Forderung der GLP (*„good laboratory practice“*, d. h. „Gute Labor Praxis“) nach einer umfassenden Dokumentation aller Betriebsparameter erfüllbar.

Pneumatische Regelsysteme

- feste Strömungswiderstände (Restriktionskapillaren)
- variable Strömungswiderstände (Nadelventile)
- mechanische Druckregler
- elektronische Druckregler
- mechanische Strömungsregler
- elektronische Strömungsregler

Modell für die Vordruckregelung („*forward pressure control*")

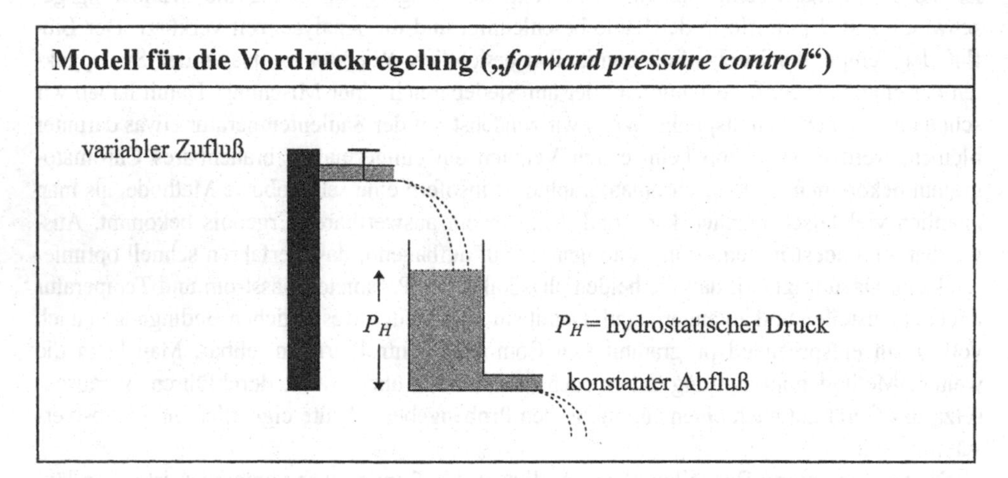

Modell für die Rückdruckregelung („*back pressure control*")

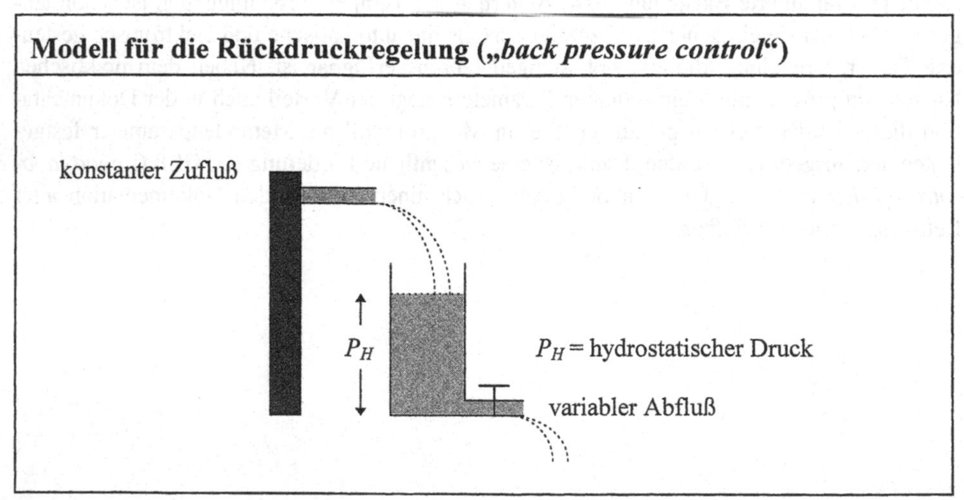

6.1 Das Trägergas

6.1.1 Trägergasregelung

Das Trägergas wird aus einer Druckgasflasche mit einem hohen Druck entnommen und meist mittels zweistufiger Druckminderer auf den niedrigeren Arbeitsdruck des Gaschromatographen reduziert. Für eine reproduzierbare Retention muß eine ebenfalls gut reproduzierbare Trägergasströmung gewährleistet werden. Das geschieht, indem man den Säulenvordruck mittels Druckregler oder die Trägergasströmung mittels Strömungsregler konstant hält. Ob die Trägergasströmung durch die Säule auch beim Temperaturprogramm konstant bleiben muß oder nicht, hängt im wesentlichen von den strömungsabhängigen Eigenschaften des jeweiligen Detektors ab. Auch feste (Restriktionskapillaren) und variable (Nadelventile) Strömungswiderstände werden verwendet, aber mehr zur Regelung von Hilfsgasen etc. bei konstanten Temperaturen.

Alle druckgeregelten Vorrichtungen – sowohl mechanisch wie elektronisch geregelte – können auf zweierlei Weise eingesetzt werden, und je nachdem, wie die Rückkopplung zur Regelung erfolgt, unterscheidet man zwischen *Vordruckregelung* und *Rückdruckregelung.* Den Unterschied der beiden Verfahren zeigt das anschauliche Modell eines Brunnens:

Vordruckregelung („*forward pressure control*“)

Ein unsteter Wasserzufluß füllt ein Brunnenbecken, während der Abfluß einen konstanten Strömungswiderstand (GC-Säule) aufweist. Fließt mehr Wasser zu, steigt der Wasserspiegel und damit auch der hydrostatische Druck (P_H). Als Folge davon fließt wieder mehr Wasser ab. Insgesamt bleibt aber der Wasserstand (Trägergasvordruck) konstant.

Rückdruckregelung („*back pressure control*“)

Hier wird die Wasserzufuhr zum Becken durch einen Strömungsregler konstant gehalten, während nun der Ablauf veränderlich ist. Dreht man den Ablauf (Auslaßventil) etwas zu, steigt der Wasserspiegel und damit wiederum der hydrostatische Druck (P_H). Wie bei der Vordruckregelung fließt dadurch mehr Wasser ab und der Wasserstand (Trägergasvordruck) regelt sich wieder auf das ursprüngliche Niveau ein.

Prinzip eines mechanischen Druckreglers

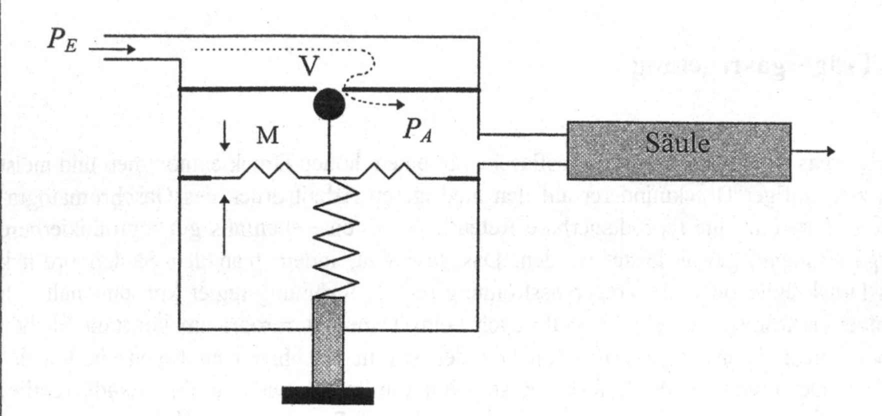

P_E Eingangsdruck

P_A Ausgangsdruck

M Membran

V variables Ventil (Kegel- oder Kugelventil)

Kräfte-Gleichgewicht:

Kraft auf die Membran M von der Eingangsseite: $P_E \cdot F_V + P_A \cdot F_M$

Kraft auf die Membran M von der Ausgangsseite: $K + P_A \cdot F_V$

$$P_E \cdot F_V + P_A \cdot F_M = K + P_A \cdot F_V \tag{6.1}$$

$$P_A = \frac{K - P_E \cdot F_V}{F_M - F_V} \tag{6.2}$$

K Federkraft (konstant)

F_V wirksame Fläche des Ventils V

F_M wirksame Fläche der Membran M

Ergebnis: Eine Änderung des Eingangsdrucks ($-P_E$) hat eine entgegengesetzte Änderung des Ausgangsdrucks ($+P_A$) zur Folge (*vice versa*) und der ursprüngliche Zustand stellt sich wieder ein.

Mechanische Druckregler

Bei einem Druckregler öffnet ein membrangesteuertes und federgelagertes Ventil (V), wenn der eingestellte Druck unterschritten wird – und umgekehrt. Das Ventil (V) übernimmt hier die Funktion des hydrostatischen Drucks (P_H) im vorhergehenden Brunnenmodell. Der Ausgangsdruck läßt sich unabhängig vom Eingangsdruck einstellen und die Strömung durch den Druckregler hängt vom nachgeschalteten Strömungswiderstand (Säule) ab. Die nebenstehende Abbildung zeigt das Prinzip eines mechanischen Druckreglers:

Von oben fließt das Trägergas mit dem Eingangsdruck (P_E) in den Druckregler. Durch den Druckabfall über den Strömungswiderstand des Ventils (V) ergibt sich der Ausgangsdruck (P_A), mit dem das Trägergas zur Säule fließt. Das Ventil (V) ist variabel und wird von der Membran (M) gesteuert. Die Kraft einer gespannten Feder drückt von unten auf die Membran und das Trägergas drückt dagegen. Für die Erklärung der Funktionsweise als Vordruck- oder Rückdruckregler gehen wir schrittweise vor und betrachten zunächst, was passiert, wenn das Ventil (V) unveränderlich wäre und einen konstanten Strömungswiderstand hätte.

Der Druckregler als Vordruckregler

Das System soll in diesem Fall dadurch gestört werden, daß der Eingangsdruck (P_E) steigt. Dadurch steigt auch der angelieferte Gasmengenstrom und die Strömung durch die Säule. Bevor dies passiert, drückt aber der ansteigende Ausgangsdruck (P_A) gegen die Membran und das damit verbundene Kugelventil (V) verringert den freien Querschnitt: Der Strömungswiderstand im Ventil (V) steigt, die Strömung nimmt ab und der Ausgangsdruck (P_A) sinkt wieder auf sein ursprüngliches Niveau.

Der Druckregler als Rückdruckregler

In diesem Fall ist der angelieferte Gasstrom, z. B. durch einen vorgeschalteten Strömungsregler, konstant und damit bleiben zunächst auch P_E und P_A unverändert. Wenn jetzt aber der Strömungswiderstand der Säule zunähme (z. B. durch eine erhöhte Säulentemperatur), müßten sowohl P_E als auch P_A ansteigen, um wieder die gleiche Gasmenge durch die Säule zu drücken. Der Ausgangsdruck (P_A) drückt dadurch stärker gegen die Membran, das Ventil (V) schließt etwas und erhöht seinen Widerstand und P_A sinkt auf sein ursprüngliches Niveau zurück.

Prinzip eines mechanischen Strömungsreglers

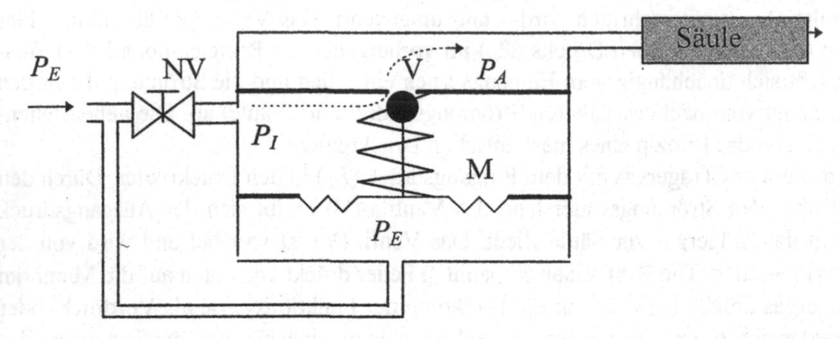

P_E	Eingangsdruck
P_I	interner Druck
P_A	Ausgangsdruck
M	Membran
V	variables Ventil (Kegel-oder Kugelventil)
NV	Nadelventil

Kräfte-Gleichgewicht:

Kraft auf die Membran nach oben: $(P_E \cdot F_M) + (P_I \cdot F_V)$

Kraft auf die Membran nach unten: $K + (P_I \cdot F_M) + (P_A \cdot F_V)$

$$(P_E \cdot F_M) + (P_I \cdot F_V) = (P_I \cdot F_M) + K + (P_A \cdot F_V) \tag{6.3}$$

$$P_E - P_I = \frac{K - (P_I - P_A) \cdot F_V}{F_M} \tag{6.4}$$

$$\Delta P_{E,I} = \frac{K - \Delta P_{I,A} \cdot F_V}{F_M} \tag{6.5}$$

K	Federkraft
F_V	wirksame Fläche des Ventils V
F_M	wirksame Fläche der Membran M

Ergebnis: Eine Änderung des Druckabfalls auf der Ausgangsseite ($-\Delta P_{I,A}$) hat einen entgegengesetzten Druckabfall auf der Eingangsseite ($+\Delta P_{E,I}$) zur Folge (*vice versa*) und die ursprüngliche Strömung bleibt konstant.

Mechanische Strömungsregler

Bei einem Strömungsregler wird ein Ventil geöffnet oder geschlossen, wenn ein eingestellter Differenzdruck als Maß für die Strömung unter- oder überschritten wird. Das Prinzip eines mechanischen Strömungsreglers zeigt die nebenstehende Abbildung. Vor dem Strömungsregler wird über eine Abzweigleitung der Eingangsdruck (P_E) auf die Membran (M) geführt, durch die ein Kegel- oder Kugelventil (V) betätigt wird. Auf der anderen Seite drückt eine Feder mit der Federkraft (K) gegen die Membran. Über einen Strömungswiderstand, z. B. ein Nadelventil (NV) mit dem entsprechenden Druckabfall (ΔP) ($\Delta P = P_E - P_I$) wird die Trägergasströmung in den Strömungsregler geführt, in dem sich der interne Druck (P_I) einstellt. Die Funktionsweise soll an folgendem Beispiel schrittweise beschrieben werden:

Sinkt der Strömungswiderstand der Säule (z. B. durch Temperaturänderung), erhöht sich der Abfluß des Trägergases und es sinkt P_A; als Folge davon würde auch P_I sinken. Da der Eingangsdruck (P_E) konstant bleiben soll, würde über das Nadelventil (NV) dann ebenfalls mehr Gas fließen. Dadurch, daß P_I sinkt, drückt der gleichgebliebene Eingangsdruck (P_E) die Membran nun gegen das Kugelventil und das Ventil schließt. Es kommt damit kein Trägergas mehr durch und die Strömung in der Säule nimmt zunächst wieder ab. Dadurch, daß das Ventil (V) geschlossen ist, steigt aber der Innendruck (P_I) wieder an, und wenn er seinen ursprünglichen Wert erreicht hat, öffnet das Ventil (V) wieder und gibt den Weg für das Trägergas frei.

Die prinzipielle Funktionsweise eines Druck- und Strömungsreglers wurde hier jeweils am Beispiel einer einfachen mechanischen Version erklärt. Es gibt jedoch verschiedene konstruktive Ausführungen und auch Einbaumöglichkeiten. Beispielsweise können Druck- und Strömungsregler auch in Serie hintereinander angeordnet sein.

Seit wenigen Jahren finden sich auch elektronisch geregelte Versionen der beiden Regler. Das Prinzip ist aber dasselbe, nur findet die Rückkopplung hier über Druck- bzw. Strömungs-Sensoren statt. Durch die elektronische Regelung ergeben sich vielfältige Möglichkeiten, Drücke und Strömungen während der Analyse programmgesteuert zu variieren (s. dazu Abschnitt 7.2.3). Details dazu sind den Informationsschriften der jeweiligen Gerätehersteller zu entnehmen.

Druckabfall einer Trennsäule

$$\Delta p = p_i - p_o \quad (6.6)$$

$$\Delta p = \frac{\eta \cdot L}{B_o} \cdot \overline{u} \quad (6.7)$$

p_i Druck am Säuleneingang (absolut)
p_o Druck am Säulenausgang (absolut)
Δp Druckabfall [g cm^{-1} s^{-2} = µbar]
L Säulenlänge [cm]
η Viskosität [g cm^{-1} s^{-1} = Poise]
B_o spezifische Permeabilität [cm^2]
$\overline{u}$ mittlere Lineargeschwindigkeit [cm s^{-1}]

Permeabilität von Kapillarsäulen

gepackte Säulen: $B_o \cong d_p^2 / 10^3$ (6.8)
d_p Korndurchmesser [cm]

Kapillarsäulen: $B_o \cong d_c^2 / 32$ (6.9)
d_c Kapillardurchmesser [cm]

Bestimmung der mittleren Linearströmung $\overline{u}$

$$\overline{u} = L / t_M \quad (6.10)$$

$$\overline{u} = u_o \cdot j \quad (6.11)$$

$$u_o = \frac{F_o}{(d_c/2)^2 \cdot \pi} \quad (6.12)$$

$$j = \frac{3}{2} \cdot \frac{(p_i/p_o)^2 - 1}{(p_i/p_o)^3 - 1} \quad (6.13)$$

L Säulenlänge
t_M Durchflußzeit (Durchbruchszeit einer Inertsubstanz, z. B. Luft)
u_o Trägergasströmung am Säulenende [cm/s]
F_o Volumenströmung am Säulenende [cm^3/s]
j Kompressionskorrekturfaktor

6.1.2 Pneumatische Eigenschaften des Trägergases und der Trennsäule

Das Trägergas ist kompressibel und infolge des Druckabfalls (Δp) entlang der Säule erhöht sich die Strömungsgeschwindigkeit durch zunehmende Expansion des Gases. Dieser Druckabfall sollte möglichst klein sein, um die optimale mittlere Lineargeschwindigkeit ($\bar{u}$) über die gesamte Säulenlänge zu gewährleisten. Er steigt aber mit der Säulenlänge und ist um so geringer, je größer die Durchlässigkeit (Permeabilität) der Trennsäule ist (Gl. 6.7). Die spezifische Permeabilität (B_o) wird für gepackte Säulen (Gl. 6.8) und für Kapillarsäulen (Gl. 6.9) nach Näherungsformeln berechnet. Bei allen Druckangaben ist zu beachten, daß sowohl die absoluten Drücke (p) verwendet werden als auch die an einem Manometer oder Display abgelesenen Vordrücke (Δp), die dem Überdruck gegenüber Atmosphärendruck (p_o) entsprechen.

Die optimale mittlere Lineargeschwindigkeit des Trägergases

Um die optimale mittlere Lineargeschwindigkeit $\bar{u}$ [cm/s] des Trägergases entsprechend der $H/\bar{u}$-Funktion (s. Abschnitt 2.4) zu bestimmen und einzustellen, gibt es mehrere Möglichkeiten:

1. Ausgehend von einem geschätzten Vordruck (p_i) bestimmt man $\bar{u}$ aus der Durchflußzeit (t_M) einer Inertsubstanz und aus der Säulenlänge (L) nach Gl. 6.10. Danach wird der Säulenvordruck solange variiert, bis sich der gewünschte Wert einstellt. Bei Trennsäulen für die Gas-Flüssig-Chromatographie wird der Luftpeak dafür verwendet, sofern ein dafür geeigneter Detektor, z. B. ein Wärmeleitfähigkeitsdetektor (WLD) vorhanden ist. Bei einem Flammenionisationsdetektor (FID) wird alternativ auch Methan benutzt, sofern es sich hier wie eine Inertsubstanz verhält, d. h. keine Retention in der Trennsäule erfährt.
2. Man mißt die Volumenströmung am Säulenausgang (F_o) und berechnet die lineare Strömung (u_o [cm/s]) durch Division mit dem Säulenquerschnitt (s. Gl. 6.12). Mit Hilfe des Säuleneingangs- (p_i) und Ausgangsdrucks (p_o, in der Regel Atmosphärendruck) wird ein Kompressionskorrekturfaktor (j) nach Gl. 6.13 berechnet. Mit Gl. 6.11 läßt sich damit die Linearströmung am Säulenende (u_o) in die mittlere Linearströmung ($\bar{u}$) umrechnen. Durch Variieren des Säulenvordrucks und erneutes Messen von u_o stellt man den für das Optimum erforderlichen Wert von $\bar{u}$ ein.

Viskosität von Trägergasen [µPoise]

	100 °C	200 °C	300 °C
Wasserstoff	103	121	138
Helium	229	270	307
Stickstoff	208	246	280

Beispiel zur Berechnung des Säulenvordrucks Δp für eine Kapillarsäule

25 m x 0.32 mm Kapillarsäule bei 100 °C;
Trägergas: He, mit einer gewünschten mittleren Linearstömung von $\bar{u}$ = 35 cm/s.

$$\Delta p = \frac{32 \cdot \eta \cdot L}{d_c^2} \cdot \bar{u} \qquad (6.14)$$

d_c 0.032 [cm]
η $229 \cdot 10^{-6}$ [Poise]
L $25 \cdot 10^{2}$ [cm]
$\bar{u}$ 35 [cm s^{-1}]

Ergebnis: Δp = 0.63 [bar] oder 63 [kPa]

Trägergasdrücke [kPa] für 25 m lange Kapillarsäulen mit unterschiedlichen Innendurchmessern (d_c) bei 100 °C

d_c [cm]	H_2 (40 cm/s)		He (20 cm/s)		N_2 (15 cm/s)	
	kPa	mL/min	kPa	mL/min	kPa	mL/min
0.010	329.6	0.56	366.4	0.30	249.6	0.17
0.015	146.5	0.78	162.8	0.41	110.9	0.26
0.025	52.7	1.51	58.6	0.77	39.9	0.54
0.032	32.2	2.25	35.8	1.15	24.4	0.81
0.053	11.7	5.61	13.0	2.82	8.9	2.07

3. Ohne experimentelles Probieren findet man den erforderlichen Vordruck (p_i) für den gewünschten Wert von $\bar{u}$ aus dem Druckabfall (Δp), der sich aus den Säulendimensionen und der Viskosität des Trägergases ergibt, nach Gl. 6.14. Dazu berechnet man die Permeabilität (B_o) nach den Näherungsformeln (Gln. 6.8 und 6.9). Für dieses Verfahren benötigt man noch Werte für die Viskosität des Trägergases bei verschiedenen Temperaturen. Zur überschlagsmäßigen Berechnung für die Belange der Praxis genügen einige Werte aus der nebenstehenden Tabelle (obere Abb.). Damit kann man für einen gewünschten Wert von $\bar{u}$ den dazu erforderlichen Druck (p_i [abs.]) bzw. den Vordruck (Δp) berechnen. Diese Berechnung eignet sich auch, um den Druckabfall von zusätzlichen Leitungen im System, wie z. B. Verbindungskapillaren, Restriktionskapillaren oder einer vorgeschalteten Leerkapillare („*retention gap*") zu bestimmen.

Das nebenstehende Beispiel (mittlere Abb.) zeigt eine derartige Berechnung für den Druckabfall einer 25 m x 0.32 mm Kapillarsäule. Weitere empfohlene Vordrücke und Strömungen für gebräuchliche 25 m lange Kapillarsäulen unterschiedlichen Innendurchmessers sind in der untenstehenden Tabelle aufgeführt. Ausgehend von diesen Werten kann man die Vordrücke für andere Säulenlängen leicht abschätzen, da Δp proportional zur Säulenlänge (L) ist: Eine Verdopplung von L verdoppelt auch Δp bei gleicher mittlerer Linearströmung ($\bar{u}$). In der Praxis sollte man zu diesen Werten noch etwa 10 kPa dazu addieren, um den Strömungswiderstand auf dem Weg vom Druck- oder Strömungsregler zur Säule zu erfassen.

Aus der Tabelle (untere Abb.) geht ferner hervor, daß die sog. Megabore-Kapillarsäulen mit 0.53 mm Innendurchmesser bei optimaler Strömung einen so geringen Vordruck erfordern, daß die Regelung instrumentell schwierig sein kann. Es gibt jedoch Strömungsregler, die imstande sind, so kleine Gasströmungen zu beherrschen. Für druckgeregeltes Arbeiten ist es empfehlenswert, das Ende der Kapillarsäule erst mal über einen geeigneten Adapter (z. B. „*butt connector*") mit einer dünnen Restriktionskapillare zu verbinden und erst diese dann an den Detektor anzuschließen. Der Druckabfall läßt sich entsprechend dem obigen Beispiel leicht berechnen (z. B. 5 m x 0.15 mm Fused-Silica-Kapillare: Δp = 32.6 kPa mit He bei 100 °C).

Trägergasströmung und Trennvermögen

Optimale mittlere Linearströmung bei:

- isothermer Arbeitsweise
- temperaturprogrammierter Arbeitsweise mit Druckprogramm

Erhöhte mittlere Linearströmung bei:

- temperaturprogrammierter Arbeitsweise ohne Druckprogramm
- beschleunigter isothermer Arbeitsweise

Bereich des optimalen Trennvermögens $\bar{u}_{opt}$

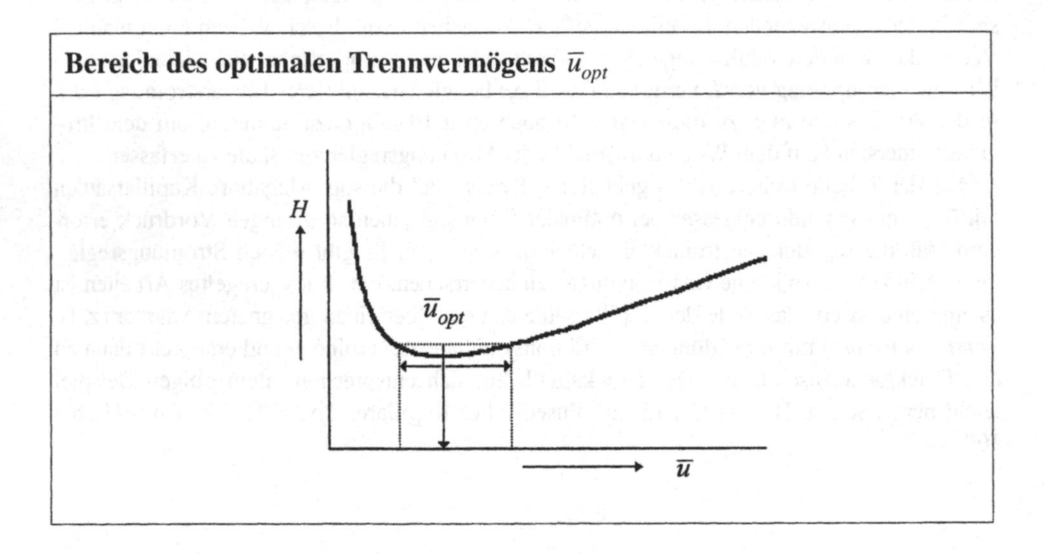

Druckeinheiten von Gasen und Dämpfen

	kPa	bar	torr	atm	psig
1 kPa	1	10^{-2}	7.5	$0.987 \cdot 10^{-2}$	$14.5 \cdot 10^{-2}$
1 bar	10^{2}	1	750	0.987	14.5
1 torr	$133 \cdot 10^{-3}$	$1.33 \cdot 10^{-3}$	1	$1.32 \cdot 10^{-3}$	$1.93 \cdot 10^{-2}$
1 atm	101.32	1.013	760	1	14.7
1 psig	6.89	$68.9 \cdot 10^{-3}$	51.7	$6.81 \cdot 10^{-2}$	1

6.1.3 Hinweise zur Wahl der Trägergasströmung

Besteht tatsächlich die Notwendigkeit, das volle Trennvermögen einer Kapillarsäule optimal zu nutzen, lohnt es sich schon, die Trägergasströmung möglichst nahe dem optimalen Wert einzustellen, entsprechend der nebenstehenden mittleren Abb. (s. auch Abschnitt 2.4). Allerdings sollten dabei weitere Gesichtspunkte (z. B. eine möglichst kurze Analysenzeit) nicht außer acht gelassen werden. Wenn nämlich die optimale Strömung für das vorliegende Trennproblem gar nicht notwendig ist, läßt sich durch Verzicht auf maximale Trennung dafür eine schnellere Trennung einhandeln. Bei der folgenden Diskussion gehen wir davon aus, daß die Trägergasströmung durch eine Kapillarsäule druck- und nicht strömungsgeregelt wird.

Eine optimale Trägergasströmung einzustellen ist nur sinnvoll, wenn sie auch während der gesamten Analysendauer aufrechterhalten werden kann. Das ist bei isothermer Arbeitsweise der Fall, aber nicht unbedingt bei einem Temperaturprogramm, da sich die Viskosität des Trägergases mit steigender Temperatur erhöht und infolgedessen die Strömung abnimmt. Hätte man nun die Strömung z. B. bei der niedrigen Anfangstemperatur des Programms eingestellt, würde man im Verlauf des Temperaturprogramms in den steil ansteigenden Ast der $H/\overline{u}$-Kurve rutschen, der durch den B-Term bestimmt wird. Beispielsweise kann sich die Strömungsgeschwindigkeit von Helium im Temperaturintervall von 50–300 °C um ca. 30 % verringern und in diesem Fall wäre es dann eher zweckmäßig, mit einem um 30 % höheren Vordruck zu beginnen, da die $H/\overline{u}$-Hyperbel mit steigender Strömung flacher ansteigt als ihr Beginn. Dieser Temperatureffekt auf die Trägergasströmung läßt sich allerdings mit einer elektronischen Druckregelung durch eine programmgesteuerte Druckerhöhung im Verlauf des Temperaturprogramms ausgleichen. Ohne diese Möglichkeit ist es aber sicherer, von vornherein mit einer höheren als der optimalen Strömung zu arbeiten. Dadurch verkürzt sich auch die Analysenzeit. Verdoppelt man die Trägergasströmung, wird die Analysenzeit aber nur bei isothermer Arbeitsweise entsprechend um die Hälfte reduziert, während bei einem Temperaturprogramm die Wanderungsgeschwindigkeit eines Analyten weitaus stärker durch die Temperatur beeinflußt wird, da der Dampfdruck exponentiell mit der Temperatur steigt. Die Einstellung der Trägergasströmung sollte infolgedessen nicht unabhängig von den Temperaturbedingungen der Säule erfolgen. Dieser Aspekt wird im folgenden Kapitel diskutiert.

Temperatur und Retention

Relative Wanderungsgeschwindigkeit R_f von Stoff i:

$$\overline{u}_i = R_f \cdot \overline{u}_M \tag{6.15}$$

$\overline{u}_i$ mittlere lineare Wanderungsgeschwindigkeit von Stoff i [cm/s]
$\overline{u}_M$ mittlere lineare Wanderungsgeschwindigkeit des Trägergases [cm/s] (6.16)

$$R_f = \overline{u}_i / \overline{u}_M = t_M / t_R \tag{6.17}$$

Zusammenhang von R_f mit dem Retentionsfaktor k:

$$R_f = \frac{1}{1+k} \tag{6.18}$$

Beispiel für die Temperaturabhängigkeit von Auflösung und R_f

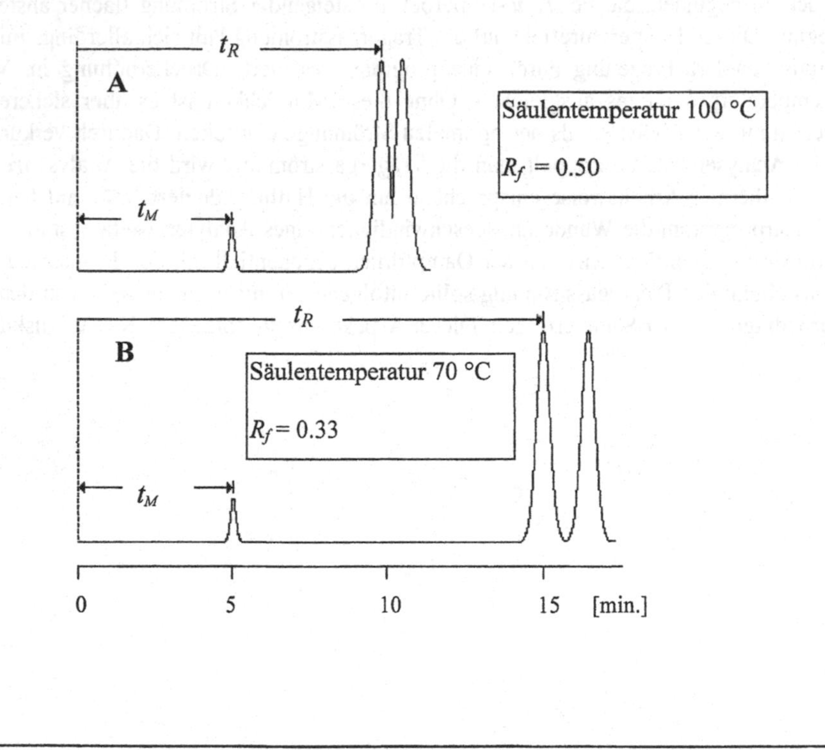

6.2 Der Einfluß der Temperatur auf die Retention

Die Säulentemperatur ist ein wesentlicher Parameter, der vom Benutzer selbst einstellbar und veränderbar ist. Als Faustregel gilt: Eine Temperaturerhöhung um 25 °C reduziert die Retentionszeit um die Hälfte. Der Zusammenhang ist leicht verständlich, da der Dampfdruck exponentiell mit der Temperatur ansteigt und damit auch die Wanderungsgeschwindigkeit. Dabei interessiert weniger die tatsächliche Wanderungsgeschwindigkeit als vielmehr die auf die Trägergasströmung bezogene *relative Wanderungsgeschwindigkeit* (R_f), deren Wert zwischen 0 und 1 liegt. Das heißt, beim Wert von 0 findet keine Wanderung statt und die Säulentemperatur ist zu tief. Andererseits wandert bei einem Wert von $R_f = 1$ der Analyt mit der Trägergasgeschwindigkeit durch die Säule und es findet keine Trennung statt, da er sich nicht in die stationäre Phase begibt. Welcher R_f-Wert nun im Einzelfall optimal ist, hängt von der Schwierigkeit der Trennung ab. Das nebenstehende Beispiel unter isothermen Bedingungen zeigt, daß im Fall A bei 100 °C der R_f-Wert mit 0.50 noch zu groß ist, d. h. die beiden Stoffe wandern mit der halben Trägergasströmung durch die Säule, aber das reicht noch nicht für eine vollständige Auflösung. Erst bei 70 °C (Fall B) und einem dadurch bedingten kleineren R_f-Wert von 0.33 ist die Auflösung der beiden Peaks gerade richtig. Es gibt also für jeden Fall einen optimalen Wert, der nicht überschritten werden soll, und je schwieriger die Trennung, desto kleiner muß dieser Grenzwert sein, aber um so länger dauert auch die Analyse. Das am schwierigsten zu trennende Komponentenpaar in der Probe bestimmt also diesen Grenzwert. Im vorliegenden Fall wäre das für den ersten Peak ein R_f-Wert von 0.33.

Schwieriger wird es schon, wenn die Probe einen weiten Flüchtigkeitsbereich umfaßt, denn dafür gibt es keine optimale Säulentemperatur, sondern man muß diese der Flüchtigkeit der Probenkomponenten anpassen. Das gelingt mit dem sog. *Temperaturprogramm*: Unmittelbar nach der Probenaufgabe befindet sich die Säule auf einer niedrigen Temperatur, die für die leichtflüchtigen Komponenten optimal ist. Während der Analyse wird die Säulentemperatur stetig oder stufenweise erhöht, bis zum Schluß die schwerflüchtigen Komponenten eluieren. Aber auch hier darf der Grenzwert der relativen Wanderungsgeschwindigkeit nicht überschritten werden. Am besten wird er während des exponentiellen Anstiegs gerade am Säulenende erreicht. Das folgende Beispiel zeigt anschaulich den Vergleich zwischen isothermer und temperaturprogrammierter Arbeitsweise.

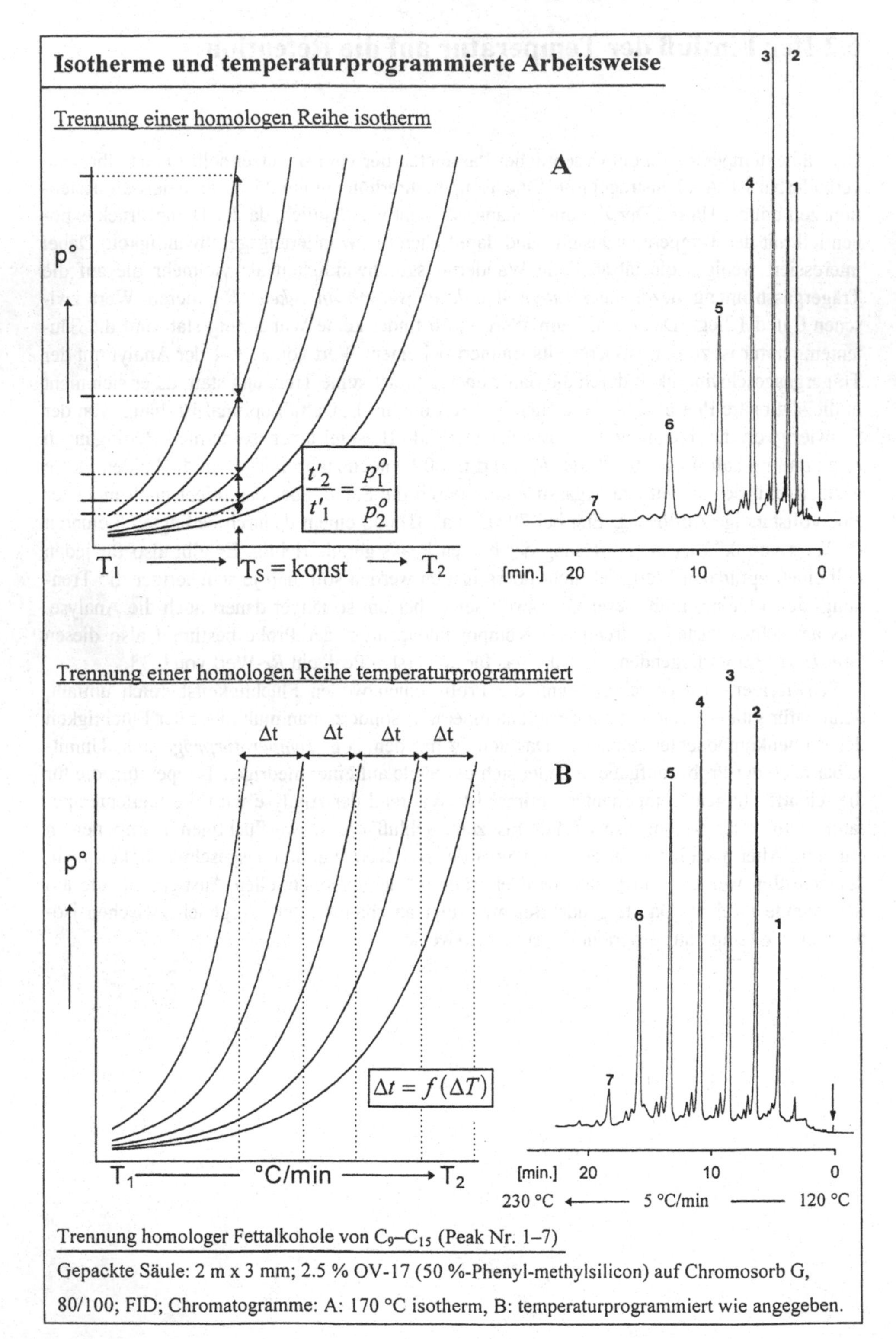

Trennung homologer Fettalkohole von C_9–C_{15} (Peak Nr. 1–7)

Gepackte Säule: 2 m x 3 mm; 2.5 % OV-17 (50 %-Phenyl-methylsilicon) auf Chromosorb G, 80/100; FID; Chromatogramme: A: 170 °C isotherm, B: temperaturprogrammiert wie angegeben.

6.2.1 Isotherme Arbeitsweise

Für ein Gemisch mit einem weiten Siedebereich ist es kaum möglich, eine optimale Säulentemperatur zu finden. Eine mittlere Temperatur kann eben auch nur für den mittleren Bereich einer Mischung optimal sein, wie das Chromatogramm der homologen Reihe von Fettalkoholen unter isothermen Bedingungen (s. Abb. A) zeigt: Für die leichtflüchtigen Komponenten ist die Temperatur zu hoch, die Retentionszeiten sind zu kurz und die Trennung ist daher unvollständig, wie man an der Auftrennung der kleinen Peaks von isomeren Fettalkoholen sieht. Nur im Bereich von C_{12}–C_{13} sind diese annähernd vollständig getrennt. Bei den höheren Homologen sind die Retentionszeiten schon zu lang, die Peaks zu breit und damit die Nachweisempfindlichkeiten schlechter, ebenfalls erkennbar an den zunehmend verschwindenden kleinen Peaks. Auffallend ist die logarithmische Zunahme der Peakabstände zwischen den einzelnen Homologen; sie ergibt sich aus den ebenfalls logarithmisch zunehmenden Abständen der Dampfdruckkurven bei einer konstanten Säulentemperatur (T_S). D. h., das Verhältnis der reduzierten Retentionszeiten (Trennfaktor α) ist umgekehrt proportional zu dem der Dampfdrücke.

6.2.2 Arbeitsweise mit Temperaturprogramm

Um für jede Komponente in einer homologen Reihe die optimale Temperatur zu gewährleisten, muß die Säulentemperatur während der Trennung stetig erhöht werden. Die Wirkung eines derartigen Temperaturprogramms zeigt die nebenstehende Schar der Dampfdruckkurven in Abb. B. Bei der tiefen Anfangstemperatur der Säule (T_1) ist die Wanderungsgeschwindigkeit aller Homologen gering und diese sind gewissermaßen am Säulenanfang eingefroren. Wird nun die Säulentemperatur mit einer linearen Aufheizrate (°C/min) auf die Temperatur (T_2) stetig erhöht, steigen die Dampfdrücke und damit auch die Wanderungsgeschwindigkeiten der einzelnen Homologen exponentiell an. Diese erreichen das Ende der Säule bei einer jeweils höheren Säulentemperatur. Durch die lineare Aufheizrate (°C/min) folgen daraus gleiche Zeitabstände (Δt) im Chromatogramm. Die Wirkung des Temperaturprogramms zeigt ein Vergleich der beiden Chromatogramme in den Abbildungen A und B: Bei gleicher Analysenzeit ist die Auftrennung auch der kleinen Peaks über dem gesamten Chromatogramm nun vergleichbar gut und entspricht der Auftrennung im optimalen mittleren Teil des isothermen Chromatogramms.

Doppelsäulen-Gaschromatographie

Driftkompensation der Basislinie beim Temperaturprogramm

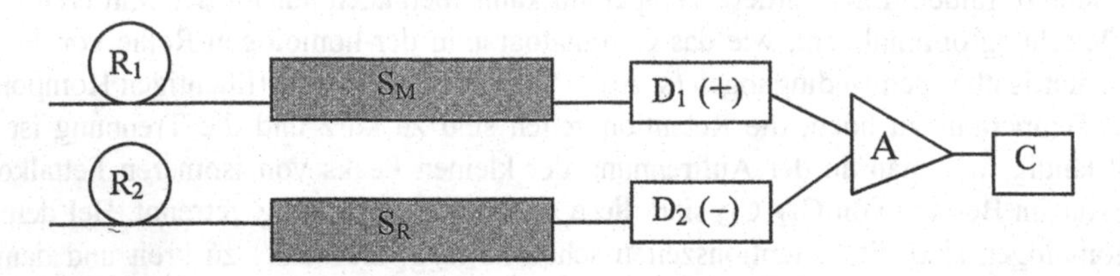

R_1, R_2	Strömungsregler für Kanal 1 und 2
S_M	Meßsäule
S_R	Referenzsäule
D_1, D_2	gleichartige Detektoren
A	Verstärker
C	Datenverarbeitung (Computer, Integrator, Drucker, Schreiber)

Basislinienkompensation

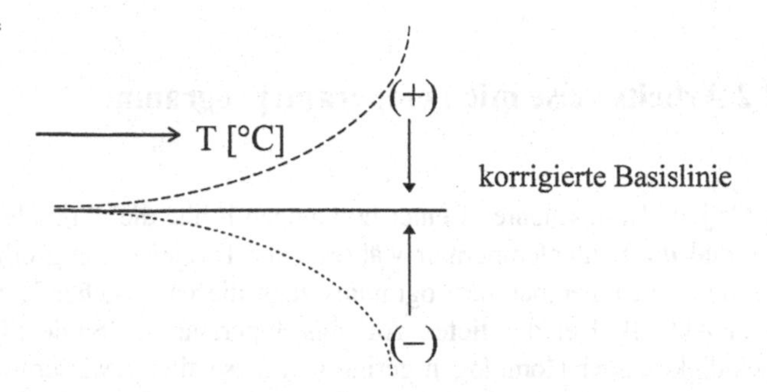

Zweikanalbetriebsweise für Säulen mit komplementärer Selektivität

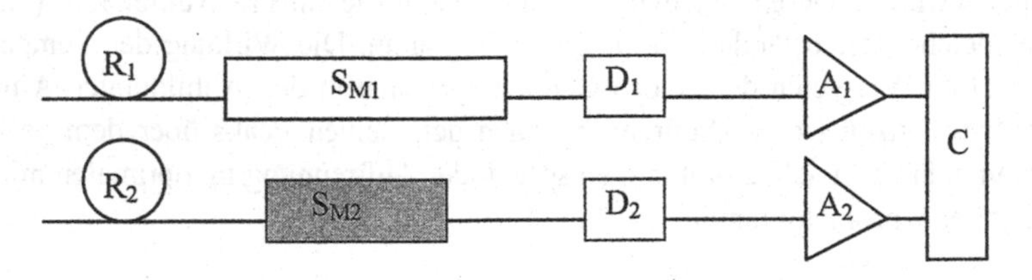

R_1, R_2	Trägergasregelung für Kanal 1 und 2 (druck- oder strömungsgeregelt)
S_{M1}	Meßsäule im Kanal 1
S_{M2}	Meßsäule im Kanal 2
D_1, D_2	Detektoren (gleichartige oder unterschiedliche) im Kanal 1 und 2
A_1, A_2	Verstärker im Kanal 1 und 2
C	Datenverarbeitung (Computer, Integrator, Drucker, Schreiber)

6.2.3 Temperaturprogramm und Trennvermögen

Bei einem linearen Temperaturprogramm (°C/min) durchlaufen die Komponenten mit exponentiell ansteigender Geschwindigkeit die Säule und nähern sich dadurch immer mehr der Trägergasgeschwindigkeit. Hat eine Komponente diese noch vor dem Ende der Säule erreicht ($R_f = 1$), trägt der Rest der Säule nichts mehr zur Trennung bei. Infolgedessen können besonders bei langen Kapillarsäulen nur kleine Programmraten benutzt werden. Die Temperatur, d. h. die Programmrate, beeinflußt die Wanderungsgeschwindigkeit und damit die Analysenzeit weit stärker als die Trägergasströmung und dadurch kann diese relativ niedrig, entsprechend dem Optimum der $H/\overline{u}$-Kurve, eingestellt werden. Zweckmäßigerweise wird sie im Fall von druckgeregelten Kapillarsäulen bei der oberen Säulentemperatur eingestellt, um den Abfall der Strömung mit steigender Temperatur zu berücksichtigen, sofern dies nicht bereits durch eine elektronisch programmierte Trägergasregelung verhindert wird. Gepackte Säulen werden ohnehin mit Strömungsreglern betrieben. Reicht aber das Trennvermögen einer Kapillarsäule trotz optimierter Bedingungen noch nicht aus und muß ihre Länge z. B. verdoppelt werden, muß auch gleichzeitig die Programmrate halbiert werden. Andernfalls wäre eine längere Säule nutzlos.

6.2.4 Instrumentation zum Temperaturprogramm

Die Temperaturerhöhung während der Analyse erhöht auch die Abdampfrate der stationären Phase und führt zu einer ebenfalls exponentiell ansteigenden Basisliniendrift. Diese kann mit einer zweiten, gleichartigen Säule kompensiert werden, die sich parallel zur Meßsäule im gleichen GC-Ofen befindet und an einen gleichartigen Detektor angeschlossen ist. Es ist dafür auch nur ein Verstärker erforderlich. Bei Kapillarsäulen ist diese Basisliniendrift wesentlich geringer als bei gepackten Säulen und die Driftkompensation erfolgt auch besser elektronisch mittels der vorher abgespeicherten Basislinie. Dazu wäre zwar ein Einkanal-Gaschromatograph ausreichend, trotzdem werden meist noch Zweikanal-Geräte bevorzugt, da mit einem zweiten Verstärker ein echter Zweikanalbetrieb, unter Verwendung von zwei unterschiedlichen Säulen mit komplementärer Selektivität möglich ist (s. nebenstehende untere Abb.).

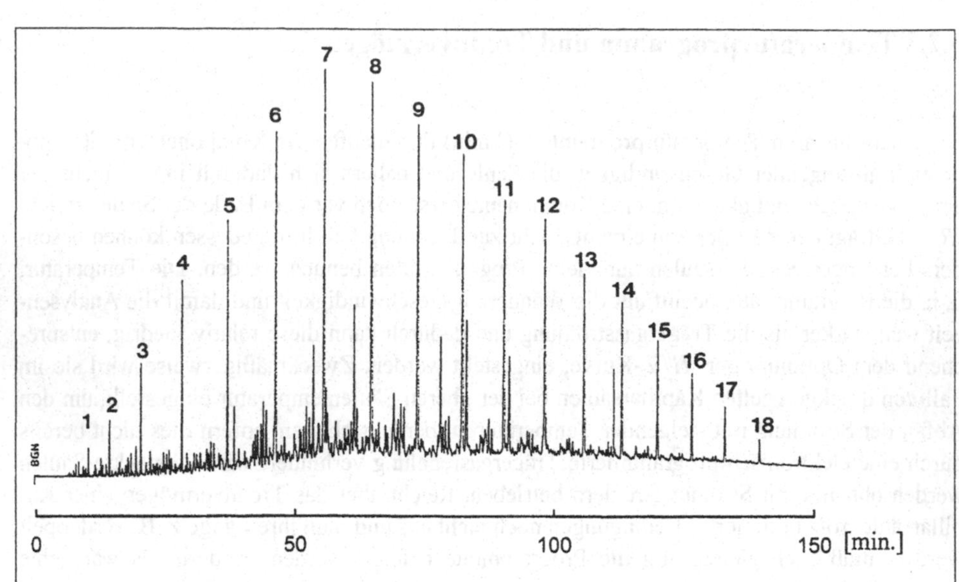

Trennung eines Heizöls mit einer temperaturprogrammierten Kapillarsäule

50 m x 0.25 mm FS-Filmkapillare, OV-1, 0.25 µm, 75 °C, 1.5 °C/min, 260 °C (20 min); H_2, 0.7 mL/min; FID.

Peaks 1–18: *n*-Alkane von C_9 bis C_{25}

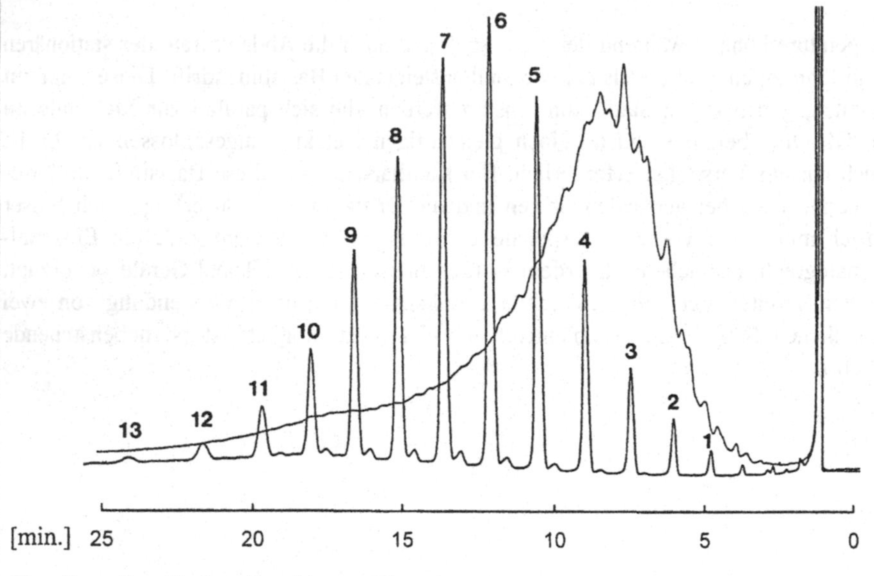

Simulierte Destillation eines Motorenöls

3 ft x 2.7 mm gepackte Säule; 2 % Dexsil 300-GC auf Chromosorb W, AW-DMCS, 80/100; programmiert von 180 °C bis 370 °C mit 15 °C/min; FID.

Peaks 1–13: *n*-Alkane von C_{16} bis C_{28}

Beispiel für eine temperaturprogrammierte Auftrennung

Das nebenstehende Chromatogramm zeigt die Auftrennung eines Heizöls, in dem deutlich die äquidistanten Peaks der homologen *n*-Alkane zu erkennen sind. Deren Peakbreite ist ebenfalls über das gesamte Chromatogramm konstant und damit auch die Nachweisempfindlichkeit. Die Konstanz der Peakbreiten bedarf einer Erklärung: Ausgehend vom Bild der am Säulenanfang eingefrorenen Homologen starten diese nacheinander, wenn die Säulentemperatur soweit erhöht ist, daß der für den Start erforderliche Dampfdruck für die einzelnen Homologen erreicht ist. Die exponentiell zunehmende Wanderungsgeschwindigkeit ist für alle Homologen gleich und am Ende der Säule haben diese daher auch den gleichen Dampfdruck. Da sowohl die Laufstrecke (Säulenlänge) als auch die „effektive“ Aufenthaltszeit in der Säule für alle Homologen dieselbe ist, unterliegen sie auch den gleichen zeit- und temperaturabhängigen Diffusionsvorgängen, die daher zur gleichen Peakverbreiterung führen, und zwar in diesem Fall unabhängig von der tatsächlichen Retentionszeit.

6.2.5 Simulierte Destillation

Ein typischer Fall für die Auftrennung nach Dampfdruckunterschieden ist die sog. „simulierte Destillation“ („*SimDist*“). Dabei wird ein Kohlenwasserstoffgemisch sowie als Referenzprobe eine homologe Reihe der *n*-Alkane auf einer unpolaren Säule mit einem Temperaturprogramm chromatographiert. Jeweils um den Bereich eines *n*-Alkans wird der Flächenwert aller mehr oder weniger aufgelösten Peaks bestimmt und der prozentuale Anteil in einer Tabelle bzw. Diagramm gegen die Kohlenstoffzahl oder den dazu entsprechenden Siedepunkt aufgetragen. Damit wird das Siedeverhalten einer Kohlenwasserstoffprobe schneller und genauer erfaßt als mit einer zeitaufwendigen Destillation. Mit gepackten Säulen[1] und einem Temperaturprogramm bis 350 °C gelingt es, einen Bereich bis zur Kohlenstoffzahl C_{44} (Sdp. 545 °C) zu erfassen oder mit einer kurzen, z. B. 5 m langen, Kapillarsäule[2] den Bereich bis zu (extrapolierten atmosphärischen) Siedetemperaturen von 800 °C, d. h. bis zu einer Kohlenstoffzahl C_{120} zu erweitern. Eine vollständige Auftrennung in die einzelnen Komponenten, z. B. im Fall des Motorenöls (s. nebenstehende untere Abb.), oder von Rohöl ist dazu nicht erforderlich und wäre auch in Anbetracht der Vielzahl von Komponenten nicht sinnvoll.

[1] ASTM standard 2887, Part 24 (1978).

[2] S. Trestianu et al., *J. High Resol. Chromatogr.* **8** (1985) 771–781.

7 Instrumentation und Techniken zur Probenaufgabe

Mit der Gaschromatographie können alle unzersetzt verdampfbaren Stoffe analysiert werden, sowohl gasförmige und flüssige Proben als auch verdampfbare Feststoffe. Nichtflüchtige Stoffe lassen sich oft in flüchtige Derivate umwandeln oder thermisch mittels der Pyrolyse-GC zu flüchtigen Produkten fragmentieren. Je nach Aggregatzustand werden verschiedene Dosiervorrichtungen verwendet. Die Probenaufgabe soll spontan erfolgen und die Probe unverfälscht in die Trennsäule überführt werden. Darüber hinaus sollen nichtflüchtige Bestandteile noch zuvor im Injektor abgeschieden werden, um eine Kontamination der Trennsäule zu verhindern. Die manuelle Handhabung von kleinen Probenmengen, wie sie für die GC erforderlich sind, ist besonders fehleranfällig und aus diesem Grunde werden heute bevorzugt Autosampler eingesetzt.

Die historische Entwicklung begann bei gepackten Säulen mit der spontanen Verdampfung der Probe in einem Injektor und deren vollständiger Überführung in die Trennsäule. Dieses Verfahren wurde zunächst durch eine Probenteilung (Split) im heißen Injektor an die Erfordernisse von Kapillarsäulen angepaßt. Mit höheren Anforderungen an die Empfindlichkeit für die Spurenanalyse entwickelte sich daraus die sog. *splitlose Injektion.* Die Fehleranfälligkeit der Probendosierung in einem heißen Injektor führte dann zur Entwicklung der schonenderen *On-Column-Injektion*, mit der die eigentlich unnötige vorherige Verdampfung vermieden wird. Dies war allerdings erst mit immobilisierten stationären Phasen möglich. Weitere Anforderungen nach einer Injektion größerer Probenvolumina (LVI: „*large volume injection*") verlangen eine zusätzliche Abtrennung großer Lösemittelmengen noch vor der Kapillarsäule. Das gelingt mit einem programmierten heiz-und kühlbaren Injektor (PTV: „*programmable temperature vaporizer*").

Die weitere Entwicklung der Injektionstechniken geht zu einer noch schnelleren Probenaufgabe als Voraussetzung für eine schnellere GC. Eine Trennung muß nicht 30 Minuten dauern, sie könnte schon in 3 Minuten gelingen. Einfache Gemische mit wenigen Komponenten lassen sich in der Tat bereits heute in wenigen Sekunden trennen und komplexere Gemische unter einer Minute. Allgemein einsetzbar wird die schnelle GC aber erst, wenn die Probenaufgabe in Millisekunden gelingt. Erfolgversprechende Ansätze für Bandbreiten von 10–20 ms am Beginn der Chromatographie gibt es bereits.

Dosierung von Gasproben

Probenaufgabe mit einer Gasdosierschleife

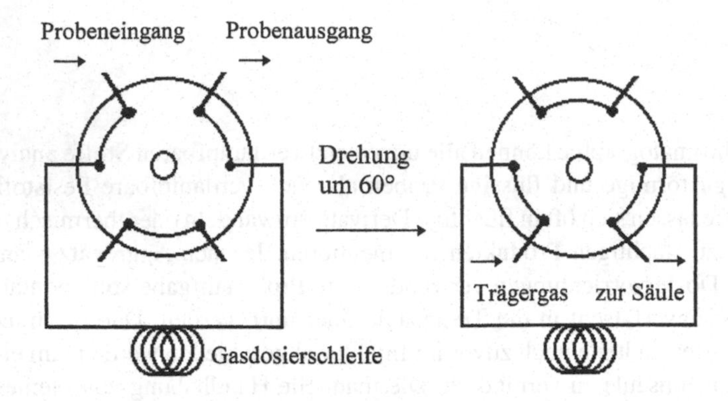

Probenaufgabe mit einer Gasspritze

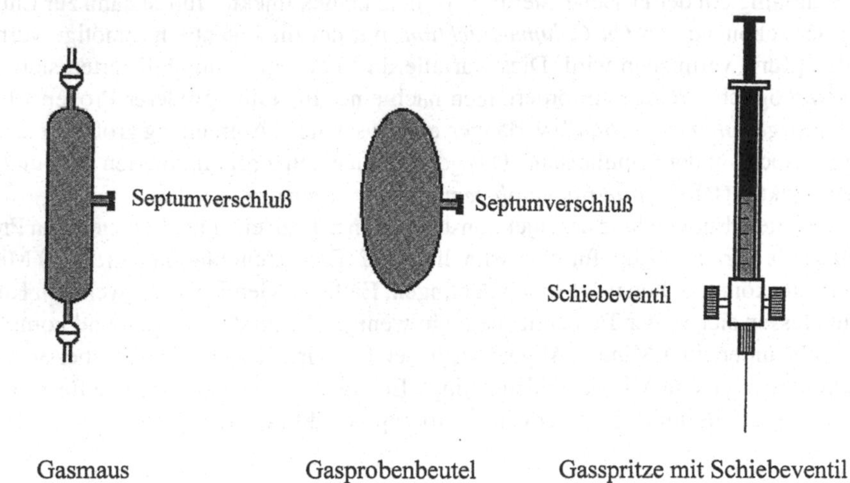

7.1 Dosierung von Gasen und Dämpfen

7.1.1 Dosierung von Gasen

Befindet sich ein Gasgemisch in einem Gefäß oder einer Leitung unter Druck, kann durch Entspannen gegen Atmosphärendruck eine Probenschleife gefüllt und deren Inhalt anschließend in den Trägergasstrom vor der Trennsäule eingeschleust werden. Dazu dient meist ein 6-Wege-Ventil mit auswechselbaren Dosierschleifen von 0.1–10 mL, je nach Art und Dimension der verwendeten Trennsäule. Es handelt sich dabei nur um das geometrische Volumen der Dosierschleife, während das dosierte Gasvolumen und die darin enthaltene Stoffmenge (Masse, Mol, Volumen) noch von Druck und Temperatur abhängen. Beides sollte für alle Proben konstant gehalten werden, um eine gute Reproduzierbarkeit der Probenaufgabe und der quantitativen Ergebnisse zu gewährleisten. Befindet sich dagegen die Gasprobe bereits bei Atmosphärendruck, z. B. in einer Gasmaus, kann sie mit einer Töpplerpumpe durch die Probenschleife gedrückt oder mit einer am Ausgang der Probenschleife angeschlossenen Kolbenspritze durchgesaugt werden. Bei dem Verfahren der *Druckdosierung* sind der Probeneingang und der Probenausgang mit einem Absperrventil und einem genauen Manometer versehen. Die Probenschleife wird zuerst durch eine Vakuumpumpe evakuiert und dann mit dem Probengas gefüllt.

Als Alternative zu speziellen Vorrichtungen kann auch eine gasdichte Spritze verwendet werden, mit der die Gasprobe in den Injektor des Gaschromatographen injiziert wird. Mit einem Ventil (z. B. Schiebeventil, s. untere Abb.) kann die in der Spritze abgemessene Gasprobe gegen Atmosphäre abgesperrt werden.

Als Probenbehälter für Gase dienen sog. Gasmäuse mit einem seitlichen Stutzen mit Septumverschluß, durch den mit einer Gasspritze eine Probe entnommen werden kann. Auch Gasprobenbeutel aus einem inerten Material, z. B. Teflon®, Tedlar®, Saran® oder Aluminium werden verwendet, die ebenfalls zur Probenahme mit einem Septumverschluß oder einem Ventil versehen sind. Damit können sie an einen Probengeber mit einer Gasdosierschleife angeschlossen werden; durch Drücken des Beutels wird die Probe überführt. Auch Gasgemische lassen sich darin durch Einspritzen von Reingasen erstellen. Nachteil solcher Gefäße mit großen Oberflächen können Wandadsorptionseffekte sein, die möglicherweise eine Verfälschung der Probenzusammensetzung verursachen.

Dosierung aus der Dampfphase – Headspace-Dosierung

Prinzip der Headspace-Dosierung mittels einer Probenschleife

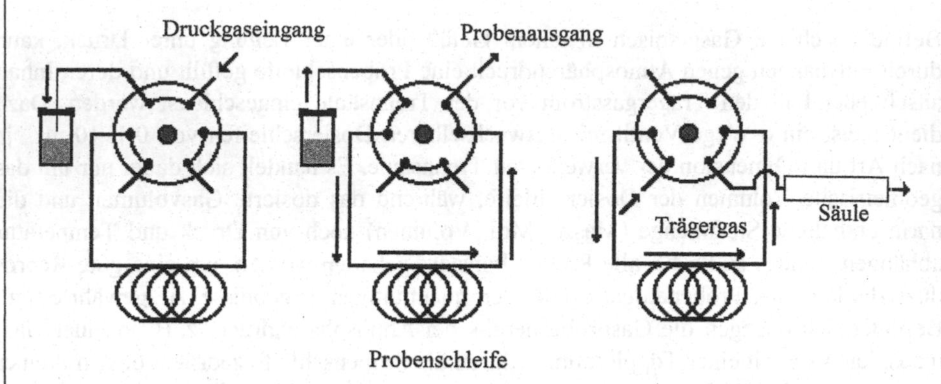

Prinzip der Direkt-Headspace-Dosierung

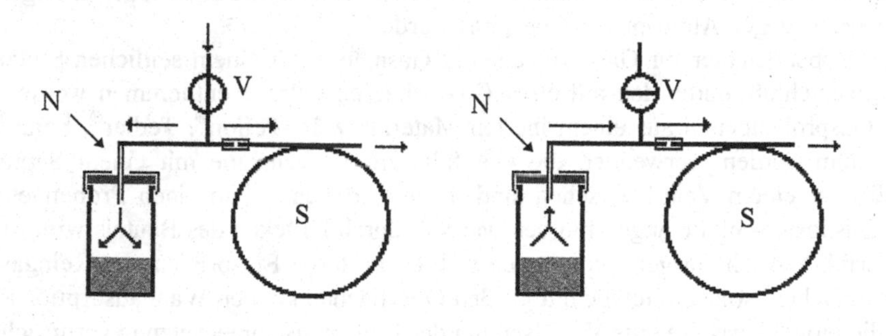

Druckaufbau Probenüberführung

V Ventil zum Sperren und Öffnen der Trägergaszufuhr

N Dosiernadel

S Trennsäule

7.1.2 Dosierung von Dämpfen für die Headspace-Analyse

Bei der *statischen Dampfraumanalyse* oder *Headspace-Analyse* („*static headspace analysis*") werden flüchtige Stoffe analysiert, die sich im Gleichgewicht mit einer festen oder flüssigen Probe in einem mit einem Septum verschlossenen und mit einer Aluminiumkappe gesicherten Gläschen befinden. Die Proben werden in der Regel thermostatisiert, um die Partialdampfdrücke und damit die Nachweisempfindlichkeit zu erhöhen. Dadurch entsteht im Probengefäß ein Binnendruck, der als Summe aller Partialdampfdrücke von der Zusammensetzung der Probe abhängt. Um für Probe und Kalibrierstandards gleiche Druckverhältnisse zu gewährleisten, ist es daher zweckmäßig, die Probengefäße zuvor auf gleiches Druckniveau aufzufüllen. Für die Probenüberführung bei automatischen Headspace-Probengebern werden im Prinzip drei Verfahren verwendet:*

1. eine erwärmte Gasspritze, wie sie auch für die manuelle Headspace-Dosierung oder für die Dosierung von Gasen benutzt wird. Damit wird die Probe allerdings zuvor nicht auf ein konstantes Druckniveau aufgefüllt. Infolgedessen kann der entstandene Binnendruck im erwärmten Probengefäß unterschiedlich sein und Probengas kann während der Überführung der Probe durch die nach außen offene Dosiernadel der Spritze entweichen.
2. eine erwärmte Gasdosierschleife, wie sie für Gasproben benutzt wird (s. das nebenstehende obere Bild). Beim Druckaufbau durchsticht die Dosiernadel das Septum der Probenflasche und ein Inertgas, z. B. das Trägergas, füllt diese auf einen eingestellten Druck auf. Die Probenschleife wird gefüllt, indem der Probendampf aus der Flasche nun rückwärts gegen Atmosphäre expandiert. Ihr Inhalt wird anschließend durch das Trägergas auf die Säule gespült.
3. direkte Headspace-Dosierung: Beim Druckaufbau verzweigt sich das Trägergas und füllt die Probenflasche durch die Dosiernadel (N) auf den Säulenvordruck oder auf einen anderen einstellbaren Druck auf. Die Probe wird überführt, indem das Ventil (V) für einige Sekunden die Trägergaszufuhr absperrt. Dadurch expandiert das Probengas nun rückwärts und direkt auf die Säule und ersetzt damit den Trägergasfluß (sog. *Gleichdruckdosierung*). Die dosierte Menge ergibt sich aus dem Trägergasfluß und der Dosierzeit.

*Für die entsprechenden instrumentellen Details muß auf die Informationsschriften der jeweiligen Gerätehersteller verwiesen werden.

Kryofokussierung bei der zeitgesteuerten Direkt-Headspace-Dosierung

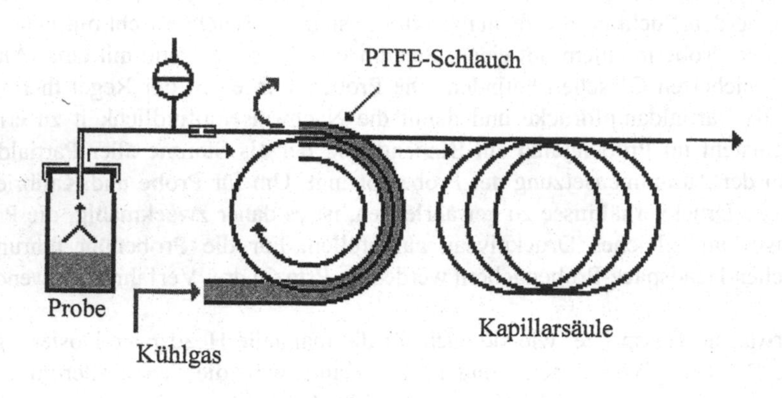

Typische Applikationen der statischen Headspace-Gaschromatographie

- Restlösemittel in: Lebensmitteln, Pharmaka, Verpackungsmaterialien
- Monomere in Polymeren
- Wasserbestimmung als Alternative zur KF-Titration
- Aromaanalyse von Lebensmitteln und Getränken
- flüchtige Schadstoffe (LHKW und BETX) in Luft, Wasser und Böden
- Arbeitsplatzüberwachung (MAK-Werte)
- Fungizide in Lebensmitteln
- forensische Bestimmungen von HB-CO
- Blutalkoholanalyse
- Bestimmung von physikochemischen Daten: Dampfdrücke, Verteilungskoeffizienten, Aktivitätskoeffizienten, Mischungsenergien, Reaktionskinetik

Unabhängig von der Art der Probenaufgabe verlängert sich mit zunehmendem Probenvolumen die Dosierzeit und wegen der damit verbundenen Zunahme der Peakverbreiterung ist das zulässige Probenvolumen daher beschränkt.

Die Peakverbreiterung läßt sich durch die Verfahren der *Kryofokussierung* („*cryofocusing, cryogenic focusing, cryo-trapping, cold trapping*") unterdrücken. Dabei wird der Säulenanfang soweit gekühlt, daß die flüchtigen Stoffe in der stationären Phase als eingefroren betrachtet werden können, während der Hauptbestandteil der Headspace-Probe, nämlich Luft aus dem Glas sowie Trägergas ungebremst durch die Säule wandern. Es ist daher nicht nötig, die gesamte Säule einschließlich des Säulenofens zu kühlen, dazu genügt allein schon der Säulenanfang.

Von den verschiedenen Möglichkeiten der Kryofokussierung wird ein einfaches Verfahren beschrieben, wie es von Perkin-Elmer verwendet wird. Voraussetzung dazu ist die splitlose Direktdosierung in eine Fused-Silica-Kapillarsäule (FS-Kapillarsäule), um kein Probengas zu verschwenden, wie z. B. bei einer Probenschleife, wenn diese durch Expansion gegen Atmosphäre erst mit Probengas gespült werden muß, bevor sie vollständig gefüllt wird.

Die erste Schlinge der Fused-Silica-Kapillarsäule (FS-Kapillarsäule), steckt in einem umhüllenden Teflon®-Schlauch, durch den während der Dosierzeit ein Kühlgas entlang der Kapillarsäule fließt und zwar im Gegenstrom zum warmen Probengas innerhalb der Kapillarsäule. Das Kühlgas wird außerhalb des GC-Ofens erzeugt, indem u.a. trockener Stickstoff durch eine Kühlschlange in einem Bad mit flüssigem Stickstoff durchgeleitet wird. Dadurch herrscht am Anfang der Kühlzone eine Temperatur von –196 °C und am Ende, je nach Strömung des Kühlgases, von etwa –30 °C. In diesem starken Temperaturgradienten erfolgt der Fokussierungseffekt nicht nur bei der Kondensation, sondern auch beim schnellen Wiederaufheizen nach beendeter Dosierzeit, wenn das Kühlgas abgeschaltet wird. Das warme Trägergas heizt die dünne FS-Kapillare schneller von innen auf, als es jede externe Heizung könnte. Mit diesem Verfahren sind Dosierzeiten bis zu 10 Minuten ohne jede Peakverbreiterung möglich, mit einer um etwa 50- bis 100-fach gesteigerten Empfindlichkeit im Vergleich zu den kurzen Dosierzeiten von wenigen Sekunden ohne Fokussierung.

In der nebenstehende Tabelle sind einige typische Anwendungen für die Headspace-Analyse zusammengestellt.

Verfahren zur Probendosierung in der Gaschromatographie

- Verdampfungsinjektion
- On-Column-Injektion

Techniken für die Probendosierung bei gepackten Säulen

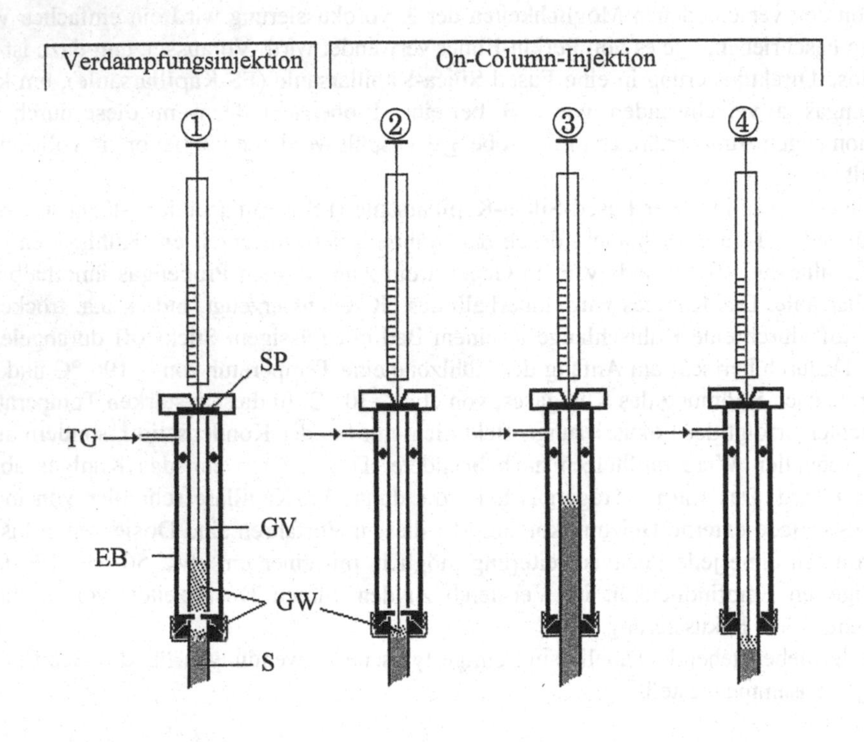

EB	heizbarer Einspritzblock
TG	Trägergaszuführung
SP	Septum
GV	Glasverdampfungsrohr
GW	Glaswolle
S	gepackte Säule

7.2 Dosierung von flüssigen Proben

Sowohl bei gepackten Säulen als auch bei Kapillarsäulen kann man prinzipiell zwei Verfahren der Probendosierung unterscheiden: Bei der sog. *On-Column-Injektion* wird die flüssige Probe direkt in die Säule gespritzt, im andern Fall der *Verdampfungsinjektion* wird sie in ein geheiztes Verdampferrohr (Injektor) eingespritzt, das sich im sog. Einspritzblock (Probengeber) des Gaschromatographen befindet; der Probendampf wird dann vom Trägergas in die Säule transportiert. In beiden Fällen werden mittels einer Mikroliterspritze im allgemeinen 0.1 bis 5.0 µL durch ein Septum aus PTFE-kaschiertem Silicongummi injiziert.

7.2.1 Dosierung von flüssigen Proben bei gepackten Säulen

Verschiedene Möglichkeiten zur Probendosierung bei gepackten Säulen zeigt die nebenstehende Abb. Für die On-Column-Injektion werden ausschließlich gepackte Glassäulen verwendet.

Injektorversion 1: Verdampfungsinjektion: Ein heizbares Metallrohr im sog. Einspritzblock enthält ein Verdampferrohr aus Glas (*„glass liner, inlet sleeve"*), das zum Teil mit unbehandelter oder silanisierter Glas-, Quarz- oder Fused-Silica-Wolle gefüllt ist.* Die gepackte Säule aus Glas oder Metall ist an diesem Metallrohr im Säulenofen angeschraubt

Injektorversion 2: On-Column-Injektion: Man kann dazu die Vorrichtung wie oben benutzen, wenn man die Glaswolle aus dem Verdampferrohr entfernt und mit einer entsprechend langen Spritzennadel die Probe direkt in die Säulenfüllung injiziert.

Injektorversion 3: On-Column-Injektion: Ein Schenkel der Glassäule reicht mit der Packung in das heizbare Einspritzrohr und ersetzt dadurch das Glasverdampfungsrohr. Dieser Teil kann nun unabhängig von der Ofentemperatur geheizt werden, z. B. bei einem Temperaturprogramm bereits auf die Endtemperatur des Programms.

Injektorversion 4: On-Column-Injektion: Die Säulenpackung beginnt erst im Säulenofen, damit auch der Säulenanfang einem evtl. Temperaturprogramm folgen kann. Es ist dazu eine entsprechend lange Spritzennadel erforderlich wie bei Injektorversion 2.

---

* Im folgenden wird stellvertretend nur der Ausdruck „Glaswolle" dafür benutzt.

Verdampfungs- und On-Column-Injektion mit gepackten Säulen

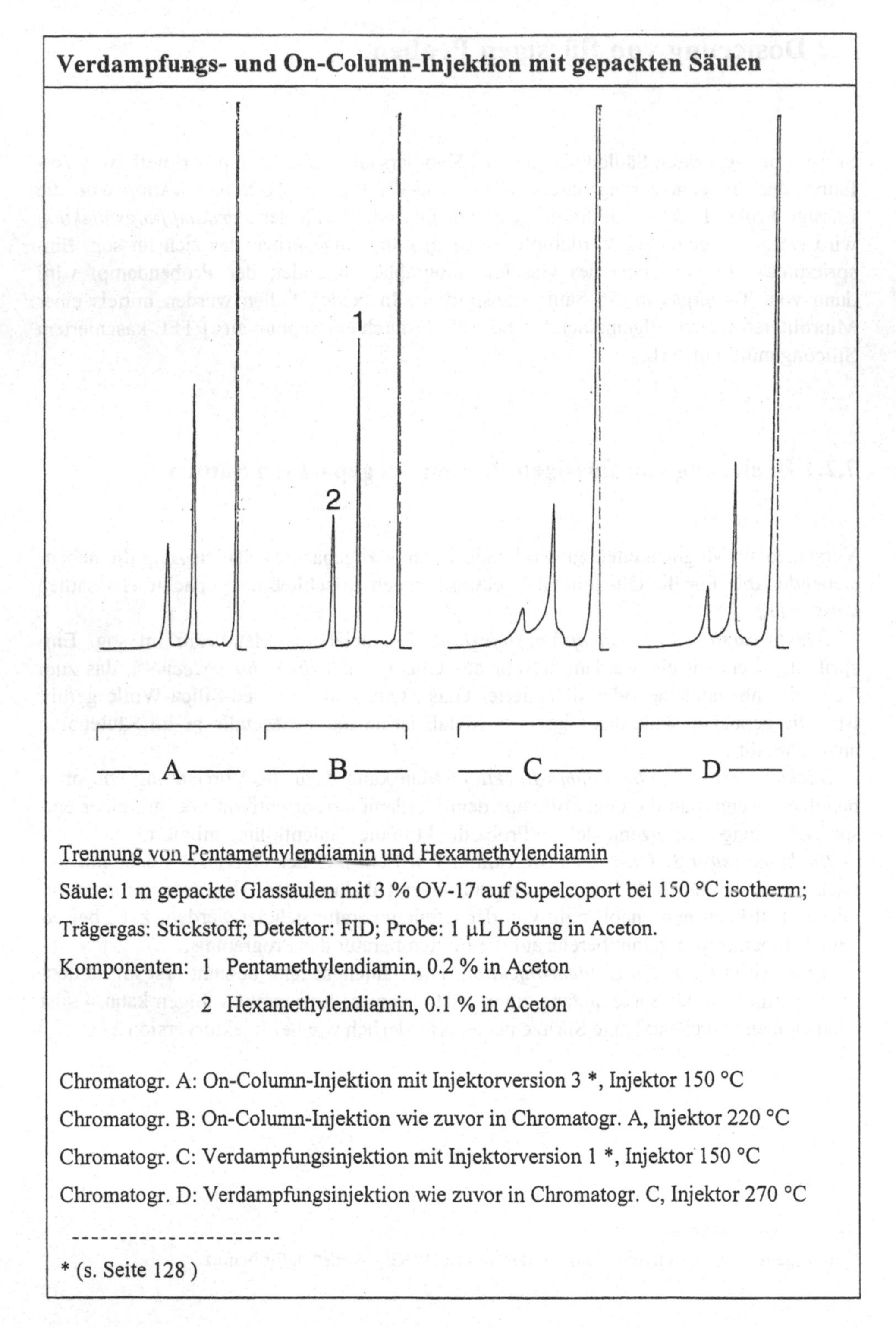

Trennung von Pentamethylendiamin und Hexamethylendiamin

Säule: 1 m gepackte Glassäulen mit 3 % OV-17 auf Supelcoport bei 150 °C isotherm;

Trägergas: Stickstoff; Detektor: FID; Probe: 1 µL Lösung in Aceton.

Komponenten: 1 Pentamethylendiamin, 0.2 % in Aceton

2 Hexamethylendiamin, 0.1 % in Aceton

Chromatogr. A: On-Column-Injektion mit Injektorversion 3 *, Injektor 150 °C

Chromatogr. B: On-Column-Injektion wie zuvor in Chromatogr. A, Injektor 220 °C

Chromatogr. C: Verdampfungsinjektion mit Injektorversion 1 *, Injektor 150 °C

Chromatogr. D: Verdampfungsinjektion wie zuvor in Chromatogr. C, Injektor 270 °C

---

* (s. Seite 128)

Aus praktischen Gründen wird im allgemeinen die Verdampfungsinjektion bevorzugt, da evtl. nichtflüchtige Verunreinigungen im Glasverdampferrohr verbleiben und nicht auf die Säule gelangen. Auch können bei der On-Column-Injektion nichtimmobilisierte stationäre Phasen am Säulenanfang von Lösemitteln ausgewaschen werden, wodurch Adsorptionsverluste am Trägermaterial hervorgerufen werden. Die On-Column-Injektion ist zweifelsohne das chromatographisch bessere, weil schonendere Verfahren. Bei der Verdampfungsinjektion wird die Probe mit weit höheren Temperaturen belastet, um eine möglichst schnelle und spontane Verdampfung und Probenüberführung zu erzielen. Ein Beispiel dafür ist der nebenstehende Vergleich beider Injektionsarten mit den beiden Injektorversionen 1 und 3 in den vorhergehenden Abbildungen (S. 128).

Beispiel: Vergleich der Verdampfungs- mit der On-Column-Injektion

Die beiden stark polaren Stoffe Pentamethylendiamin und Hexamethylendiamin in Aceton wurden mit einer gepackten Glassäule isotherm bei 150 °C getrennt.

Chromatogramm A: On-Column-Injektion mit Injektorversion 3. Der Säulenanfang im Einspritzrohr war wie die gesamte Säule auf 150 °C geheizt. Ergebnis: gute Peaks mit leichtem Tailing.

Chromatogramm B: Injektorversion wie vorher im Fall A. Der Säulenanfang im Einspritzrohr war jedoch auf 220 °C geheizt. Optimales Ergebnis: etwas schmälere Peaks mit verbessertem Tailing. Möglicherweise war im Chromatogramm A der Säulenanfang durch die Verdampfung von 1 µL Aceton bereits etwas abgekühlt.

Chromatogramm C: Verdampfungsinjektion mit Injektorversion 1. Verdampfungstemperatur: 150 °C wie in Chromatogramm A. Ergebnis: stark tailende Peaks mit einem Vorpeak (evtl. Zersetzung an der Metallverschraubung).

Chromatogramm D: Anordnung wie vorher in Chromatogramm C, Einspritzrohr jedoch auf 270 °C. Ergebnis: geringfügige Verbesserung durch schmälere Peaks infolge schnellerer Verdampfung, aber nach wie vor Tailing und Vorpeak.

Injektor für die Split/splitlose-Probenaufgabe in Kapillarsäulen

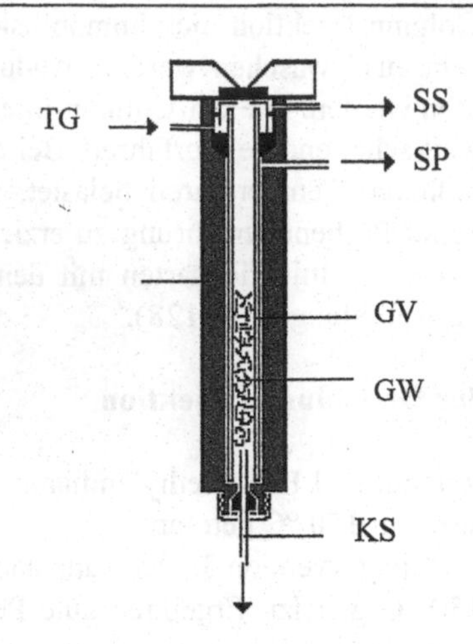

TG Trägergas
SS Septumspülung
SP Splitausgang
GV Glasverdampferrohr
GW Glaswolle
KS Kapillarsäule

Pneumatische Konfigurationen für die Betriebsweise mit Split

Druckgeregelte Betriebsweise

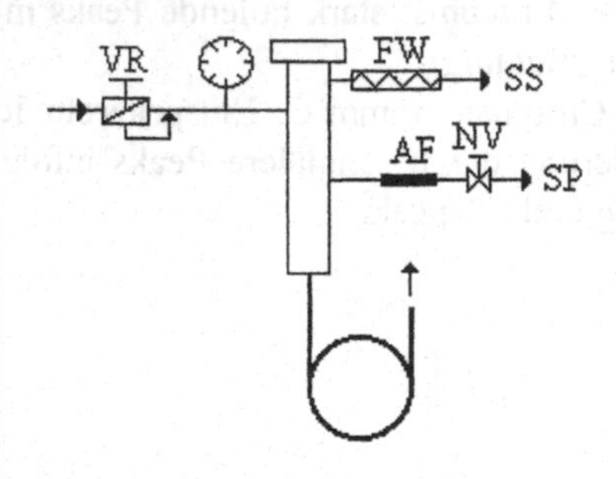

Strömungsgeregelte Betriebsweise

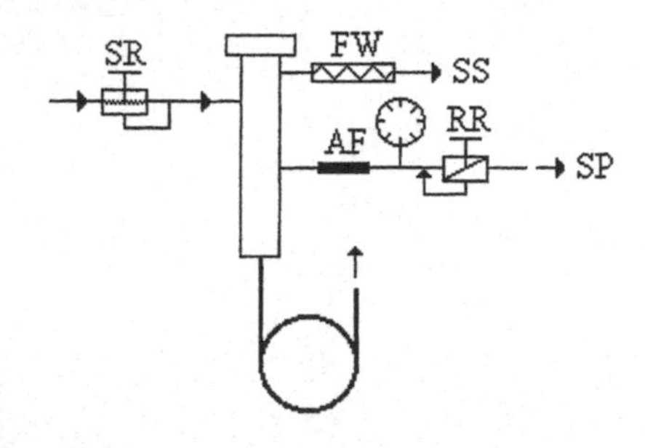

VR Vordruckregler
FW fester Strömungswiderstand
SS Septumspülung
AF Aktivkohlefilter
NV Nadelventil
SP Splitausgang
SR Strömungsregler
RR Rückdruckregler

7.2.2 Dosierung von flüssigen Proben bei Kapillarsäulen mit Split

Das Problem, eine verdampfte Probe schnellstmöglich in eine Kapillarsäule zu überführen, wird durch die Betriebsweise mit einem Probenteiler (Splitter) gelöst. Im Prinzip wird über ein T-Stück mit unterschiedlichen Strömungswiderständen in den beiden Abzweigungen die Trägergasströmung und damit auch der Probendampf in zwei ungleiche Teile aufgeteilt und nur der kleinere Teil durch die Kapillarsäule geleitet. Damit wird gleichzeitig auch das Problem mit der geringen Probenkapazität gelöst. Mit einer Mikroliterspritze kann man kein Volumen unter 0.1 µL (≈100 µg) einer Probe dosieren, aber selbst das wäre für eine Kapillarsäule noch zu viel. Den typischen Aufbau eines Injektors für den Split-Betrieb zeigt die obere Abbildung. Auch hier befindet sich ein Verdampferrohr aus Glas oder Quarz konzentrisch im heizbaren Einspritzrohr aus Metall. Der Anfang der Kapillarsäule reicht in das Verdampferrohr und an diesem Punkt findet die Probenteilung statt; die Splitströmung geht zum Ausgang des Splitters. Sie wird durch einen variablen Widerstand (Nadelventil) oder durch austauschbare feste Widerstände (Kapillaren oder Fritten) durch Messen der Gasströmungen im Verhältnis zum Widerstand der Kapillarsäule eingestellt. Zum Schutz dieser Widerstände vor Verstopfung mit kondensierter Probe befindet sich davor meist ein Aktivkohlefilter.

Am Trägergaseingang findet ebenfalls eine Strömungsteilung statt: ein dort abgezweigter kleiner Spülstrom verhindert, daß flüchtige Bestandteile aus dem Septum in das chromatographische System gelangen. Der Spülstrom (SS) wird analog zur Splitströmung durch einen variablen Widerstand (Nadelventil) oder durch feste Widerstandskapillaren bzw. Fritten eingestellt.

Bei der *druckgeregelten Betriebsweise* wird mit einem Vordruckregler ein konstanter Vordruck eingestellt. Die Trägergasströmungen durch die Kapillarsäule und das Splitverhältnis ergeben sich aus den beiden Strömungswiderständen. Bei der *strömungsgeregelten Betriebsweise* hält ein Rückdruckregler in der Splitleitung den Säulenvordruck und damit die Trägergasströmung konstant (bei konstanter Temperatur), während mit dem Strömungsregler in der Trägergaszuführungsleitung die Gesamtströmung und damit auch das Splitverhältnis unabhängig vom Säulenvordruck eingestellt werden kann. Diese Version wird für die rechnergesteuerte elektronische Druckprogrammierung bevorzugt.

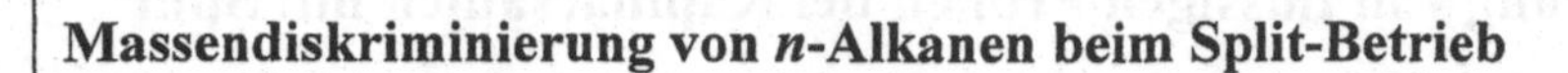

Massendiskriminierung von *n*-Alkanen beim Split-Betrieb

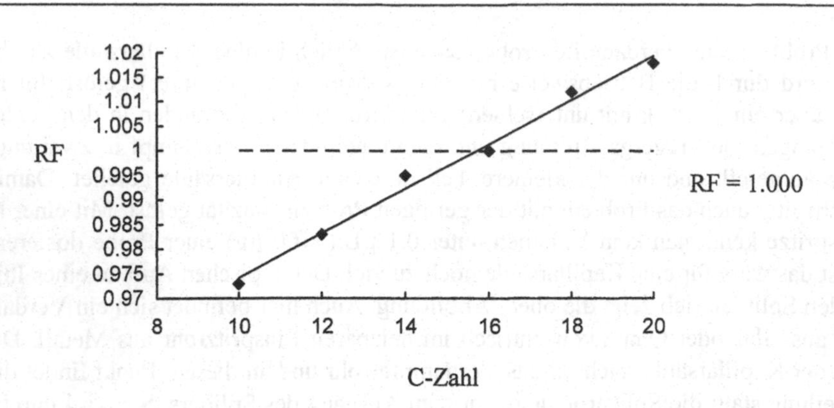

Responsefaktoren (RF) für *n*-Alkane von *n*-Decan bis *n*-Eicosan (*n*-Hexadecan = 1.000)

Bedingungen: 50 m x 0.25 mm FS-Filmkapillare, OV-101, 0.4 µm, 210 °C isotherm; Injektor: 280 °C; He,100 kPa, Split: 1: 50; Verdampferrohr mit Glaswolle gestopft; Probe: 0.7 µL Lösung der *n*-Alkane in *n*-Hexan.

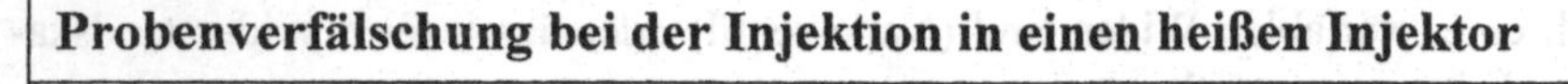

Probenverfälschung bei der Injektion in einen heißen Injektor

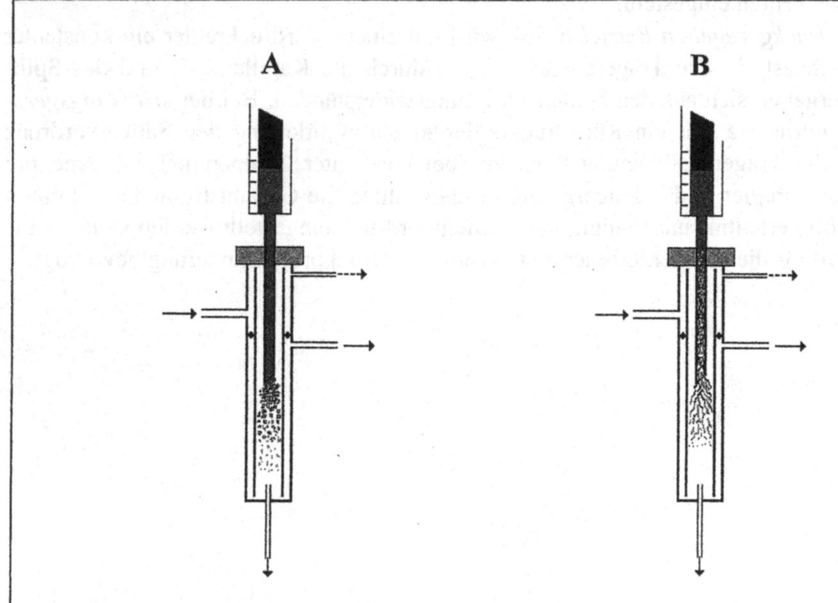

Ideale Injektion und Verdampfung

Fraktionierte Verdampfung in der Nadel

Fallstricke bei der Probenaufgabe mit Injektionsspritzen

Die Betriebsweise mit Split ist die klassische Probenaufgabetechnik bei Kapillarsäulen und nach wie vor am weitesten verbreitet. Darüberhinaus gibt es weitere Betriebsweisen und Vorrichtungen, deren Anwendung ohne Kenntnis der Fehlermöglichkeiten bei der Probeneinführung, beim Verdampfen und bei der Überführung in die Kapillarsäule aber schwer verständlich wäre. Diese verursachen besonders bei Proben mit einem weiten Flüchtigkeitsbereich eine sog. Massendiskriminierung. Darunter versteht man den Effekt, daß mit steigender Molmasse der Komponenten, d. h. mit steigender Retention, die Peakgrößen relativ abnehmen. Diese Abnahme muß dann für quantitative Analysen umgekehrt durch einen ansteigenden Kalibrierfaktor (*RF* = *„response factor"*) ausgeglichen werden. Ein Beispiel dafür ist das Gemisch aus geradzahligen *n*-Alkanen von *n*-Decan (C_{10}) bis Eicosan (C_{20}) mit einem Siedebereich von 200 °C, deren *RF*-Werte, bezogen auf *n*-Hexadecan (C_{16}) als Standard (*RF* = 1.000), in der nebenstehenden oberen Abb. gegen die C-Zahl aufgetragen sind. Der richtige *RF*-Wert wäre für alle *n*-Alkane ebenfalls 1.000, tatsächlich aber variiert er von 0.973 bis 1.018. Mehrere Effekte können dazu beitragen, sie beruhen aber immer auf einer Fraktionierung der Probe.

Um die verschiedenen Effekte zu beschreiben, beginnen wir mit der Idealvorstellung einer Probenverdampfung (s. untere Abb. A): Wir spritzen mit einer Mikroliterspritze z. B. 0.5 µL einer Lösung in den Injektor. Die Probe wird mechanisch vollständig ausgestoßen und der Flüssigkeitsstrahl wird vernebelt, d. h. in feine Tröpfchen zerrissen, die spontan verdampfen und mit dem Trägergas eine homogene Dampfmischung ergeben, die dann am Säuleneingang im richtigen Splitverhältnis aufgeteilt wird.

Tatsächlich bestehen aber bereits bei der Injektion erhebliche Fehlermöglichkeiten, die zu einer Probenverfälschung führen können. Beim Durchstechen des heißen Septums heizt sich die Spritzennadel schon soweit auf, daß ein leichtflüchtiges Lösemittel bereits innerhalb der Nadel verdampfen kann, die schwererflüchtigen Probenbestandteile aber teilweise unverdampft darin zurückbleiben (s. Abb. B). Diesen Effekt kann man durch eine sehr schnelle Injektion unterdrücken, wodurch die Verweilzeit der Spritzennadel im heißen Bereich kurz genug gehalten wird, um ein Aufheizen derselben zu vermeiden und ein rein mechanisches Ausstoßen der Probe zu gewährleisten.

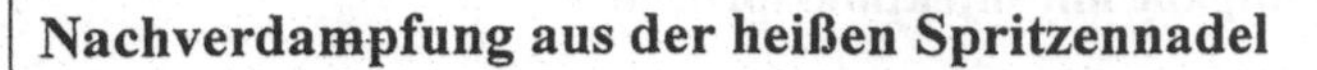

Nachverdampfung aus der heißen Spritzennadel

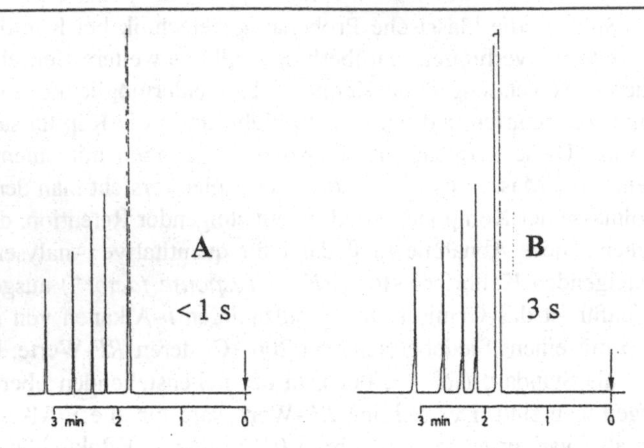

50 m x 0.25 mm FS-Filmkapillare, OV-101, 0.4 µm, 210 °C isotherm; Injektor: 280 °C; He, 100 kPa, Split: 1: 50; Verdampferrohr mit Glaswolle gestopft; Probe: 0.8 µL einer Lösung von *n*-Undecan, *n*-Dodecan, *n*-Tridecan und *n*-Tetradecan in *n*-Heptan.

A: Verweildauer der Spritzennadel < 1 s; B: Verweildauer der Spritzennadel 3 s

Verdampferrohre für die Split-Injektion

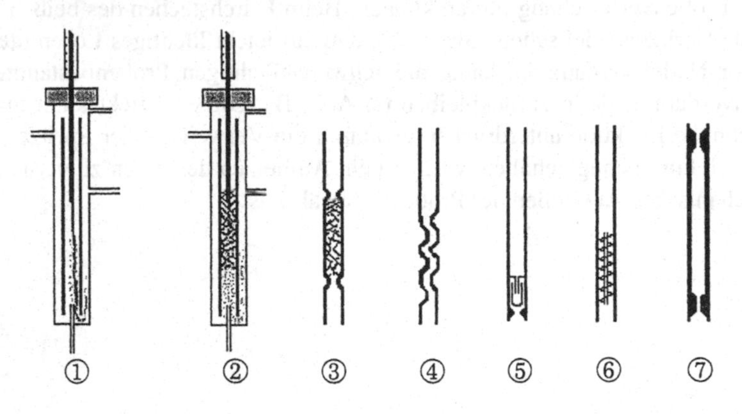

① leeres Verdampferrohr

② Verdampferrohr mit Glaswolle, Quarzwolle oder Fused-Silica-Wolle gestopft

③ wie ②, Wolle fixiert

④ gekrümmtes Verdampferrohr („*baffle sleeve*“)

⑤ Verdampferrohr mit Bechereinsatz („*cup splitter sleeve*“)

⑥ Verdampferrohr mit Spiraleinsatz aus Glas („*cyclosplitter*“®)

⑦ beidseitig verengtes Verdampferrohr („*double gooseneck*“)

Gelingt es, mit dieser Arbeitsweise eine fraktionierte Verdampfung in der Nadel zu vermeiden und die Probe mechanisch auszustoßen, verbleibt zum Schluß noch die Nadel im Injektor. Das Volumen der Nadel kann bis zu 0.1 µL betragen und damit einen erheblichen Anteil der Probe enthalten, der mechanisch nicht ausgestoßen wurde. Wird die Spritze nicht sofort wieder zurückgezogen, gelangt der Rest der Probe durch partielle Verdampfung und Diffusion verzögert in den heißen Injektor. Das sieht man gelegentlich bei einer manuellen Injektion, wenn beim Herausziehen der Spritze Probendampf in Form von Rauch aus der Spritzennadel entweicht. Ein Beispiel für diesen Effekt zeigt der nebenstehende Vergleich der beiden Chromatogramme (s. obere Abb.). Im Chromatogramm A wurde die Spritze sofort nach der schnellen Injektion wieder zurückgezogen (Verweilzeit < 1 s), im Fall B wurden noch 3 Sekunden abgewartet. Die verzögerte Verdampfung der restlichen Probe aus der Spritzennadel macht sich durch die kleinen Aufsetzerpeaks an der Rückseite der jeweiligen Hauptpeaks bemerkbar. Es ist also nicht nur eine schnelle Injektion entscheidend, sondern auch ein ebenso schnelles Zurückziehen der Spritze. Eine derart schnelle Injektionstechnik ist manuell aber kaum reproduzierbar durchzuführen und gelingt nur mit automatisierten Probengebern.

Wenn aber die flüssige Probe zu schnell aus der Spritze ausgestoßen wird, entsteht ein scharfer Flüssigkeitsstrahl, der mit hoher Geschwindigkeit in das Verdampferrohr geschleudert wird, u.U. sogar am Säulenanfang vorbei hinter den Splitabzweig (s. Fall 1 in der unteren Abb.). Bei der kurzen Verweilzeit (ms), besonders im Split-Betrieb, kann auf diesem Weg die Verdampfung unvollständig sein, und aus den ursprünglichen Tröpfchen können kleinere Tröpfchen mit angereicherten Hochsiedern entstehen, die aber so schnell noch nicht verdampfen können, da die Temperatur der Tröpfchen, unabhängig von der nominellen Injektortemperatur, zunächst nicht über den Siedepunkt des Lösemittels steigen kann.

Eine Verdampfung der Hochsieder erfordert den Kontakt mit einer heißen Oberfläche. Dazu kann man den Flüssigkeitsstrahl z. B. gegen die Wand des Glasverdampfers richten, was meist sowieso geschieht, oder man kann durch gekrümmte Wege im Verdampferrohr, durch entsprechende Einbuchtungen oder Einbauten versuchen, den Flüssigkeitsstrahl zu brechen und umzulenken. Der erwünschte Kontakt der Probentröpfchen wird aber durch das „Leidenfrost'sche“ Phänomen verhindert: Lösemitteldampf umhüllt die Tröpfchen und isoliert sie von der heißen Oberfläche („der Wassertropfen, der auf der heißen Herdplatte tanzt“), so daß auch hier eine fraktionierte Verdampfung der Komponenten entsprechend ihrer Siedepunkte zu erwarten ist, d. h. der Tropfen tanzt auch um die Ecke.

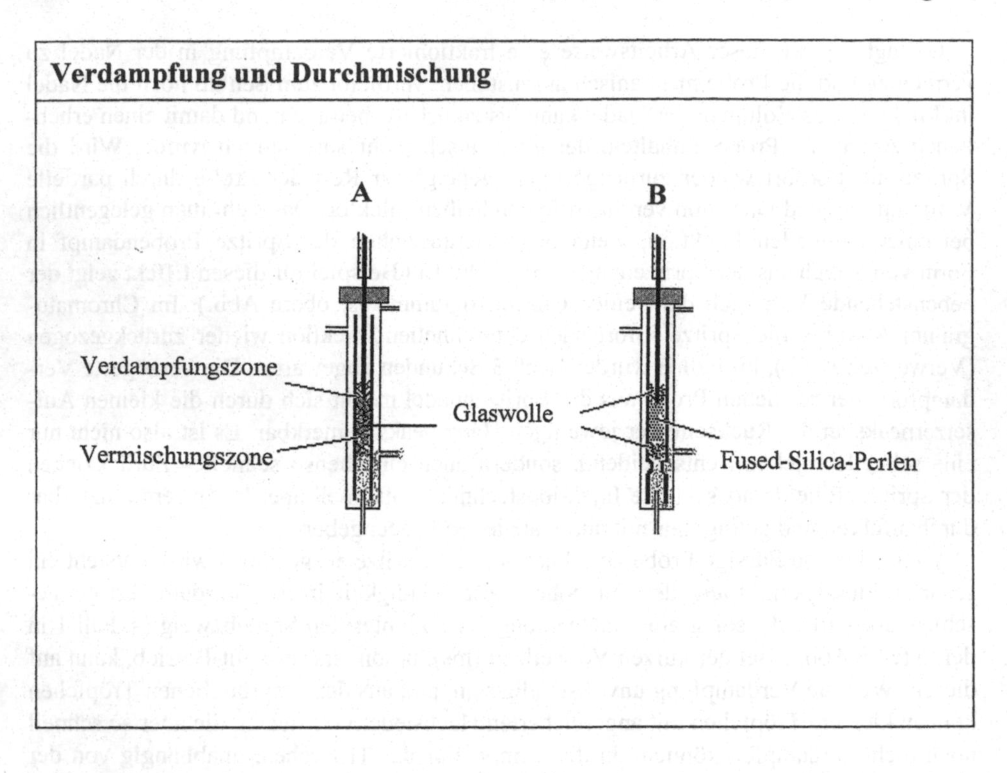
Verdampfung und Durchmischung
A
B
Verdampfungszone
Glaswolle
Vermischungszone
Fused-Silica-Perlen

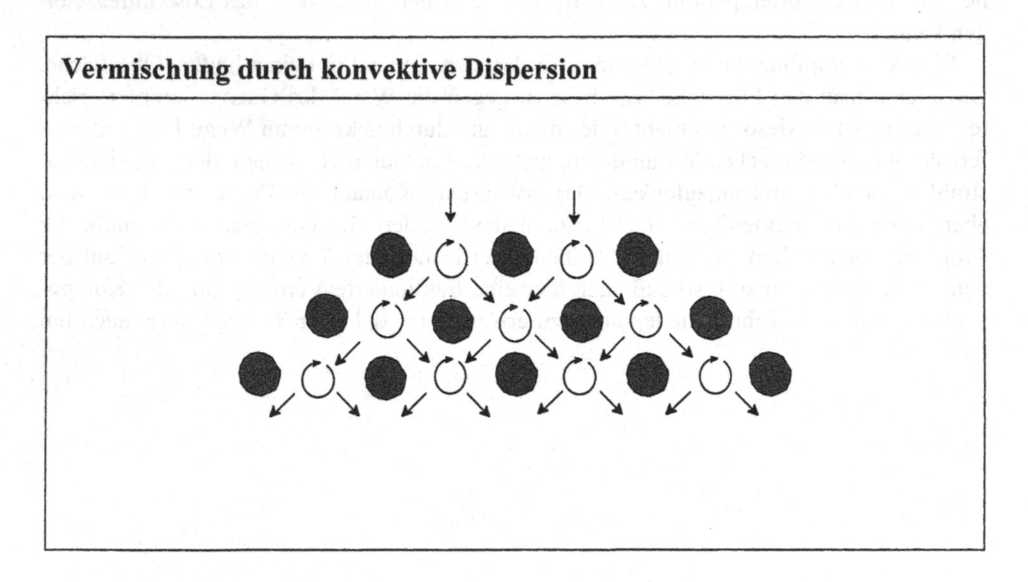
Vermischung durch konvektive Dispersion

Bewährt hat sich eine Füllung des Verdampferrohrs mit unbehandelter oder besser mit silanisierter Glas-, Quarz- oder Fused-Silica-Wolle (s. A in der oberen Abb.).* Die feinen Fasern haben eine so geringe Masse und Wärmekapazität, daß sie im Kontakt mit den Tröpfchen schnell auf die Siedetemperatur des Lösemittels abgekühlt werden. Dadurch können sich die Tröpfchen an deren Oberfläche in Form eines dünnen Films ausbreiten, von dem aus eine schnelle und gleichmäßige Verdampfung aller Komponenten erfolgt. Die Glaswollepackung hat aber noch weitere Funktionen. Bei der Injektion muß die Nadelspitze einige mm in die Packung eindringen, damit der letzte Tropfen, der an der Nadelspitze hängen bleibt, dort und nicht erst am Septum abgestreift wird, wenn die Spritze zurückgezogen wird. Dazu muß die Höhe der Packung auf die Länge der Spritzennadel abgestimmt sein (s. obere Abb.).

Während die obere Lage der Glaswollepackung hauptsächlich dem Zweck dient, durch Oberflächenadhäsion der Tröpfchen einen dünnen Film mit schneller Verdampfung der Probenbestandteile zu bewirken, übernehmen die tieferen Lagen die Aufgabe, durch konvektive Dispersion eine homogene Durchmischung mit Trägergas zu bewerkstelligen (s. untere Abb.), so daß am Ende eine entsprechend homogene Probenteilung am Splitpunkt erfolgen kann. Für diese Aufgabe wäre auch eine Packung mit feinen Perlen aus Glas, Quarz oder Fused-Silica (s. obere Abb.) sowie eine Fritte geeignet. Bei derartigen Füllungen ist es aber empfehlenswert, aus dem o. g. Grund zusätzlich noch eine dünne Lage Glaswolle in der richtigen Höhe, entsprechend der Eindringtiefe der Nadel, anzubringen.

Der Glaswollepfropfen erfüllt also verschiedene Zwecke, verursacht aber auch gewisse Nachteile. Wenn die Nadelspitze eindringt, kann er in eine ungünstige Position verschoben werden. Dagegen helfen Einbuchtungen in der Wand des Verdampferrohrs, die den Pfropfen fixieren. Allerdings wird es bei dergleichen Konstruktionen dann immer schwieriger, einen verschmutzten Glaswollepfropfen zu entfernen und das Verdampferrohr neu zu stopfen. Eine Reinigung in einem Chromschwefelsäurebad ist auf keinem Fall zulässig, da sich an der Glasoberfläche Peroxide bilden können, die zu oxidativer Zersetzung der nachfolgenden Probe führen können. Es ist aber nicht ganz so einfach, ein Verdampferrohr mit einem Glaswollepfropfen unter sauberen Bedingungen und ohne Fingerberührung (Hautfett!) zu füllen. Auf jeden Fall muß ein neu gefülltes Verdampferrohr sorgfältig gereinigt und erst mal ausgeheizt werden.

* ebenfalls im folgenden pauschal nur als „Glaswolle“ bezeichnet.

Berechnung des Dampfvolumens aus dem flüssigen Probenvolumen

$$V_D = nRT/P \quad (7.1)$$

$$n = V_i \cdot d/MG \quad (7.2)$$

$$V_D = V_i\left[d/MG\right]\left[22.4\cdot 10^3\right]\left[\frac{273+T_i}{273}\right]\left[\frac{P_a}{P_a+P_i}\right] \quad (7.3)$$

V_D entstandenes Dampfvolumen [mL] bei der Temperatur T_i und dem Druck P_i

V_i eingespritztes Probenvolumen [mL = 10^3 µL]

T_i Injektortemperatur [°C]

P_i Trägergasdruck im Injektor [kPa]

P_a Atmosphärendruck [kPa]

d Dichte des Lösemittels [g/mL]

MG Molgewicht des Lösemittels

Tabelle: Angenäherte Dampfvolumina für gebräuchliche Lösemittel

Lösemittel	Kp [°C]	MG [g/Mol]	d (20 °C) [g/mL]	µL Dampf pro 1 µL Lösemittel bei T_i = 200 °C und P_i = 100 kPa
Methylenchlorid	40	84.9	1.336	307
Aceton	56	58.1	0.791	265
Methanol	65	32.0	0.793	483
n-Hexan	69	86.2	0.660	149
Ethylacetat	77	88.1	0.901	199
Ethanol	78	46.1	0.789	334
Toluol	111	92.1	0.867	184
Wasser	100	18.0	0.998	1081

Maßnahmen für Splitbetriebsweise

- schnelle Probeninjektion
- richtige Position der Glaswolle mit Kontakt zur Nadelspitze
- Vermeidung von Überdruck durch angepaßtes Lösemittel (Siedepunkt)
- Vermeidung von Überdruck durch angepaßtes Volumen des Verdampferrohrs

Ein Problem bei der Verdampfungsinjektion kann der Druckanstieg im Injektor sein, wenn sich dadurch das Splitverhältnis ändert. Nun ist zwar das Splitverhältnis im Prinzip unabhängig vom Druck und beim plötzlichen Druckanstieg infolge der Verdampfung des Lösemittels sollte sich daher am Splitverhältnis nichts ändern. Der schnelle Druckanstieg erstreckt sich jedoch bis tief in den Anfang der Kapillarsäule, klingt dann aber unterschiedlich schnell ab, da die Zeitkonstanten dieses Vorgangs ebenso unterschiedlich sind wie die Strömungswiderstände von Trennsäule und Split. Beide sind aber über das Injektorvolumen miteinander verbunden und die Überführungsgeschwindigkeit in die Kapillarsäule wird langsamer im Verhältnis zur schneller abnehmenden Splitströmung, wodurch sich das Splitverhältnis während der Abklingphase ändert. Der Endzustand mit dem ursprünglichen Splitverhältnis wird dadurch unterschiedlich schnell erreicht. Wenn daher eine Probe einen weiten Flüchtigkeitsbereich umfaßt, ändert sich das Splitverhältnis von den Leichtsiedern zuungunsten der später verdampfenden Hochsieder.

Dieser Effekt kann klein gehalten werden, wenn man ein höhersiedendes Lösemittel (Schomburg[*]) verwendet, das langsamer verdampft, wodurch ein explosionsartiger Druckanstieg vermieden wird, sowie durch einen Injektor, dessen Volumen dem zusätzlichen Dampfvolumen der Probe angepaßt ist. Ist das Injektorvolumen zu klein, kann die Dampfwolke sogar bis in die kalten Gaszuführungen zurückschlagen, mit der Gefahr einer permanenten Kontamination. Der Druckanstieg ergibt sich aus dem Volumen des Verdampferrohrs und der eingespritzten Probenmenge. Berücksichtigt man nur das Lösemittel und die Gesetze für ideale Gase, läßt sich das entstehende Dampfvolumen (V_D) annähernd aus der Molzahl (n) des Lösemittels bei der Injektortemperatur (T_i) und dem Trägergasdruck (P_i) nach Gl. 7.1 bestimmen. Die Molzahl (n) folgt nach Gl. 7.2 aus der eingespritzten Menge (V_i), der Dichte (d) und dem Molgewicht (MG) des Lösemittels. Ein Mol gibt bei 0 °C und 101 kPa (= 1 atm) ein Dampfvolumen von 22.4×10^3 mL. Umgerechnet auf T_i und P_i ergibt sich das Dampfvolumen (V_G) nach Gl. 7.3. In der nebenstehenden Tabelle sind angenäherte Dampfvolumina einiger gebräuchlicher Lösemittel für eine Injektortemperatur von 200 °C und einen Trägergasdruck von 100 kPa (am Manometer oder Display abgelesener Druck, nicht absoluter Druck) zusammengestellt. Eine Umrechnung auf andere Werte ist mit Gl. 7.3 möglich. Von den Geräteherstellern sowie Zubehörfirmen werden Verdampferrohre mit verschiedenen Volumina angeboten. Für eine richtige Betriebsweise eines Split-Injektors sind die nebenstehenden Empfehlungen zu beachten.

[*] G. Schomburg, R. Dielmann, H. Borwitzky, H. Husmann, *J. Chromatogr.* **167** (1978) 337–354.

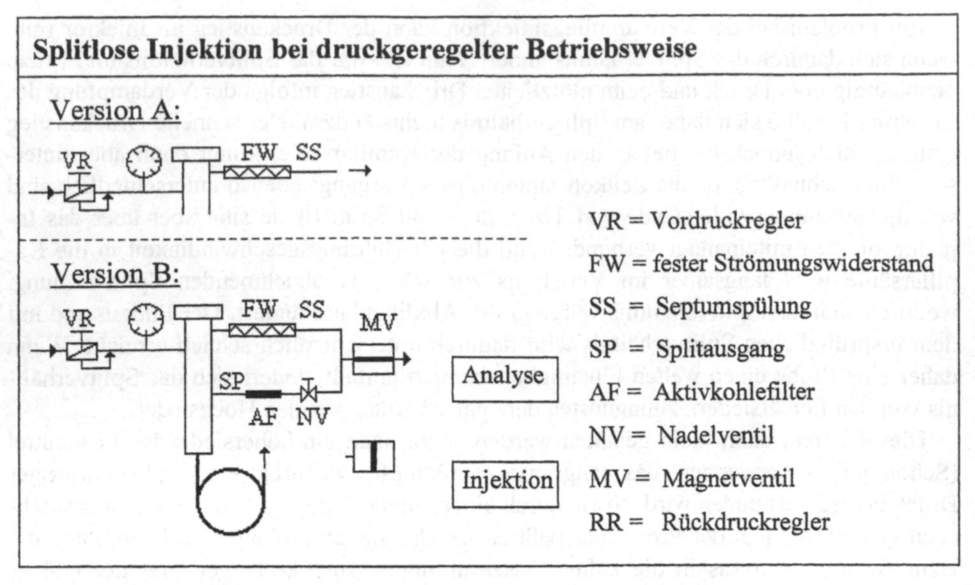
Splitlose Injektion bei druckgeregelter Betriebsweise
Version A:
VR
FW
SS
Version B:
VR
FW
SS
MV
SP
AF
NV
Analyse
Injektion
VR = Vordruckregler
FW = fester Strömungswiderstand
SS = Septumspülung
SP = Splitausgang
AF = Aktivkohlefilter
NV = Nadelventil
MV = Magnetventil
RR = Rückdruckregler

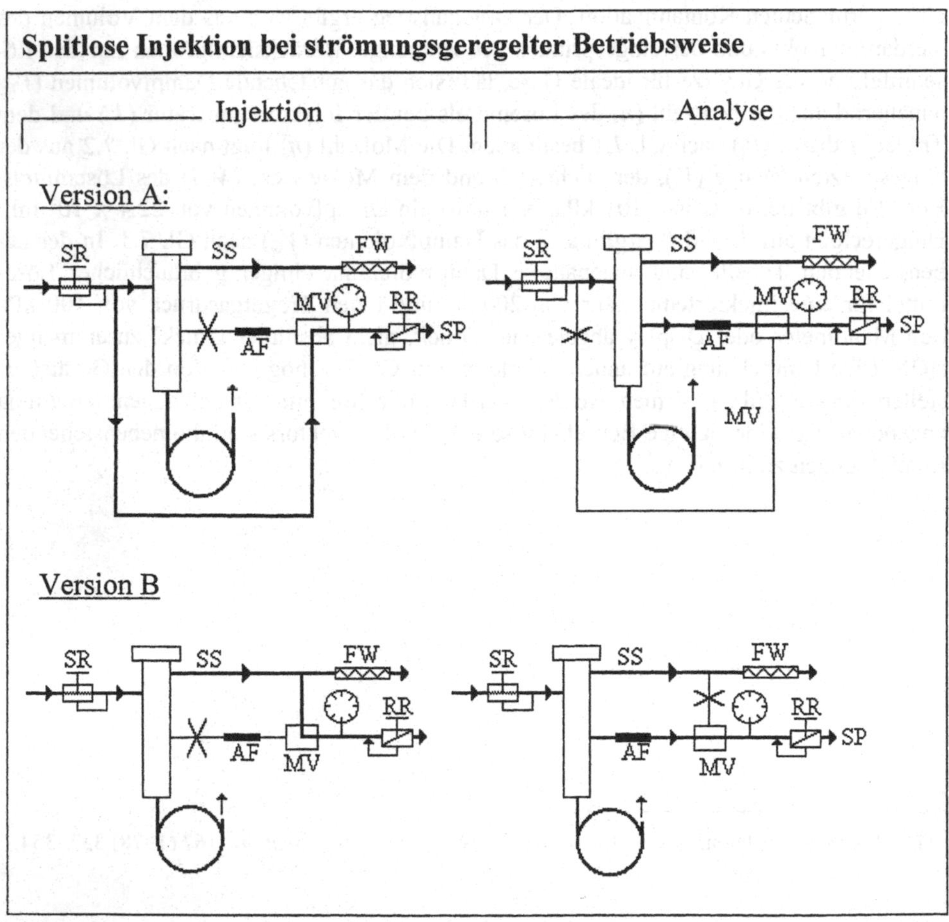
Splitlose Injektion bei strömungsgeregelter Betriebsweise
Injektion
Analyse
Version A:
SR
SS
FW
MV
RR
SP
AF
Version B
SR
SS
FW
RR
AF
MV
SP

7.2.3. Splitlose Dosierung von flüssigen Proben bei Kapillarsäulen

Mit der Split-Dosierung gelangen von einer Probe entsprechend dem Split-Verhältnis nur wenige Prozente (z. B. 4 % bei einem Split von 1 : 20) in die Kapillarsäule. Bei kleinen Konzentrationen leidet darunter die Nachweisempfindlichkeit. Eine vollständige Überführung der gesamten Probe gelingt mit demselben Injektor wie er für die Split-Injektion verwendet wird, wenn man während der Injektion den Splitausgang schließt. Daher wird ein solcher Injektor als *Split/splitlos-Injektor* (*„split/splitless-injector"*) bezeichnet.

Vorgang:

1. Zunächst wird die Kapillarsäule mit einem beliebigen Splitverhältnis in Betrieb genommen.
2. Kurz vor der Injektion der Probe wird der Splitausgang geschlossen.
3. Die Probe wird eingespritzt und nach ca. 30–90 Sekunden der Split wieder geöffnet, um Probenreste im Injektor rasch über den Splitausgang zu entfernen.

Instrumentation:

Die pneumatische Konfiguration ist ähnlich wie bei der Split-Betriebsweise, nur daß jetzt zusätzlich ein Magnetventil vorhanden ist, mit dem der Splitausgang während der Injektionsphase geschlossen wird.

Bei der druckgeregelten Betriebsweise (obere Abb.) bleibt je nach Gerätekonfiguration während der Injektion die Septumspülung (SS) offen (Version A) oder wird zusammen mit dem Split ebenfalls geschlossen (Version B). Bei der strömungsgeregelten Betriebsweise (untere Abb.) dagegen ist die Septumspülung (SS) immer offen. Von den zahlreichen Möglichkeiten der pneumatischen Konfiguration für diese Arbeitsweise sind stellvertretend zwei Versionen gezeigt. Bei Version A* fließt während der splitlosen Injektionsphase die fest eingestellte Splitströmung bereits vor dem Injektor über eine Abzweigleitung durch das Magnetventil (MV) und den Rückdruckregler (RR) ab. Bei Version B geht zunächst die volle Strömung durch den Injektor; erst danach fließt die Splitströmung über die Leitung für die Septumspülung (SS) ab. Da aber der feste Strömungswiderstand (FW) eine so hohe Strömung (z. B. 50 mL/min) nicht erlauben würde, wird diese noch vorher über eine Abzweigleitung durch das Magnetventil (MV) und den Rückdruckregler (RR) abgeführt.

* J. V. Hinshaw, *LC-GC*, 7(5) (1989) 524–528.

Elektronische Druck- und Strömungsregelung des Split/splitlos-Injektors

EPC-System („*electronic pressure control*") von Agilent/HP

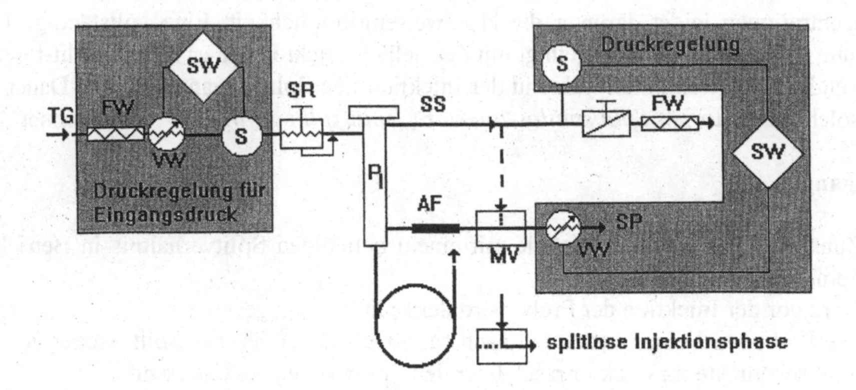

PPC-System („*programmed pressure control*") von Perkin-Elmer

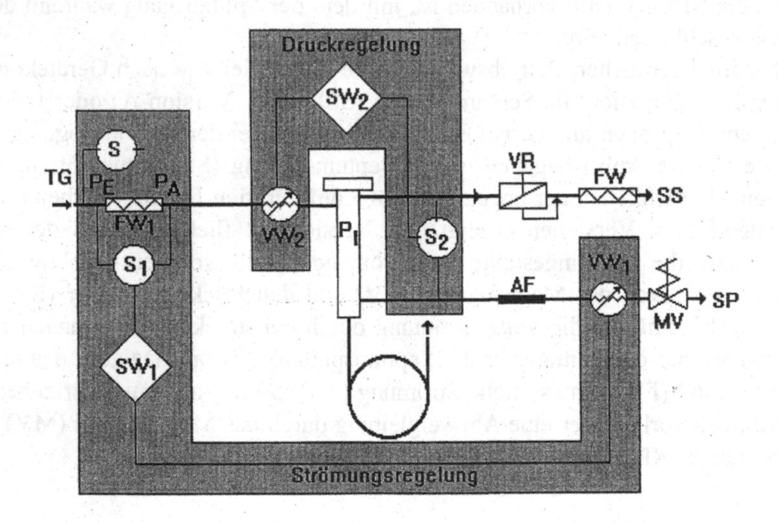

TG = Trägergas
S = Drucksensor
P_E = Eingangsdruck
P_A = Ausgangsdruck
P_I = Druck im Injektor
SW = Softwarekontrolle
SR = Strömungsregler

FW = fester Strömungswiderstand
VW = variabler Strömungswiderstand
AF = Aktivkohlefilter
VR = Vordruckregler
SS = Septumspülung
SP = Splitausgang

Mit mechanischen Reglern bleiben die pneumatischen Bedingungen während einer Analyse konstant, lassen sich aber mit elektronisch ansteuerbaren Druckreglern gezielt verändern. Diese bestehen aus einem Drucksensor (S) mit der entsprechenden elektronischen Softwarekontrolle (SW) und einem variablen Strömungswiderstand (VW), bei dem analog zu einem mechanischen Druckregler (s. S. 102) der freie Strömungsquerschnitt veränderbar ist.

Analog zur vorher beschriebenen Version B* (s. S. 142, untere Abb.) wird nun mit einem elektronischen Druckregler (EPC: *„electronic pressure control"*) der Eingangsdruck am Strömungsregler (SR) eingestellt und mit einem weiteren Druckregler der Ausgangsdruck, d. h. der Druck im Injektor (P_I). Die Gesamtströmung und damit auch die Splitströmung läßt sich bei unverändertem Säulenvordruck durch den Eingangsdruck variieren. Bei der splitlosen Injektion fließt jedoch wie vorher die gesamte Splitströmung zunächst über den Injektor.

Bei einer anderen Anordnung (PPC = *„programmed pressure control"* von Perkin-Elmer, s. untere Abb.) befindet sich vor dem Injektor als Bestandteil der Strömungsregelung ein fester Strömungswiderstand (FW_1) als Differenzdruckstrecke. Die durchfließende Gesamtströmung ergibt sich aus dem Druckabfall (ΔP) von Eingangsdruck (P_E) und Ausgangsdruck (P_A), wobei letzterer durch die unabhängige elektronische Druckregelung festgelegt ist. Über einen parallel geschalteten Differenzdruckaufnehmer (S_1) wird die Gesamtströmung unter Berücksichtigung von Temperatur und Viskosität des jeweiligen Trägergases rechnerisch ermittelt (s. Gl. 6.7). Dieser Wert wird digital ausgegeben. Er setzt sich aus der Säulenströmung, der Splitströmung und der Septumspülung, die auf einen festen Wert von 3 mL/min eingestellt ist, zusammen. Der Trägergasdruck im Injektor (P_I) wird durch die elektronische Druckregelung, bestehend aus dem variablen Strömungswiderstand (VW_2), dem Drucksensor (S_2) und der Softwarekontrolle (SW_2) eingestellt. Mit VW_1 kann nun die Splitströmung variiert werden; soll sie z. B. kleiner werden, wird der Widerstand von VW_1 erhöht. Damit der Druck im Injektor (P_I) aber konstant bleibt, muß auch VW_2 und damit P_A erhöht werden: Der Druckabfall (ΔP) wird dadurch kleiner und es fließt weniger Trägergas ins System. Im Fall der splitlosen Injektion wird die Splitströmung durch das Magnetventil (MV) abgesperrt. Ein Druckanstieg von P_I wird durch weitere Erhöhung von VW_2 unterbunden, wodurch P_A soweit ansteigt, daß über den entsprechend geringen Druckabfall (ΔP) nur noch soviel Trägergas fließt, wie für die Strömung durch die Kapillarsäule und für die Septumspülung erforderlich ist.

---

*S.S. Stafford (Hrsg.), *Electronic Pressure Control in Gas Chromatography*, Hewlett-Packard Company Wilmington, DE, U.S.A., 1993.

Probenverluste bei der splitlosen Injektion über die Septumspülung

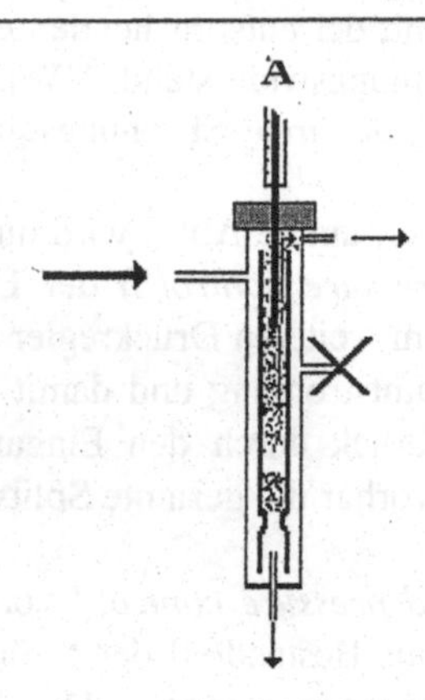

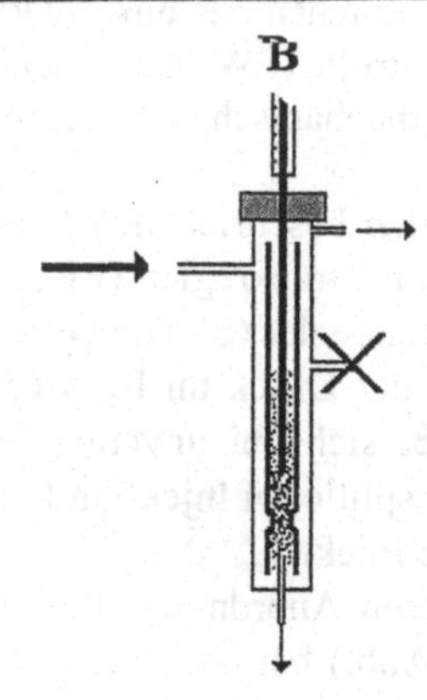

Gasströmung während der Injektion	Diffusion im Injektorrohr
Strömung im Injektor: $f = 1$ cm³/min	Diffusionsweglänge: $\sigma = \sqrt{2Dt}$
Durchmesser des Injektorrohrs: 0.4 cm	Diffusionskoeffizient: z. B. 0.5 cm²/s
Querschnitt: $F = 0.2^2 \pi = 0.126$ cm²	Diffusionsweglänge: $\sigma = 1$ cm/s
lineare Strömung: f/F = 7.9 cm/min	Diffusionsweglänge: σ = 60 cm/min

Splitlose Injektion einer Lösemittelmischung (Aceton/Heptan) bei 100 °C

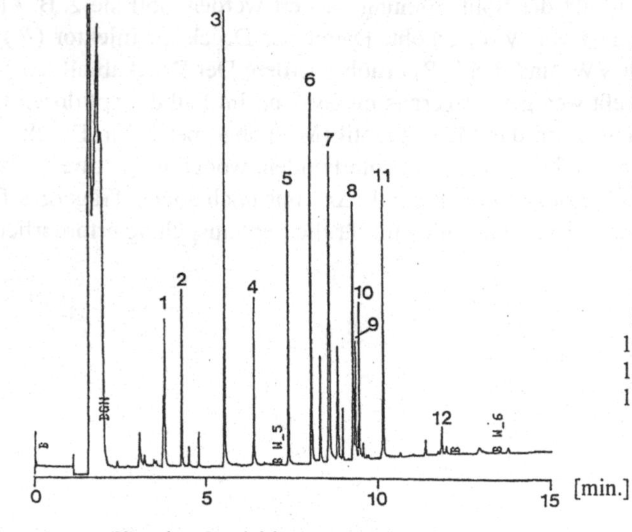

1 Methamidophos
2 Dichlorvos
3 Diazinon
4 Phosphamidon
5 Methyl-Parathion + Methyl-Chlorpyriphos
6 Ethyl-Parathion + Chlorpyriphos
7 Methyl-Bromophos
8 Ethyl-Bromophos + Methidathion
9 Tetrachlorvinphos
10 Ditalimphos
11 Ethion
12 Phosalon

Trennung von Phosphor-Pestiziden.

50 m x 0.32 mm FS-Filmkapillare, vernetztes Poly(5 % -phenyl-methylsiloxan), 0.3 µm; keine Leerkapillare; 100 °C, 20 °C/min, 290 °C; druckgeregelt, N_2, 90 kPa, Detektor: NPD: 15 pA, x 32; Probenaufgabe: splitlos: 1 min, 2 µL Lösung in Aceton/Heptan (1:1), 0.1 ng je Komponente.

Bei der splitlosen Injektion ist infolge der relativ langen Injektionszeit eine Rückdiffusion von Probendampf gegen die kleine lineare Trägergasströmung im Injektor kaum zu vermeiden. Die mittlere Diffusionswegstrecke (σ) ergibt sich aus der eindimensionalen Diffusionsgleichung (Gl. 2.2). Danach ist die Diffusion in der Gasphase ca. 8mal schneller, als die lineare Trägergasströmung im Injektor. Substanzdampf kann also auch gegen die Trägergasströmung diffundieren und wird dann vom Spülgasstrom erfaßt und weggespült. Insofern erfolgt nur bei geschlossener Septumspülung die Injektion tatsächlich splitlos. Leichterflüchtige Komponenten diffundieren schneller, und weil diese dann anteilsmäßig im Chromatogramm fehlen, kann eine umgekehrte Massendiskriminierung hervorgerufen werden. Dieser Effekt wurde von Hinshaw* auch experimentell festgestellt. Um ihn klein zu halten, sollte die Probe mit einer langen Spritzennadel so weit wie möglich in den Injektor dosiert werden (s. dazu nebenstehende Abbildungen A und B); oft aber sind die Spritzennadeln von Autosamplern dazu nicht lang genug.

Prinzip und Anwendung der splitlosen Injektion

Die splitlose Injektion wird bevorzugt bei verdünnten Lösungen angewendet, wie sie meist nach Lösemittelextraktionen anfallen. Dazu wird die Probe bei geschlossenem Split verdampft. Um das gesamte Dampfvolumen einer 1–5 µL-Probe in die Trennsäule zu überführen, werden ca. 30–90 Sekunden benötigt, d. h. der Vorgang dauert viel zu lang für das notwendige schmale Konzentrationsprofil zu Beginn der Chromatographie. Dazu wären 0.1–1 Sekunde erforderlich. Es ist daher eine Fokussierung, d. h. eine Bandenverschärfung am Säulenanfang notwendig. Das gelingt entweder durch das Verfahren der *Kaltkondensation* („*cold trapping*“) oder durch die sog. *Lösemittelkondensation* („*solvent trapping*“), die von K. Grob gefunden und eingehend untersucht wurde. Dazu wird die Säulenanfangstemperatur ca. 5–25 °C unter den Siedepunkt des Lösemittels eingestellt, worauf die verdampfte Probe dort wieder flüssig kondensiert. Besonders leichtflüchtige Lösemittel (Methylenchlorid, Chloroform, Aceton etc.) sind wegen der erforderlichen niedrigen Säulentemperaturen dafür etwas unpraktisch. Um trotzdem eine Lösemittelkondensation bei praktikablen Ofentemperaturen zu erhalten, kann man der verdünnten Lösung aber noch ein höhersiedendes Lösemittel zufügen, wie es im nebenstehenden Beispiel bei einer Lösung von Phosphorpestiziden in Aceton (Kp. 54 °C) durch Zugabe von *n*-Heptan (Kp. 98 °C) bei einer Anfangstemperatur der Säule von 100 °C geschehen ist. In diesem Fall ist nur die zugegebene Menge *n*-Heptan für die (partielle) Lösemittelkondensation maßgebend, während Aceton bei 100 °C nicht kondensiert und daher mit dem Trägergas davonwandert.

* J.V. Hinshaw, *J. High Resol. Chromatogr.* **16** (1993) 247—253.

Bandenverschärfung bei der splitlosen Injektion durch:

- Kaltkondensation („*cold trapping*")
- Lösemittelkondensation („*solvent trapping*")

Kaltkondensation und Lösemittelkondensation bei splitloser Injektion

Am Ende der Injektion, wenn sich praktisch bereits 95 % der Probe in der Säule befinden, wird der Split geöffnet. Durch den erhöhten Gasstrom werden die Probenreste im Injektor über den Split rasch entfernt. Dadurch wird ein Tailing sowohl des Lösemittelpeaks als auch der getrennten Komponenten vermieden, die zum Schluß nach Art eines Exponentialverdünners ausgespült würden. Haben sich aber Hochsieder dort angereichert, besteht wieder die Gefahr einer Massendiskriminierung.

Die Lösemittelkondensation („*solvent trapping*")

Für die Rekondensation des Lösemittels ist eine hohe Dampfkonzentration günstig und eine homogene Durchmischung mit Trägergas (Verdünnung) wie bei der Splitinjektion daher unerwünscht. Infolgedessen wird für die splitlose Injektion meist ein leeres Verdampferrohr verwendet bzw. eines mit nur so wenig Glaswolle darin, daß der letzte Tropfen von der Nadelspitze abgestreift wird. Das ist hier um so notwendiger, als die Injektion langsam erfolgen kann, um den Druckanstieg im Injektor zu vermeiden.

Bei der splitlosen Probenaufgabe wirken meist beide Effekte, Kaltkondensation und Lösemittelkondensation, zusammen. Bei letzterer kondensiert das im Injektor verdampfte Lösemittel als Flüssigkeitstropfen, bzw. als Film im Anfang der Kapillarsäule. Die weitere Verdampfung des Lösemittels erfolgt von rückwärts und der Film wird dadurch an der Rückfront immer dünner (s. untere Abb.). An der Front dagegen baut sich eine Zone mit zunehmender Filmdicke auf, in der sich die Wanderungsgeschwindigkeit der gelösten Stoffe verlangsamt, wodurch diese aufkonzentriert werden (d. h. abnehmendes Phasenverhältnis β und Zunahme des Retentionsfaktors k). Zum Schluß, wenn das gesamte Lösemittel verdampft ist, beginnen die gelösten Stoffe als scharfe Bande die chromatographische Wanderung. Die Lösemittelkondensation wirkt aber nur für Stoffe, die nach dem Lösemittel im Chromatogramm erscheinen. Peaks davor sind verbreitert und ihre Breite entspricht der Injektionszeit (K. Grob jr.: „*band broadening in time*").

Dagegen werden die schwererflüchtigen Probenkomponenten bei der niedrigen Anfangstemperatur der Säule praktisch bereits am Beginn der Kapillarsäule durch Kaltkondensation eingefroren. Die Bandbreite ist dadurch unabhängig von der Dauer der Probenüberführung. Erst im Verlauf eines Temperaturprogramms beginnen die Komponenten zu wandern. Die Bandbreite der schwererflüchtigen Probenkomponenten wird daher mehr von dieser Kaltkondensation als von der Lösemittelkondensation verschärft.

Peakformen bei der splitlosen Injektion

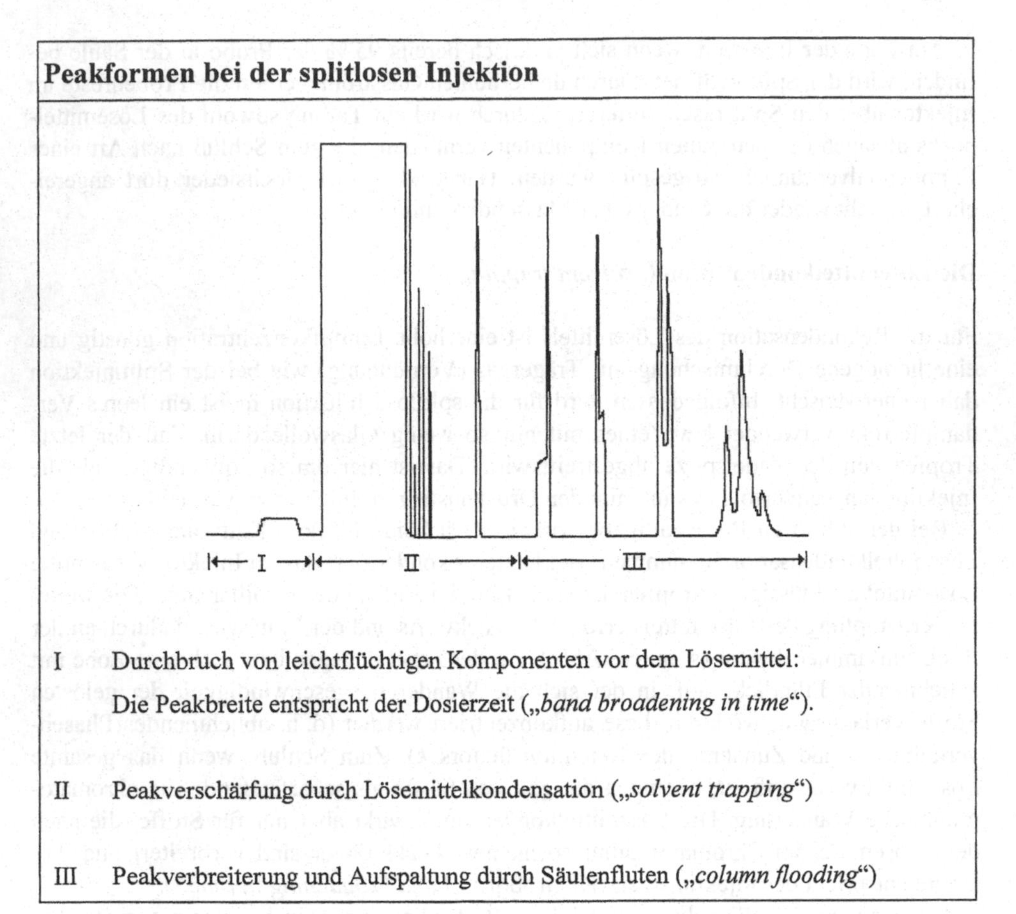

I Durchbruch von leichtflüchtigen Komponenten vor dem Lösemittel:

Die Peakbreite entspricht der Dosierzeit („*band broadening in time*").

II Peakverschärfung durch Lösemittelkondensation („*solvent trapping*")

III Peakverbreiterung und Aufspaltung durch Säulenfluten („*column flooding*")

Wirkung einer vorgesetzten Leerkapillare („*retention gap*")

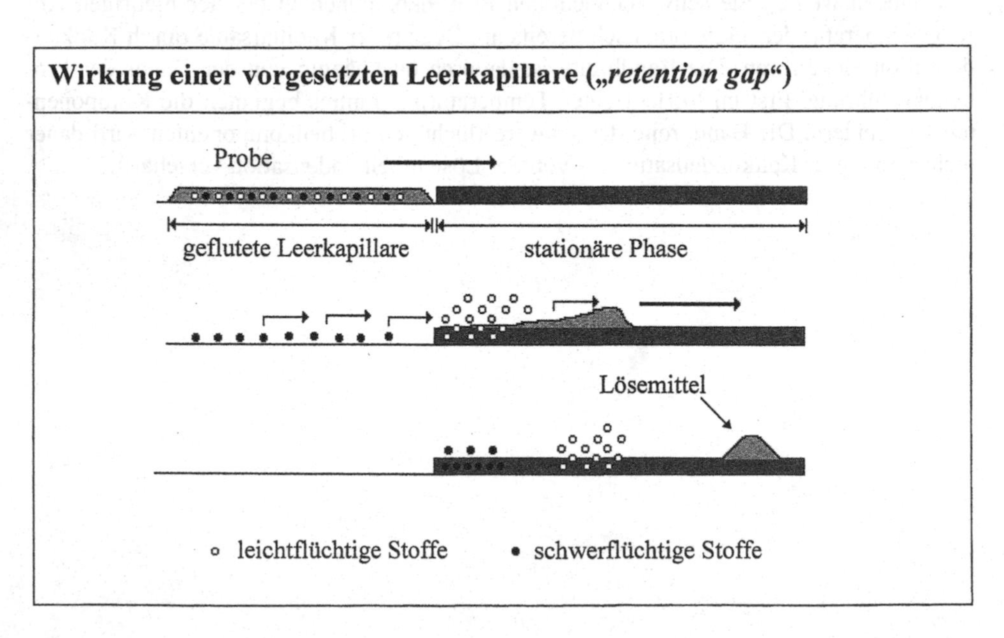

Diese Vorstellung beruht auf der Annahme, daß durch die Lösemittelkondensation ein hydromechanisch stabiler Film in einer kurzen Zone entsteht und setzt voraus, daß das kondensierte Lösemittel den vorhandenen Film der stationären Phase gut benetzt. Sind diese Voraussetzungen nicht gegeben, können die Peaks der schwererflüchtigen Probenkomponenten verbreitert, ja sogar mehrfach aufgesplittet werden. Ursache dafür ist ein hydromechanisch instabiler Film des kondensierten Lösemittels, wenn dessen Volumen das Fassungsvermögen der Kapillarsäule übersteigt. Das überschüssige Lösemittel überflutet dann die Säule (K. Grob jr.: *„column flooding"*) und der Film zerfällt in Tropfen, die mechanisch vom Trägergas durch die Säule gespült werden, sich wieder auflösen und neu bilden. Dieser Effekt ist besonders ausgeprägt, wenn das Lösemittel die stationäre Phase nicht benetzt. Die Lösemitteltropfen können u.U. mehrere Meter in die Kapillarsäule transportiert werden. Damit werden auch alle Probenkomponenten auf diese lange Strecke verteilt (K. Grob jr.: *„peak broadening in space"*). Die leichterflüchtigen Komponenten können zwar noch durch die Lösemittelkondensation fokussiert werden, die schwererflüchtigen Stoffe aber bleiben in der stationären Phase gelöst. Sie starten erst im Laufe des Temperaturprogramms, aber nun verteilt über die gesamte geflutete Strecke, d. h. von verschiedenen Stellen aus, und das führt zu verbreiterten und aufgesplitteten Peaks, die auch durch ein nachfolgendes Temperaturprogramm nicht fokussiert werden können. Dieser Effekt läßt sich mit folgenden Maßnahmen vermeiden:

Vorgesetzte Leerkapillare (K. Grob jr.: *„retention gap"*): Angepaßt an das Volumen der Lösung wird eine leere Fused-Silica-Kapillare (ca. 25 cm für 1 µL Probe) vor die Kapillarsäule gesetzt. Darin findet jetzt die Lösemittelkondensation statt. Das Lösemittel und die leichtflüchtigen Komponenten wandern von dort schnell in die stationäre Phase der Kapillarsäule und werden dort gegebenenfalls durch den Effekt der Lösemittelkondensation verschärft. Die schwererflüchtigen Probenkomponenten dagegen verbleiben zunächst in der vorgesetzten kalten Leerkapillare. Da diese keine stationäre Phase enthält, beginnen sie erst im Verlauf des Temperaturprogramms zu verdampfen, werden aber dann mit der Geschwindigkeit des Trägergases (z. B. 50 cm/s) in die Kapillarsäule transportiert. Infolgedessen dauert die Überführung in die Kapillarsäule z. B. bei einer 50 cm langen Leerkapillare maximal nur noch eine Sekunde und die Komponenten starten daher von dort mit einem schmalen Konzentrationsprofil.

Splitlose Injektion mit partieller Lösemittelkondensation

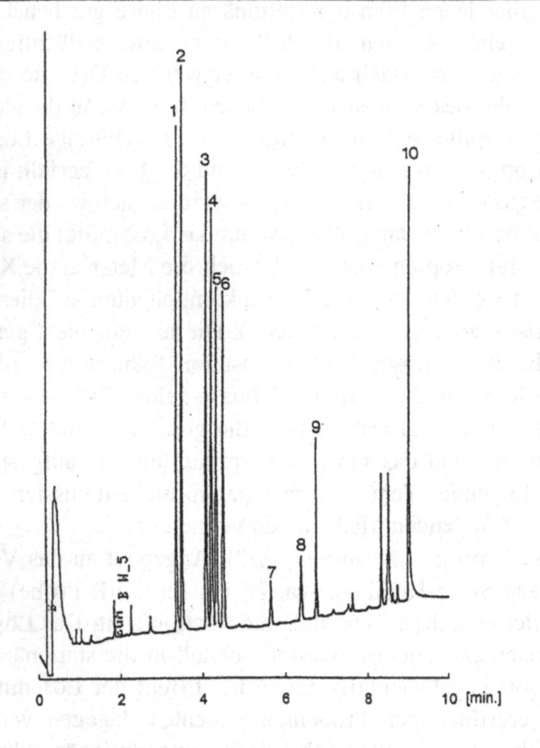

1 Desisopropylatrazin
2 Desethylatrazin
3 Simazin
4 Atrazin
5 Propazin
6 Terbutylazin
7 Vinclozolin
8 Metolachlor
9 Metazachlor
10 Hexazinon

Trennung von Herbiziden, 1 ng je Komponente

10 m x 0.32 mm FS-Filmkapillare, vernetztes Dimethylpolysiloxan, 1.0 µm; keine Leerkapillare; 100 °C, 20 °C/min, 150 °C (6 min), 6 °C/min, 170 °C; He, 90 kPa; Detektor: NPD, 15 pA, x 32; Probenaufgabe: splitlos, 0.5 min, druckgeregelt; Probe: 1 µL Lösung in Toluol.

Splitlose Injektion im heißen Injektor

Vorteil:

- Kapillarsäulen werden für die Spurenanalyse in verdünnten Lösungen verwendbar.

Nicht gelöste Probleme bei der Probendosierung:

- Massendiskriminierung nach wie vor möglich, besonders durch Septumspülung
- thermische Zersetzung durch lange Verweilzeit im heißen Injektor
- gleiche Probleme mit heißer Spritzennadel wie bei der Split-Injektion

Partielle Lösemittelkondensation: Wird die Anfangstemperatur der Kapillarsäule nicht 20 °C unter dem Siedepunkt des Lösemittels, sondern knapp darunter eingestellt, kondensiert es nur noch unvollständig, dadurch aber in einer enger begrenzten Zone und damit ausreichend für die erwünschte Lösemittelkondensation. In diesem Fall ist eine vorgesetzte Leerkapillare („*retention gap*") nicht unbedingt erforderlich. Siehe dazu das nebenstehende Chromatogramm der Trennung von Herbiziden (Lösemittel Toluol, Kp. 111 °C, Anfangstemperatur 100 °C). Auch die Peaks der schwererflüchtigen Probenkomponenten sind weder verbreitert noch aufgesplittet, wie es bei einem Säulenfluten zu erwarten wäre. Dieses Verfahren beruht auf der partiellen Kondensation des Lösemittels aus der Dampfphase und wäre daher zur Lösung der gleichen Probleme bei der On-Column-Injektion nicht anwendbar.

Kaltkondensation: Eine Fokussierung der zeitlich verzögerten Probenaufgabe gelingt am einfachsten durch das Verfahren der Kaltkondensation („*cold trapping*"). In diesem Fall sollen sich zwar die Analyten am Anfang der noch kalten Kapillarsäule in der stationären Phase lösen, nicht aber der Dampf des Lösemittels. Dazu wird die Anfangstemperatur knapp über dessen Siedepunkt eingestellt. Es eignet sich daher mehr für die schwererflüchtigen Probenkomponenten, da die Temperaturdifferenz zwischen der Säulenanfangstemperatur und deren Siedepunkten mindestens 100 °C betragen sollte. Mit *n*-Hexan (Kp. 69 °C) als Lösemittel können daher Stoffe mit Siedepunkten ab ca. 170 °C kalt fokussiert werden. Das Verfahren der Kaltkondensation erfordert die Anwendung eines Temperaturprogramms. Auch bei diesem Verfahren wird am Ende der Injektion der Split geöffnet, um Probenreste rasch zu entfernen. Der Unterschied zur partieller Kondensation liegt oft nur in der kleinen Differenz der Anfangstemperatur über oder unter dem Siedepunkt des Lösemittels und diese formale Klassifizierung ist für die Praxis bei meist gleichem Ergebnis nicht so wesentlich.

Die Kaltkondensation wird häufiger angewendet als die Lösemittelkondensation. Verdünnte Lösungen fallen bei zahlreichen Extraktionsverfahren an, wenn Stoffe (Pestizide in Umweltproben, Pharmaka in Körperflüssigkeiten etc.) extrahiert werden, deren Siedepunkte hoch genug sind für die erforderliche Temperaturdifferenz zum Lösemittel. Die Lösemittelkondensation bewirkt nämlich nur eine Bandenverschärfung von Substanzen mit Siedepunkten nahe dem des Lösemittels. Für so leichtflüchtige Stoffe (bis zu Siedepunkten von ca. 200 °C) sind jedoch die alternativen Verfahren der Gasextraktion (Headspace-GC) besser geeignet als eine Lösemittelextraktion, und sie haben diese auch in offiziellen Vorschriften ersetzt bzw. ergänzt (s. z. B. die Bestimmung von leichtflüchtigen Halogenkohlenwasserstoffen in Wässern nach DIN 38407 Teil 4 und DIN 38407 Teil 5).

Prinzip eines luftgekühlten PTV-Injektors

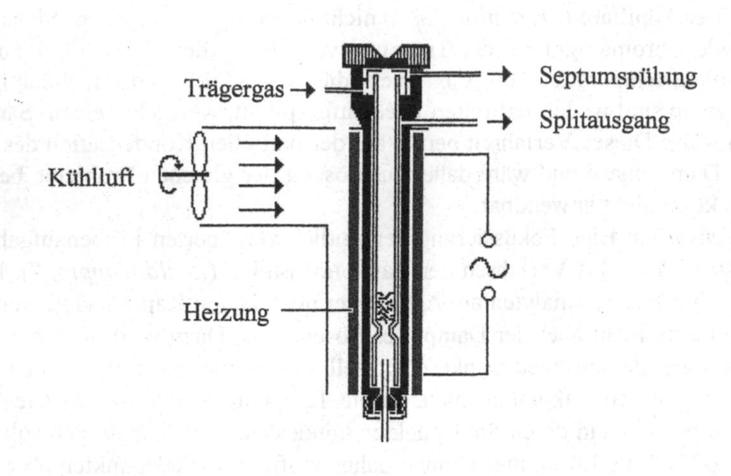

Arbeitsweisen eines PTV-Injektors

- heiße Split/splitlose Injektion wie beim klassischen Split/splitlos-Injektor
- kalte Split/splitlose Injektion mit nachfolgendem Aufheizen des Injektors
- Lösemittelabtrennung („*solvent purge*")
- On-Column-Injektion mittels Adapter

Vorteile eines PTV-Injektors bei kalter Probenaufgabe

- keine fraktionierte Verdampfung aus einer heißen Spritzennadel
- kein plötzlicher Druckanstieg beim Verdampfen des Lösemittels mit Änderung des Splits
- hohe Linearströmung im Injektor bei der splitlosen Probenüberführung mit vorheriger Lösemittelabtrennung („*solvent purge*"), daher keine Rückdiffusion
- kein Säulenfluten mit dem Verfahren der Lösemittelabtrennung („*solvent purge*"), daher auch keine vorgesetzte Leerkapillare („*retention gap*") erforderlich

7.2.4 Probenaufgabe in einen temperaturprogrammierbaren Injektor

Eine fraktionierte Verdampfung aus der Spritzennadel in einem heißen Injektor läßt sich vermeiden, wenn dieser während der Probeninjektion kalt bleibt und erst danach hochgeheizt wird. Solche Injektoren werden mit PTV („*programmed temperature vaporizer*") oder PSS™* („*programmable split/splitless injector*") bezeichnet. Sie sind im Prinzip aufgebaut wie ein Kapillarinjektor für die Split/splitlose Injektion und lassen daher sowohl dessen Arbeitsweise mit Split als auch die splitlose Injektion zu. Es gelten auch die gleichen Gesichtspunkte für die Arbeitsbedingungen und die Instrumentation (Glasverdampferrohre und deren Füllung mit Glaswolle etc.). Der PTV-Injektor kann je nach Modell ballistisch oder mit einem linearen Temperaturprogramm, z. B. von 1 bis 200 °C/min hochgeheizt werden. Geheizt wird er durch eine Heizpatrone, eine Widerstandsheizung oder auch mit heißer Luft. Für die nachfolgende Injektion muß er schnell wieder abgekühlt werden, entweder durch ein wirkungsvolles Gebläse, durch Preßluft oder auch durch flüssige Kühlmittel.

Zusätzlich gibt es eine ebenfalls splitlose Arbeitsweise, bei der erst das Lösemittel über den geöffneten Split größtenteils abgetrennt wird („*solvent purge*"). Dazu bleibt nach der Probendosierung der Injektor noch kalt, bzw. wird auf eine nur mäßige Temperatur knapp über dem Siedepunkt des Lösemittels erwärmt, bis dieses abgedampft ist. Danach wird wie bei der splitlosen Injektion der Split geschlossen und der Injektor so hoch aufgeheizt, daß die verbleibenden Stoffe nun verdampfen. Nach erfolgter Probenüberführung wird der Split wieder geöffnet, um den Injektor zu spülen. Das Verfahren ist zwar analog zur splitlosen Injektion, unterscheidet sich aber dadurch, daß nun nicht die gesamte Menge des Lösemittels durch die Säule wandern muß, sondern nur der kleine Anteil, der dem Splitverhältnis entspricht. Infolge der wesentlich höheren Splitströmung im Injektor verschwindet der Lösemittelüberschuß auch schneller. Im Beispiel auf S.146 wurde auf die Möglichkeit hingewiesen, daß beim Verfahren der splitlosen Injektion mit einer linearen Strömung von 7.9 cm/min und bei einer Diffusionsgeschwindigkeit von 60 cm/min eine Rückdiffusion bis zur Septumspülung mit Probenverlusten und der Wahrscheinlichkeit einer Massendiskriminierung besteht. Bei einem Splitverhältnis von 1 : 25 und einer daraus resultierenden linearen Strömung von ca. 200 cm/min ist diese Gefahr nun auszuschließen. Das Verfahren der Lösemittelabtrennung eignet sich aber nur für höhersiedende Stoffe, die bei der niedrigen Injektortemperatur einen vernachlässigbaren Partialdruck haben.

---

* PerkinElmer Instruments, Shelton, CT, U.S.A.

Lösemittelabtrennung mit PreVent™ [1]

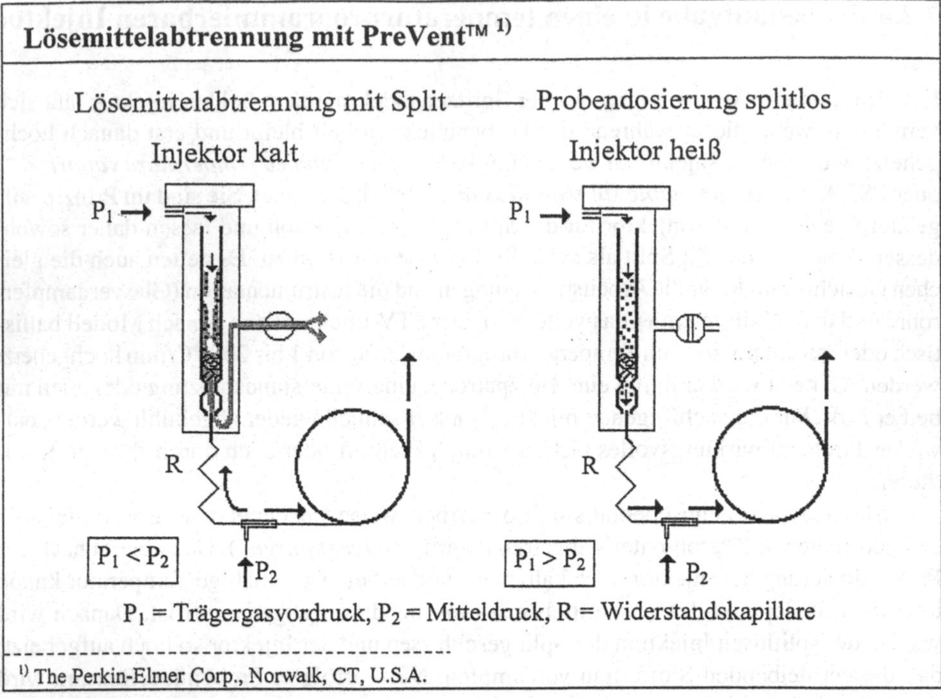

P_1 = Trägergasvordruck, P_2 = Mitteldruck, R = Widerstandskapillare

[1] The Perkin-Elmer Corp., Norwalk, CT, U.S.A.

Abtrennung chlorierter Lösemittel für die Pestizidanalyse mit ECD [2]

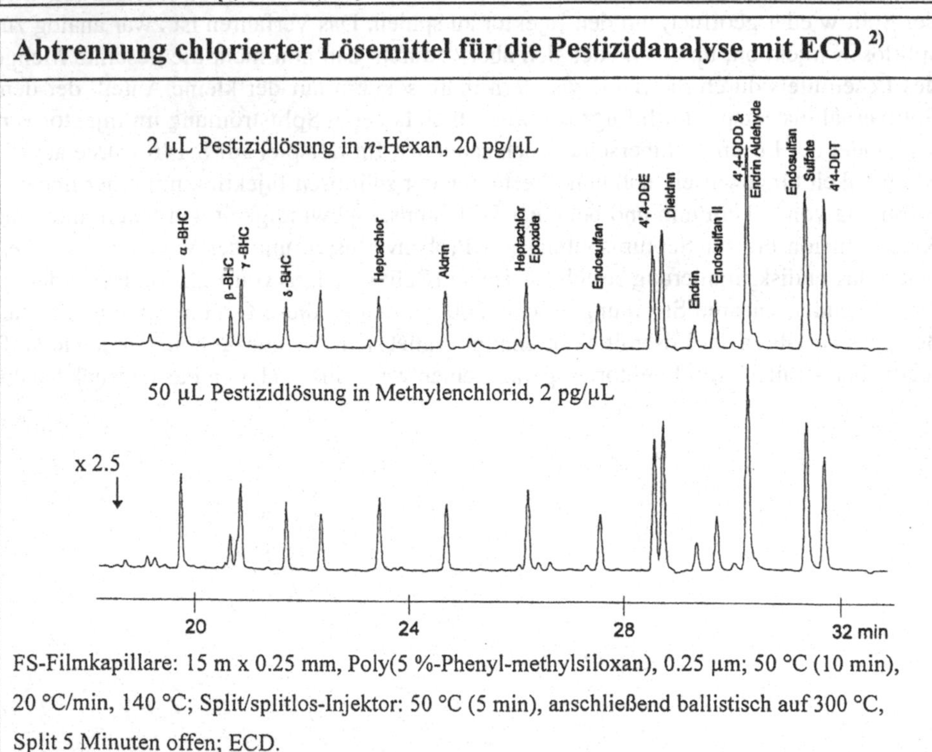

FS-Filmkapillare: 15 m x 0.25 mm, Poly(5 %-Phenyl-methylsiloxan), 0.25 µm; 50 °C (10 min), 20 °C/min, 140 °C; Split/splitlos-Injektor: 50 °C (5 min), anschließend ballistisch auf 300 °C, Split 5 Minuten offen; ECD.

[2] Mit freundlicher Genehmigung der Fa. Perkin-Elmer Corp., Norwalk, CT, U.S.A.

Das beschriebene Verfahren der Lösemittelabtrennung eignet sich besonders zur Dosierung großer Probenmengen (> 5 µL). Entsprechend dem Splitverhältnis geht aber nach wie vor ein kleiner Teil des Lösemittels durch die Säule und zum Detektor. Das ist eine Einschränkung, wenn solche Lösemittel für den benötigten Detektor ungeeignet oder sogar schädlich sind, z. B. chlorierte oder polare Lösemittel für den Elektroneneinfangdetektor (ECD) oder den Stickstoff-Phosphor-Detektor (NPD). Solche Lösemittel sind aber häufig für Extraktionsverfahren unbedingt erforderlich und nicht ersetzbar.

Eine vollständige Abtrennung des Lösemitttels gelingt mit der PreVent™-Technik von Perkin-Elmer.* Eine kurze Restriktionskapillare befindet sich zwischen dem programmierbaren Split/splitlos-Injektor (PSS-Injektor) und einem T-Stück, an dem die Kapillarsäule sowie eine Trägergaszuführung angeschlossen sind. Solange das Lösemittel bei geöffnetem Split abgetrennt wird, ist der Trägergasdruck am T-Stück (P_2) größer als der Eingangsdruck (P_1), wodurch der Probenausgang im Injektor pneumatisch gesperrt ist. Die Gesamtströmung im Injektor fließt über den geöffneten Split (gegebenenfalls auch noch über die Septumspülung) ab. Es gelangt damit keine Probe in die Kapillarsäule. Trägergas fließt jedoch weiter über das T-Stück unverändert durch die Kapillarsäule. Ist das Lösemittel vollständig entfernt, wird die Trägergaszufuhr am T-Stück soweit reduziert, daß der Druck (P_2) unter den Eingangsdruck (P_1) sinkt; der Split wird geschlossen und der Injektor hochgeheizt. Damit wird die Probe nun vollständig in die Kapillarsäule überführt. Am Ende der Injektion wird wie üblich der Split wieder geöffnet, um den Injektor frei zu spülen. Anschließend wird der Injektor für die nächste Analyse wieder abgekühlt.

Dadurch, daß nun kein Lösemittel mehr durch die Säule und zum Detektor gelangt, können auch größere Probenvolumina dosiert werden, manuell bis ca. 150 µL und mit Autosamplern bis 50 µL, mit entsprechend gesteigerter Nachweisempfindlichkeit. Allerdings setzt das Verfahren, derart große Probenvolumina zu injizieren („*large volume injection*"), eine hohe Reinheit der verwendeten Lösemittel voraus.

Die beiden nebenstehenden Chromatogramme (untere Abb.) zeigen einen Vergleich von chlorierten Pestiziden mit einem ECD, einmal als verdünnte Lösungen in *n*-Hexan (2 µL) und dann mittels der PreVent™-Technik nach stärkerer Verdünnung in Methylenchlorid mit einem Probenvolumen von 50 µL.

* PerkinElmer Instruments, Shelton, CT, U.S.A.

Einlaßteile für die On-Column-Injektion

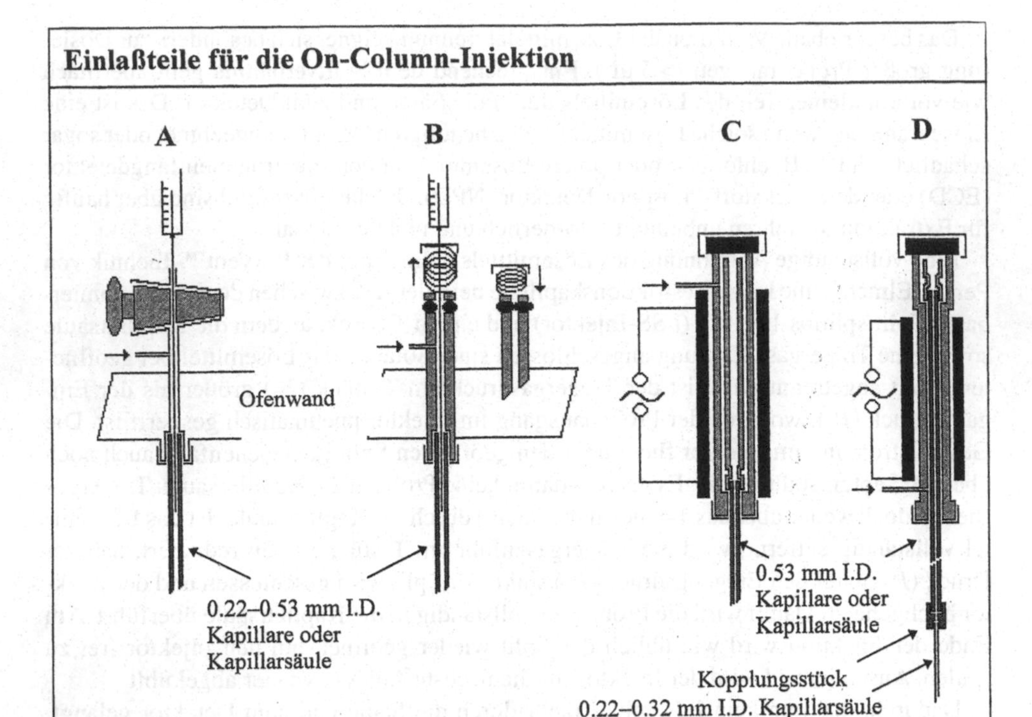

A, B On-Column-Injektion mit langer dünner (0.17–0.47 mm A.D) Spritzennadel aus Fused-Silica oder Stahl; geeignet für Kapillarsäulen oder Leerkapillaren mit 0.25–0.53 mm I.D.

C, D PTV-Injektor, geeignet für Spritzen mit 0.5 mm A.D. Spritzennadeln, daher auch für Autosampler; erfordert eine angeschlossene 0.53 mm I.D. Kapillarsäule oder Leerkapillare, aber Kopplung mit dünneren Kapillarsäulen ist möglich

On-Column-Injektion

- keine Massendiskriminierung
- hohe Präzision und Richtigkeit
- schonende Verdampfung, keine thermische Zersetzung
- automatisierbar nur mit PTV Injektor
- weniger geeignet für große Probenvolumina (> 5 µL)

7.2.5 Die kalte On-Column-Injektion

Bei der bisher besprochenen splitlosen Probenaufgabe wird die flüssige Probe zunächst verdampft und am Säulenanfang wieder kondensiert. Es ist naheliegend, diese Umkondensation mit all ihren Fehlermöglichkeiten zu vermeiden, indem man die flüssige Probe direkt in die Kapillarsäule dosiert. Das ist möglich, seit es Spritzen mit so dünnen Nadeln gibt, daß diese in Kapillarsäulen mit Innendurchmessern von 0.53, 0.32 und 0.22 mm direkt eingeführt werden können. Diese Nadeln sind allerdings so schwach, daß sie die üblichen Septen nicht durchdringen können. Es sind daher spezielle septumlose Einlaßvorrichtungen erforderlich. Dafür kann ein einfacher Umschalthahn verwendet werden, durch dessen Bohrung die Spritzennadel eingeführt wird (s. Abb.: Typ A). Von der Fa. SGE[1] wird eine Version angeboten (s. schematisierte Abb.: Typ B), bei der ein kleiner O-Ring im belasteten Zustand so gequetscht wird, daß er wie ein Septum dichtet, während im entlasteten Zustand die Spitzennadel leicht durchgeschoben werden kann. Durch erneute Belastung schließt er sich eng um die Nadel und dichtet das System während der Injektion ab.

Für die klassische On-Column-Injektion muß die flüssige Probe in den Anfangsteil der Kapillarsäule plaziert werden, der sich bereits im GC-Ofen befindet, damit die Probe dem Verlauf des nachfolgenden Temperaturprogramms folgen und rechtzeitig verdampfen kann. Das setzt eine Spritzennadel voraus, die lang genug ist, um die Distanz von der üblichen Injektionsstelle eines Gaschromatographen mit der Trägergaszuführung bis zum Ofen zu überbrücken. Die Handhabung einer dünnen und derart langen Spritzennadel erfordert einige Geschicklichkeit und ist mit Autosamplern nicht durchführbar. Um daher Autosampler mit den Standardspritzen (Nadeln mit 0.5 mm Außendurchmessern) verwenden zu können, wird meist ein PTV-Injektor mit Septum benutzt. Mit einem engen Verdampferrohr (s. Abb.: Typ C) läßt sich eine sog. splitlose *Direkt-Injektion* durchführen. Wird statt dessen eine 0.53 mm-I.D. Kapillare, belegt oder unbelegt, eingesetzt (Typ D[2]), kann auch eine echte On-Column-Injektion mit einem Autosampler erfolgen. Die 0.53 mm-I.D.-Kapillare läßt sich im Ofen mittels totvolumenfreier Kopplungsstücke mit jeder anderen Kapillarsäule (0.32 mm und 0.22 mm I.D.) verbinden. Es sind also viele instrumentelle Varianten möglich, aber unabhängig davon sind die Arbeitsweisen prinzipiell gleich.

[1] SGE Australia Pty Ltd, Ringwood Vic 3134, Australia
[2] PerkinElmer Instruments, Shelton, CT, U.S.A.

On-Column-Injektion mit vorgesetzter Leerkapillare („*retention gap*“)

Trennung von PCB-Standards*

Injektor: On-Column-Injektor Typ D (s. S. 158); 20 cm x 0.53 mm Leerkapillare, gekoppelt durch VU-Union (Restek) mit einer 50 m x 0.25 mm FS-Filmkapillare, 5 %-Phenyl-methylpolysiloxan, 0.25 µm, 70 °C, 25 °C/min, 170 °C, 2 °C/min, 195 °C, 8 °C/min, 280 °C (5 min); He, 3 mL/min; Elektroneneinfangdetektor (ECD); Probe: 1 µL Lösung in *c*-Hexan mit je 1 ng/µL von: 1 = PCB-31/28, 2 = PCB-52, 3 = PCB-101, 4 = PCB- 118, 5 = PCB-153, 6 = PCB-138, 7 = PCB-180.

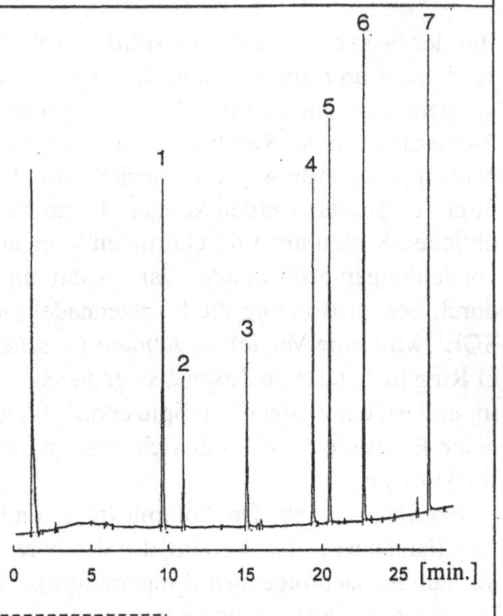

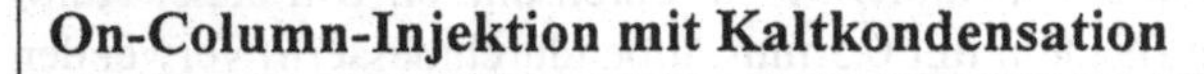

* mit freundlicher Genehmigung von Frau B. Griestop, Fa. ACB Münster und Herrn U. Servos, Fa. Perkin-Elmer, Düsseldorf.

On-Column-Injektion mit Kaltkondensation

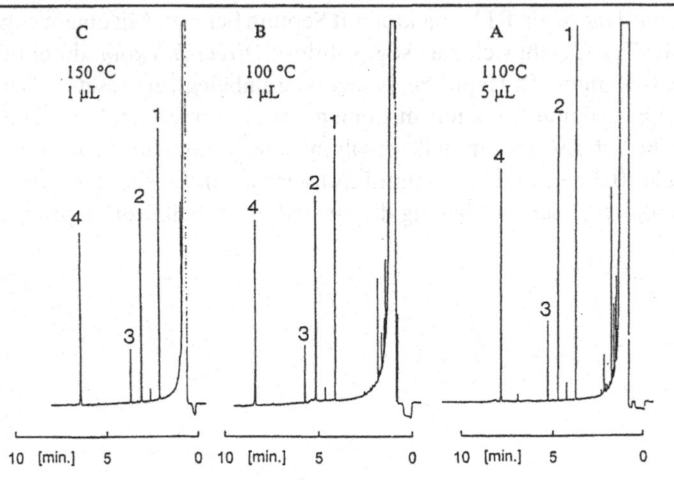

Trennung von Phthalatestern: On-Column-Injektor Typ B (s. S. 158); keine Leerkapillare, 25 m x 0.32 mm FS-Filmkapillare, Dimethylsilicon, 0.25 µm, Anfangstemperatur (Injektionstemperatur) wie angegeben; isotherme Vorperiode: jeweils 1 min, Temperaturprogramm bei A und B: 30 °C/min, 150 °C, 10 °C/min bis 260 °C; für C: 10 °C/min bis 260 °C; FID; Lösung in Toluol von: 1 = Dimethylphthalat, 2 = Diethylphthalat, 3 = Diisopropylphthalat, 4 = Di-*n*-butylphthalat.

Die On-Column-Injektion kann ganz analog zum Verfahren der splitlosen Injektion erfolgen, d. h. mit einer Ofentemperatur unterhalb des Siedepunkts des jeweiligen Lösemittels. Die Injektion erfolgt jetzt aber schneller als bei der splitlosen Injektion, da die Umkondensation mit der langsamen Probenüberführung („*band broadening in time*") entfällt. Gerade dadurch aber ist besonders bei Probenvolumina > 1µL ein Säulenfluten mit einer Bandenverbreiterung („*band boadening in space*") nicht mehr zu vernachlässigen. Es ist daher empfehlenswert und meist auch notwendig, eine vorgesetzte unbelegte Leerkapillare („*retention gap*") zu benutzen. Ein Beispiel dafür ist das nebenstehende Chromatogramm (s. obere Abb.) von einem PCB-Standard als Lösung in Cyclohexan (Kp. 81.4 °C) mit einem programmierbaren On-Column-Injektor (s. S. 158: Typ D) bei einer Anfangstemperatur von 70 °C.

Eigentlich ist es nicht notwendig, die Probe vollständig als flüssige Lösung in die Trenn- oder Leerkapillare einzuführen. Wenn man nämlich die Temperatur des Ofens bzw. des Injektors nahe dem Siedepunkt des Lösemittels oder knapp darüber einstellt, verdampft das Lösemittel, sowie es beginnt, aus der Nadel auszutreten und an der Wand der Kapillare einen Film auszubilden. Die gelösten Stoffe bleiben dann in der stationären Phase oder der unbelegten Leerkapillare durch Kaltkondensation („*cold trapping*") in einer genügend schmalen Zone zurück und starten von dort im Verlauf des Temperaturprogramms mit einem schmalen Konzentrationsprofil. In diesem Fall findet auch kein Säulenfluten statt und eine Leerkapillare wäre daher auch nicht nötig. Allerdings ist sie aus einem anderen Grund durchaus nützlich: Sie kann unverdampfbare Rückstände der Probe zurückhalten. Eine verschmutzte Leerkapillare ist nämlich schneller (und billiger) durch eine neue ersetzt, als ein Verdampferrohr gereinigt, mit sauberer Glaswolle gestopft und erst mal sorgfältig ausgeheizt ist. Die thermische Belastung der Probe in der Spritzennadel ist bei diesem Verfahren der Lösemittelverdampfung („*solvent evaporation*") nicht vergleichbar mit der bei der splitlosen Injektion, da während der Injektion die Temperatur nur dem Siedepunkt des Lösemittels entsprechen muß, wodurch auch eine fraktionierte Verdampfung in der Nadel ausgeschlossen werden kann. Ein Beispiel für die Arbeitsweise der Lösemittelverdampfung mit Kaltkondensation der gelösten Stoffe zeigen die nebenstehenden Chromatogramme (untere Abb.). Danach sind sowohl die Anfangstemperatur als auch das Probenvolumen ziemlich unkritisch, sofern nur das Lösemittel (Kp. von Toluol: 110 °C) verdampft, was sowohl bei 100 °C als auch bei 150 °C gleichermaßen der Fall ist. Bei Probenvolumnia < 1 µL kann die Injektion noch schnell erfolgen, darüber aber ist es empfehlenswerter, langsam zu dosieren, um ein Rückschlagen der Probendämpfe zu vermeiden.

Curie-Punkt-Pyrolysator*

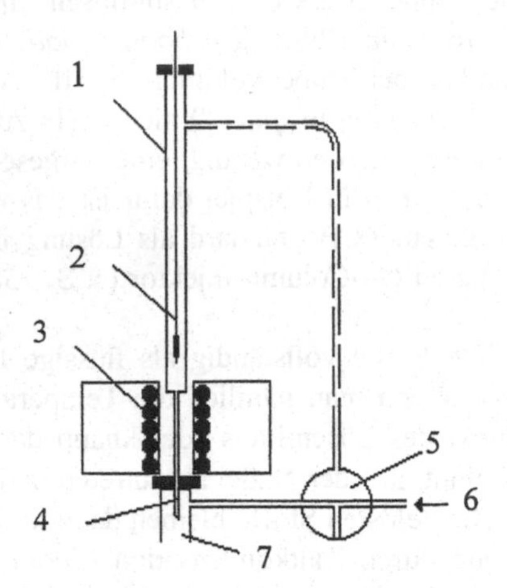

1 Glasrohr mit Injektionsnadel
2 axialer ferromagnetischer Probenträger
3 Induktionsspule in Aluminiumabschirmung
4 Injektionsnadel aus Stahl
5 Dreiwegeumschaltung für das Trägergas
6 Trägergaszufuhr
7 GC-Injektor

* Fischer Labor- und Verfahrenstechnik GmbH, D-53340 Meckenheim

Pyrolysator mit Widerstandsheizung* für Betrieb mit Kapillarsäulen

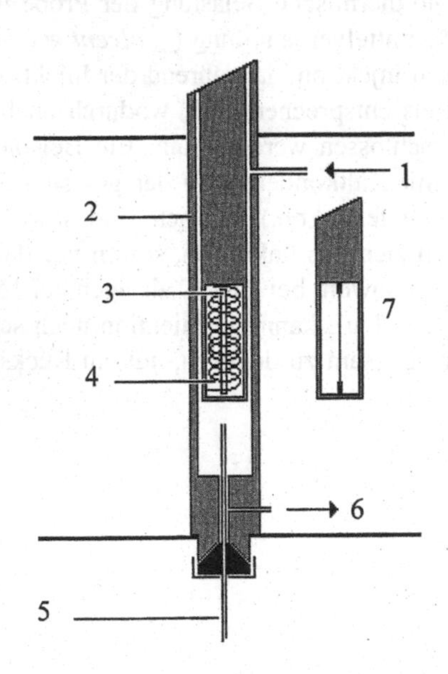

1 Trägergaszufuhr
2 GC-Injektor
3 Quarzkapillare mit Probe
4 Pt-Wendel
5 Kapillarsäule
6 Splitausgang
7 Pt-Band

* Pyroprobe®, Chemical Data Sytems Inc., Oxford, PA, U.S.A.

7.3 Probenaufgabe von Feststoffen mittels der Pyrolyse-Gaschromatographie

Soweit feste Stoffe flüchtig sind, können sie als Lösung analysiert werden. Nichtflüchtige feste Stoffe lassen sich durch thermische Zersetzung, die sog. *Pyrolyse,* in flüchtige Fragmente überführen. Auch durch Laserbeschuß kann eine Fragmentierung hervorgerufen werden.

7.3.1 Instrumentation zur Pyrolyse-Gaschromatographie

Der Curie-Punkt-Pyrolysator

Die Probe wird als dünner Film auf den Probenträger (Draht oder Wendel) aus ferromagnetischem Material aufgebracht. Eingeschoben in eine Hochfrequenz-Induktionsspule (Radiofrequenz) werden darin Oberflächenströme hervorgerufen, und die Temperatur des Probenträgers steigt rasch bis zum Curie-Punkt des ferromagnetischen Materials. Mit verschiedenen Metallen und Legierungen lassen sich unterschiedliche Pyrolysetemperaturen mit Aufheizraten von 20–100 Millisekunden erzielen. Der Pyrolysator wird am GC-Injektor angeschlossen.

Pyrolysatoren mit Widerstandsheizung

Als Beispiel wird das Gerät Pyroprobe®[1] beschrieben. Der Probenträger (Platinband oder -wendel, die ein Quarzröhrchen mit Probe aufnehmen kann) ist sowohl ein Widerstandselement in einer Wheatstone Brücke als auch Temperaturmeßfühler und Heizelement. Damit kann jede beliebige Temperatur bis 1400 °C eingestellt werden, und die Aufheizung erfolgt ballistisch (Pulsbetrieb) oder programmiert in einstellbaren Programmraten. Die Aufheizraten liegen zwischen 10 ms (Platinband) und 100–200 ms bei einem Quarzröhrchen in einer Platinwendel. Die Pyrolyse findet im Injektor des Gaschromatographen statt.

[1]Chemical Data Systems Inc., Oxford, PA, U.S.A.

Pyrolytischer Abbau von Polymeren durch Depolymerisation

Pyrolyse von Polymethylmethacrylat bei ca. 450 °C

2 m gepackte Säule, 15 % Polypropylenglycol

auf Celite 545; 100 °C; FID: x 64;

Komponenten: 1 = Methanol, 2 = Methylmethacrylat

Pyrolytischer Abbau durch Depolymerisation mit Seitenkettenabspaltung

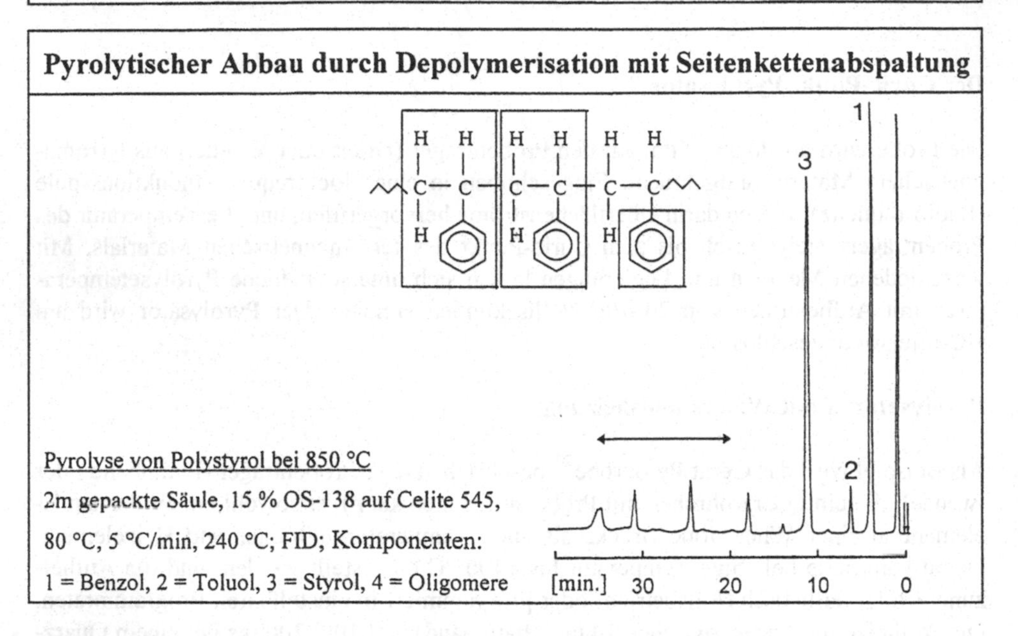

Pyrolyse von Polystyrol bei 850 °C

2m gepackte Säule, 15 % OS-138 auf Celite 545,

80 °C, 5 °C/min, 240 °C; FID; Komponenten:

1 = Benzol, 2 = Toluol, 3 = Styrol, 4 = Oligomere

Pyrolytischer Abbau durch Seitenkettenabspaltung und Cyclisierung

Pyrolyse von PVC

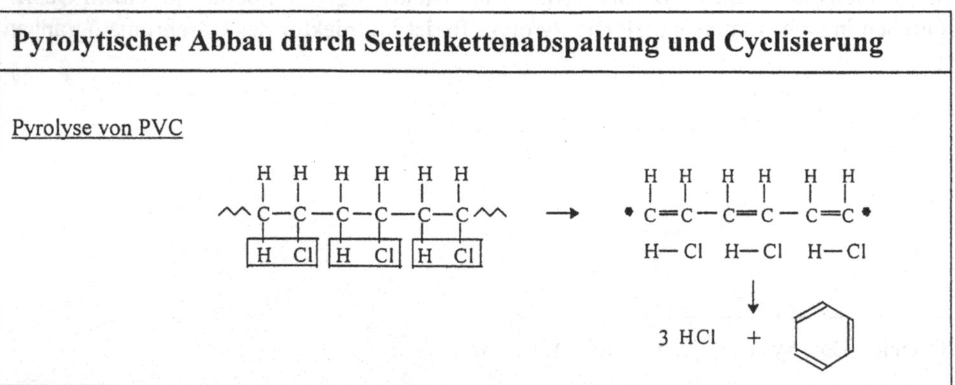

Mikroofen als Pyrolysator (z. B. „Pyrojector“ von SGE)[2]

Flüssige Proben werden mit einer Mikroliterspritze in einen Mikroofen bei konstanter Temperatur (bis 900 °C) injiziert und feste Proben (Pulver, Granulate etc.) mit einer Feststoffspritze.

7.3.2 Abbaumechanismen bei der Pyrolyse

Die thermische Fragmentierung folgt verschiedenen Abbaumechanismen, wie sie besonders deutlich bei Polyolefinen auftreten. Im allgemeinen werden zunächst die schwachen Bindungen aufgespalten und die entstehenden Fragmente stabilisieren sich durch Umlagerung, Aromatisierung und Cyclisierung. In solchen Fällen entstehen reproduzierbar eindeutige Folgeverbindungen. Sind aber keine ausgeprägt schwachen Bindungen vorhanden, erfolgt eine statistische Spaltung mit wenig charakteristischen Folgeprodukten.

Pyrolytischer Abbau von Polymeren

Bei Polyolefinen findet als Rückreaktion zur Polymerisation bevorzugt eine Depolymerisation statt. Die Polymerkette geht auf wie ein Reißverschluß, und es wird hauptsächlich das entsprechende Monomere gebildet, wie das nebenstehende Beispiel (s. obere Abb.) der Pyrolyse von Polymethacrylsäuremethylester zeigt. Neben dem Monomeren als Hauptbestandteil entstehen auch die Dimeren und Trimeren (im nebenstehenden Chromatogramm nicht vertreten), die bei Copolymeren für die Untersuchung von Aufbau und Struktur des Makromoleküls besonders aufschlußreich sind. Die Depolymerisation erfordert relativ niedrige Pyrolysetemperaturen (≈ 500 °C), da bei höheren Temperaturen Sekundärreaktionen zu einer weiteren Zersetzung der gebildeten Monomeren führen können.

Sind in einem Makromolekül aromatische Strukturen enthalten oder können solche bei der Pyrolyse leicht entstehen, findet man immer Benzol. Ein Beispiel dafür ist Polystyrol. Das nebenstehende Pyrolysechromatogramm (s. mittlere Abb.) zeigt vor dem Peak des Monomeren noch Benzol und Toluol und danach die Peaks der Oligomeren (Dimere, Trimere etc.). Die Pyrolysetemperatur von ca. 850 °C führte hier zu einem stärkeren Abbau des monomeren Styrols, der bei niedrigen Temperaturen von ca. 500 °C zwar stark zurückgedrängt, aber nicht vollständig ausgeschlossen werden kann.

Die Pyrolyse von Polyvinylchlorid führt ausschließlich zur Abspaltung von HCl. Die entstehende Polyenkette bricht auf und stabilisiert sich durch die Bildung von Benzol. Es entsteht kein monomeres Vinylchlorid.

[2] SGE International Pty. Ltd., Australia

Pyrolyse mit statistischer Kettenspaltung: Polyethylen

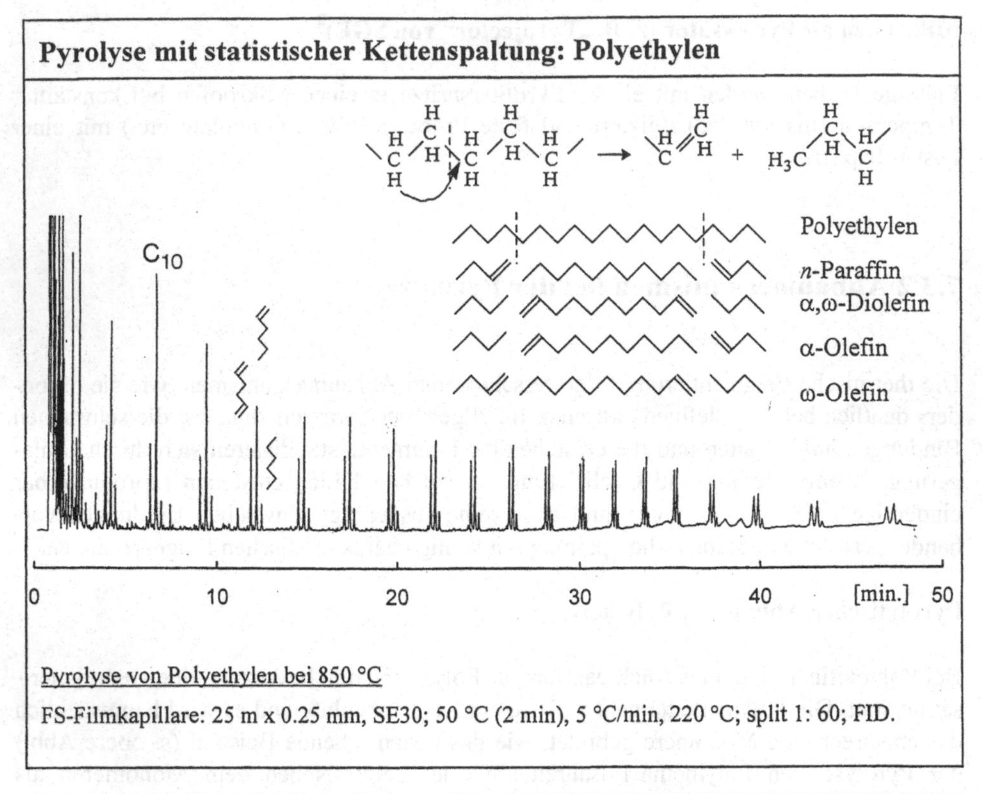

Pyrolyse von Polyethylen bei 850 °C

FS-Filmkapillare: 25 m x 0.25 mm, SE30; 50 °C (2 min), 5 °C/min, 220 °C; split 1: 60; FID.

Pyrolyse mit statistischer Spaltung: Phenolformaldehydharz bei 900 °C

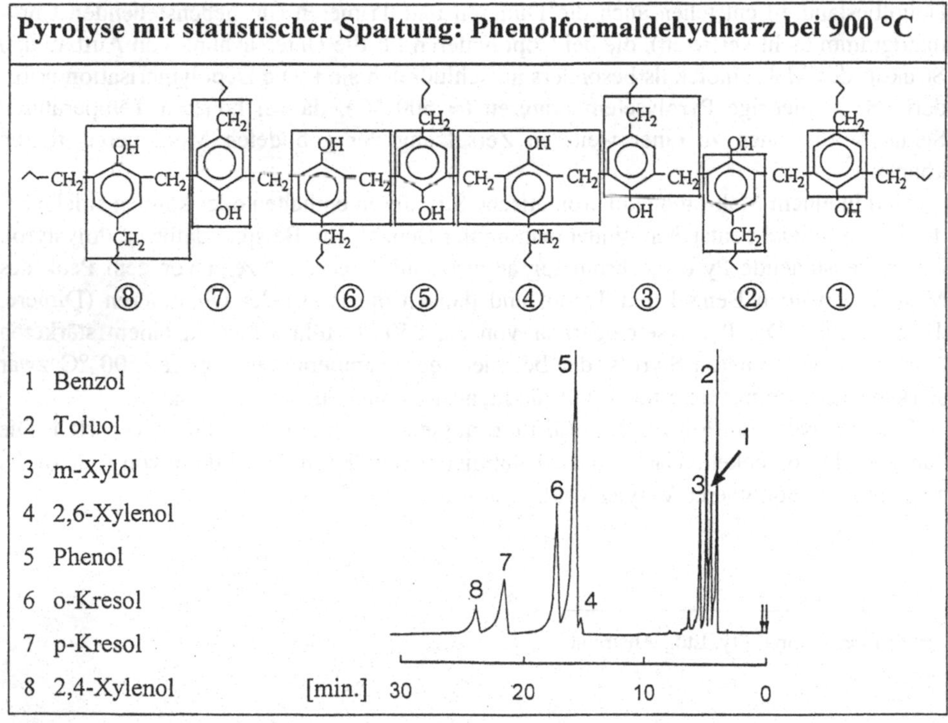

Ein anderes Bild zeigt die Pyrolyse von Polyethylen. Im Chromatogramm (s. obere Abb.) ist die homologe Reihe einer Gruppe von jeweils drei Peaks, sog. Tripletts, vertreten. Die Polymerkette spaltet statistisch in eine homologe Reihe von Kohlenwasserstoffbiradikalen auf. Die beim Aufbrechen einer C-C Bindung entstehenden Radikale sättigen sich durch β-Eliminierung eines H-Atom ab; es entsteht eine endständige Doppelbindung bzw., dazu korrespondierend, eine endständige Methylgruppe. Die Reaktion findet an beiden Enden eines Fragments statt und daher ist die Wahrscheinlichkeit für eine endständige Doppelbindung (α-Olefin = ω-Olefin) doppelt so groß wie für ein α,ω-Diolefin und das entsprechende Alkan.

Pyrolytischer Abbau von Polykondensaten

Polykondensate sind für die Pyrolyse-GC weniger interessant, da sie kaum charakteristische Fragmente bilden. Typisch für Polykondensate sind die verbleibenden Rückstände aus Kohle im Pyrolysator, während bei Polymerisaten die Spirale oder Wendel nach der Pyrolyse blank ist. Sind aromatische Gruppen im Makromolekül enthalten, findet man die entsprechenden Aromaten im Chromatogramm wieder, wobei die Verzweigungsstellen in Form entsprechender Substituenten erhalten bleiben. Ein Beispiel dafür zeigt das Chromatogramm (s. untere Abb.) eines Phenolformaldehydharzes.

7.3.3 Praktische Hinweise zur Pyrolyse-Gaschromatographie

In vielen Fällen wird die Pyrolyse-GC nur zur qualitativen Identifizierung von Kunststoffen durch Vergleich der Chromatogrammuster verwendet. Es können aber auch Aussagen über die Struktur gewonnen werden, zum Beispiel bei Copolymeren durch das Verhältnis der Monomeren zueinander oder der entstehenden Dimeren (reine oder hybride Dimere) und Oligomeren. Derartige Aussagen erfordern jedoch eine große Zahl von definierten Vergleichsproben und eine hohe Reproduzierbarkeit der Pyrolyse. Nun ist diese weniger von der Art des Pyrolysators abhängig, sondern mehr von der Probe selbst. Ist die Probe, z. B. ein Polymer, löslich, genügt ein Tropfen der Lösung (ca. 1 %), um einen homogenen Film auf einem Pyrolyseband oder -draht zu erzeugen, mit einem schnellen und gleichmäßigen Wärmeübergang und einer Reproduzierbarkeit der Chromatogrammuster < 1 % RSD. Ist die feste Probe unlöslich und muß, in dünne Scheiben geschnitten, in die Pyrolysespirale gelegt werden, hängt die Reproduzierbarkeit stark von der jeweiligen (willkürlichen) Lage und dem nun ungleichförmigen Wärmeübergang ab. Solche Proben werden besser gemahlen, evtl. unter Kühlung, und das Pulver wird dann in einer Quarzkapillare pyrolysiert.

Adsorptionsrohr mit Adsorptionsgradient*

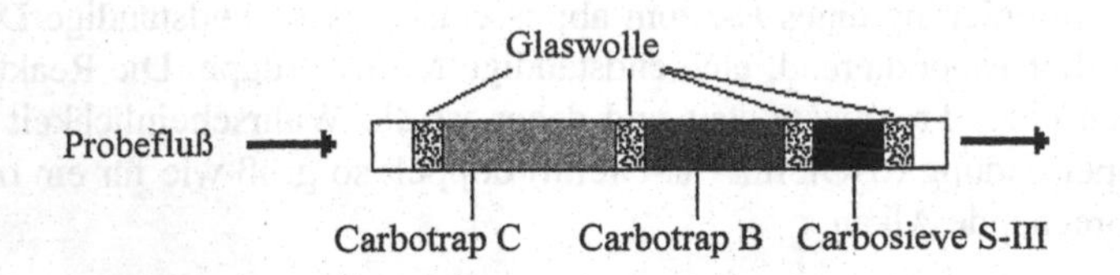

Carbotrap C: Adsorption von mittel- und schwerflüchtigen Stoffen

Carbotrap B: Adsorption von C_5–C_8-Kohlenwasserstoffen

Carbosieve S-III: Adsorption von leichtflüchtigen Stoffen, z. B. Vinylchlorid und C_2–C_4-Kohlenwasserstoffen

*Carbotrap™ 300 von Supelco

Prinzip des Automatischen Thermodesorbers ATD™-400 (Perkin-Elmer)

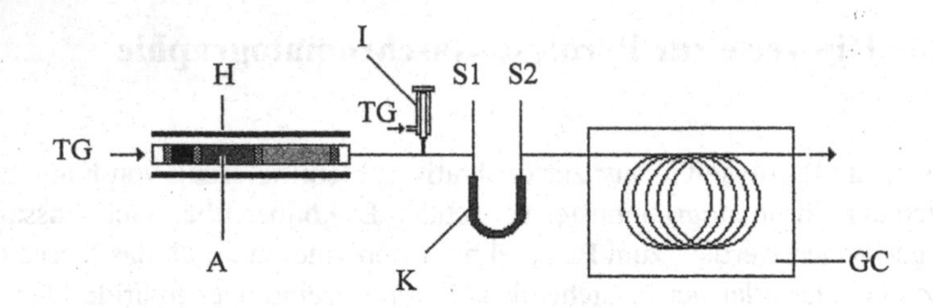

TG = Trägergaszufuhr

I = Injektor für Kalibrierstandards

A = Adsorptionsrohr in Rückspülanordnung

H = Heizvorrichtung für das Adsorptionsrohr

S1 = Eingangssplitter (wahlweise nach Bedarf)

S2 = Ausgangssplitter (wahlweise nach Bedarf)

K = Kühlfalle, gefüllt mit geeignetem Adsorbens, kühlbar bis –30 °C durch elektrische Peltier-Kühlung, heizbar bis 400 °C mit Aufheizraten bis 2400 °C/min, auch in Rückspülanordnung möglich

GC = Gaschromatograph mitTrennsäule und Detektor

7.4 Probenaufgabe mit Zwischenspeicherung

Mit dieser Bezeichnung werden Verfahren beschrieben, mit denen die interessierenden Komponenten zunächst von der eigentlichen Probe abgetrennt, in einen Zwischenspeicher überführt und erst von dort in den GC dosiert werden. Solche zweistufigenVerfahren werden verwendet, wenn die Probe selbst nicht dosiert werden kann, wie bei Festproben, oder wenn bei der Abtrennung eine Anreicherung möglich ist. Die vorherige Abtrennung erfolgt in der Regel durch eine Extraktion, entweder mit einem Lösemittel oder einem inerten Gas, und erst die resultierenden Extrakte werden gaschromatographiert. Es werden hier nur solche Verfahren besprochen, bei denen die dazu verwendeten Vorrichtungen integraler Bestandteil der gaschromatographischen Instrumentation sind.

7.4.1 Verdünnte Stoffe in Gasen durch Adsorption/Thermodesorption

Flüchtige Stoffe in Gasen, z. B. Schadstoffe in Luft, werden an einem festen Adsorbens adsorbiert und anschließend durch schnelle Thermodesorption in den Gaschromatographen überführt. Es werden bevorzugt schwache Adsorbentien, wie z. B. poröse Polymere, dazu verwendet (s. dazu Kapitel 4). Starke Adsorbentien, wie z. B. Aktivkohle oder Kohlenstoffmolekularsiebe, erfordern für die Desorption sehr hohe Temperaturen und werden daher mehr für die Adsorption von Gasen verwendet (z. B. Molekularsieb 5 Å für N_2O). Das Sammeln von Proben erfolgt entweder mittels *passiver* oder *aktiver* Probenahme. Das Adsorbens befindet sich in beiden Fällen in einem kurzen Rohr. Bei der passiven Probenahme diffundieren die flüchtigen Stoffe in das Rohr hinein und werden am Adsorbens festgehalten. Bei der aktiven Probenahme durchströmt das Probengas das Adsorptionsrohr oder wird durchgepumpt. In diesem Fall kann das Rohr mit Adsorbentien steigender Adsorptivität (*Adsorptionsgradient*) gefüllt werden, um einen Durchbruch schwach adsorbierender Stoffe zu verhindern (s. dazu nebenstehende obere Abbildung). Für die Überführung in den Gaschromatographen wird das beladene Rohr in Rückspülanordnung schnell aufgeheizt und vom Trägergas durchströmt. Erfolgt die Desorption nicht schnell genug, insbesondere für die Erfordernisse der Kapillar-Gaschromatographie, ist eine dazwischengeschaltete Kühlzone für eine Refokussierung erforderlich (s. dazu als Beispiel den nebenstehend beschriebenen Automatischen Thermodesorber ATD-400™ von Perkin-Elmer).

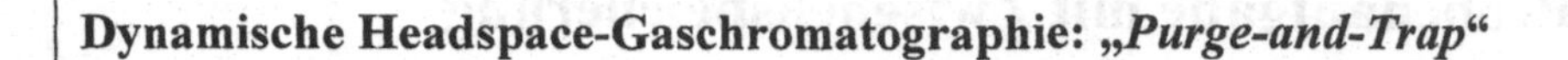

Dynamische Headspace-Gaschromatographie: „*Purge-and-Trap*"

„Purge" und Adsorption

Thermodesorption

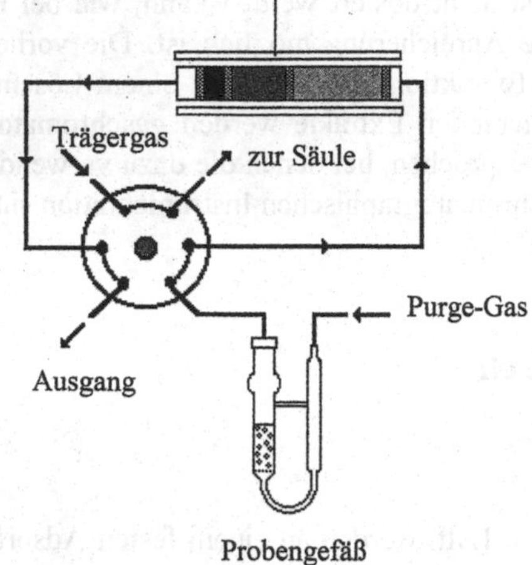

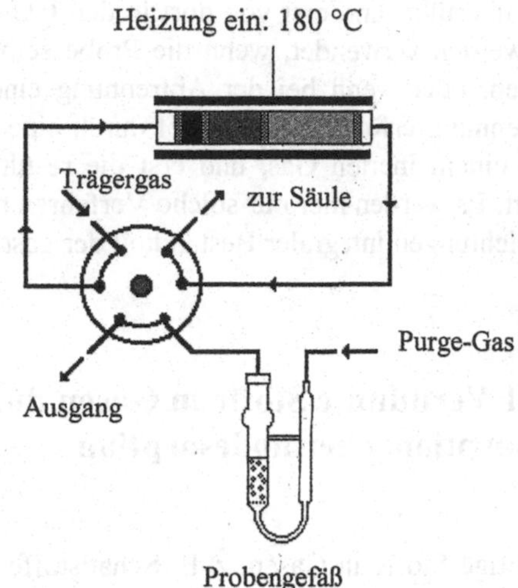

Geschwindigkeit der Extraktion beim „*purge-and-trap*"Verfahren

$$-\frac{dC_i}{dt} = \frac{F}{K \cdot V_P + V_G} \cdot C_i \qquad (7.4)$$

C_i = Konzentration des flüchtigen Stoffs i in der Probe (W_i/V_P W_i/V_P)

t = Ausblaszeit [min]

F = Gasfluß [mL/min]

K = Verteilungskonstante von Stoff i

V_P = Volumen der flüssigen Probe [mL]

V_G = Volumen der Gasphase im Probengefäß [mL]

7.4.2 Verfahren zur dynamischen Headspace-Analyse

Die Bezeichnung *dynamische Headspace-Analyse* umfaßt eine Vielzahl von Techniken, denen allen gemeinsam ist, daß eine feste oder flüssige Probe einem kontinuierlichen fließenden Gasstrom ausgesetzt ist, der die flüchtigen Anteile austreibt. Es handelt sich daher um eine kontinuierliche Gasextraktion. Durchströmt bei flüssigen Proben das Gas die Probe selbst in Form von feinverteilten Gasblasen, ist das Verfahren als *„purge-and-trap"* bekannt.

Die flüchtigen Stoffe können in dem resultierenden Gasextrakt quantitativ bestimmt werden, sofern die Extraktion vollständig war oder die Extraktionsausbeute bekannt ist. Als Ergebnis wird zunächst eine stark verdünnte Gasmischung erhalten, die erst wieder konzentriert werden muß. Das kann durch Absorption in einem Lösemittel oder durch Adsorption an einem Adsorbens geschehen. Im letzteren Fall kann das Adsorptionsrohr ebenfalls mit Adsorbentien abgestufter Adsorptivität gefüllt werden. Es wird dann in Rückspülanordnung ausgeheizt und die desorbierten Stoffe werden durch das Trägergas in die Trennsäule überführt. Das Verfahren eignet sich nur für Stoffe mit einer kleinen Verteilungskonstante K in der Probe, z. B. für leichtflüchtige halogenierte und aromatische Kohlenwasserstoffe in wäßrigen Proben, da die Abnahme der Konzentration in der Probe (dC/dt), d. h. die Extraktion, um so rascher erfolgt, je kleiner K und je größer der Gasfluß F ist (s. Gl. 7.4).

Erfolgt bei Kapillarsäulen die Desorption nicht schnell genug, müssen die dadurch hervorgerufenen verbreiterten Peaks durch eine nachgeschaltete Kühlzone wieder refokussiert werden. So eine Kühlzone kann aber auch gleich die Aufgabe des Adsorptionsrohrs mit übernehmen, wodurch dieses dann entfällt. Das Verfahren ohne Adsorption wird als *„purge-and-cryotrap"* bezeichnet. Bei wäßrigen Proben gelangt aber beim Austreiben (*„purge"*) soviel Wasserdampf in die Kühlzone, daß diese durch Eisbildung zufrieren kann. Der Wasserdampf wird z. B. mit einer Anordnung der Fa. Varian/Chrompack zuerst in einem auf –15 °C gehaltenen Kühler ausgefroren, während die flüchtigen Stoffe danach in der eigentlichen Kühlzone bei tieferen Temperaturen (–150 °C) auskondensieren. Bei einer ähnlichen Aufgabenstellung, dem Sammeln von Luftschadstoffen in einem Adsorptionsrohr, wird der Wassergehalt der Luft mittels Diffusion durch eine semipermeable Membran („Nafion$^{(R)}$-dryer") oder durch Chemisorption an hygroskopischen Salzen ($MgSO_4$, K_2CO_3, P_2O_5, LiCl) entfernt, um ebenfalls zu vermeiden, daß eine nachgeschaltete Kühlzone durch einen Eispfropfen verstopft.

Festphasenmikroextraktion – „*Solid Phase Microextraction*" – SPME

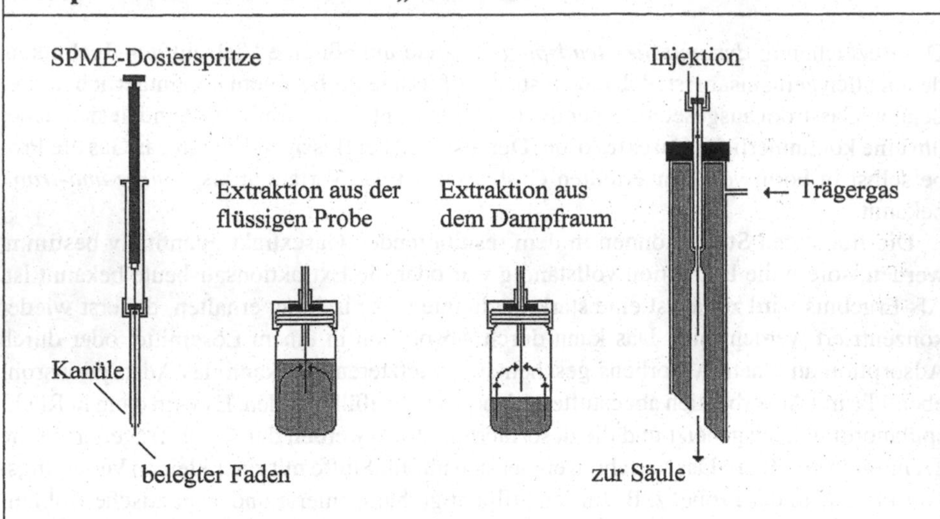

Extraktion aus der flüssigen Probe

$$n_i = \frac{K_{F/P} \cdot V_F \cdot V_P \cdot C_o}{K_{F/P} \cdot V_F + V_P} \tag{7.5}$$

Extraktion aus dem Dampfraum (Headspace)

$$n_i = \frac{K_{F/G} \cdot K_{G/P} \cdot V_F \cdot V_P \cdot C_o}{K_{F/G} \cdot K_{G/P} \cdot V_F + K_{G/P} \cdot V_G + V_P} \tag{7.6}$$

n_i = extrahierte Menge von Stoff *i*

C_o = ursprüngliche Konzentration von Stoff *i* in der Probe *i*

$K_{F/P}$, $K_{F/G}$, $K_{G/P}$ = Verteilungskonstante (Konzentrationsverhältnis) von Stoff *i* zwischen Faden/Probe, Faden/Dampfraum und Dampfraum/Probe

V_P, V_G, V_F = Volumen der Probe, des Dampfraums und der Phase am Faden

gebräuchliche Fäden (Fa. Supelco):	Filmdicke
Polydimethylsilicon	100, 30, 7 µm
Polyacrylate	85 µm
Carbowax/Divinylbenzol	65 µm
Polydimethylsilicon/Divinylbenzol	65 µm
Carboxen	65 µm

7.4.3 Festphasenmikroextraktion – *„Solid Phase Microextraction“* (SPME)

Bei diesem Verfahren[1] wird als Zwischenspeicher ein Faden aus Fused-Silica benutzt, dessen Oberfläche mit einem Film aus einer stationären Phase belegt ist. Meist wird dafür eine immobilisierte flüssige Phase benutzt, und daher handelt es sich im Prinzip um eine Lösemittelextraktion. Der Faden ist am Stempel einer Injektionsspritze befestigt und bewegt sich in deren Kanüle. Sie dient als Schutzmantel für den Faden und durchsticht zunächst das Septum einer verschlossenen Probenflasche, worauf der Faden durch die Kanüle in die Probenflasche gedrückt wird. Der Faden taucht entweder in die flüssige Probe selbst ein oder verbleibt über der Probe im Dampfraum (Headspace). Entsprechend erfolgt die Extraktion der interessierenden Analyten direkt aus der Probe (s. Gl. 7.5) oder aus dem Dampfraum (s. Gl. 7.6). Danach wird der Faden in die Kanüle zurückgezogen. Anschließend erfolgt die Injektion in einen Gaschromatographen, indem der Faden durch die Kanüle in den heißen GC-Injektor gedrückt wird, wo eine mehr oder weniger schnelle Thermodesorption mit Probenüberführung in die Trennsäule erfolgt. Zwar wäre für quantitative Bestimmungen eine Gleichgewichtseinstellung der Phasenverteilungen erforderlich, meist wird jedoch der Extraktionsvorgang schon vorher abgebrochen und aufgrund der Reproduzierbarkeit der Einstellungen der Nichtgleichgewichtszustand kalibriert.

Das Headspace-Verfahren wird bevorzugt, wenn sowohl die Flüchtigkeit des Analyten in der Probe als auch seine Löslichkeit in der stationären Phase am Faden groß sind. Typisches Beispiel für Toluol in wäßriger Probe bei 25 °C: $K_{G/P} = 0.26$[2] und $K_{F/G} = 818$[3] an einem Dimethylsiliconfaden. Mit steigender Molmasse nimmt $K_{F/G}$ stark zu (z. B. $K_{F/G}$ für Xylol = 2500[3]), während die Löslichkeit in wäßriger Phase eher abnimmt. Dadurch ergibt sich ein Anreicherungseffekt für schwerflüchtige Stoffe aus wäßrigen Proben, z. B. für PAH, PCB oder Pestizide. Die Extraktion aus dem Dampfraum vermeidet eine Kontamination des Fadens wie beim Eintauchen in eine flüssige Probe. Das SPME-Verfahren wird bevorzugt für wäßrige Proben verwendet; für Lösungen in organischen Lösemitteln ist es nicht geeignet. Die Extraktion ist umso besser, je größer das Volumen der stationären Phase am Faden ist; typischer Wert für einen Film von 100 µm: $V_F = 5 \times 10^{-4}$ cm^3.

---

[1] Z. Zhang, M.J. Yang und J. Pawliszyn, *Anal. Chem.* **66** (1994) 844A–853A.

[2] Die Verteilungskonstante $K_{G/P}$ ist hier reziprok zum Verteilungskoeffizienten $K_{P/G}$ wie er üblicherweise bei der Headspace-GC angegeben wird, s.: B. Kolb and L.S. Ettre, *Static-Headspace-Gas Chromatography – Theory and Practice*, Wiley-VCH, New York 1997, S. 24.

[3] P.A. Martos, A. Saraullo und J. Pawliszyn, *Anal. Chem.* **69** (1997) 402–408.

8 Detektoren der Gaschromatographie

Ein Detektor ist ein Meßgerät, das als Konverter über einen geeigneten Mechanismus aus einer physikalischen Eigenschaft oder einer Reaktion eines gaschromatographisch getrennten Stoffs eine proportionale, registrierbare Größe – den Meßwert – erzeugt. Der Konversionsfaktor S ist durch das Meßprinzip des Detektors gegeben. Der Detektor liefert zusammen mit seiner Elektronik als Endergebnis der Analyse das Chromatogramm.

Am Ende einer gaschromatographischen Trennsäule liegen ideale Meßbedingungen vor: eine chromatographisch reine Substanz in idealer Verdünnung mit einem Inertgas. Es gibt kaum ein physikalisches oder chemisches Meßverfahren, das nicht schon mit der GC gekoppelt worden wäre. Die wesentliche Beschränkung liegt nur in der Schnelligkeit des Meßvorgangs, der den Anforderungen der schnellen Kapillar-GC angepaßt sein muß. Für Identifizierungsaufgaben eignen sich Kopplungen mit spektroskopischen Verfahren. Von diesen sind die Massenspektrometrie (GC-MS) oder die Fouriertransformations-Infrarotspektrometrie (GC-FTIR) besonders leistungsfähig.

Für die quantitative Analyse von Proben, deren qualitative Zusammensetzung eigentlich bekannt ist, haben sich einige Standarddetektoren durchgesetzt. Sie lassen sich nach physikalischen Prinzipien in konzentrations- oder massenstromempfindliche Detektoren einteilen.

Im Rahmen dieser Einführung konnte nur eine exemplarische Auswahl aus der Vielzahl von GC-Detektoren getroffen werden (s. dazu Abschnitt 10.4: Schrifttum über Detektoren). Der *Wärmeleitfähigkeitsdetektor* (WLD) wurde als Beispiel für einen konzentrationsempfindlichen Detektor und der *Flammenionisationsdetektor* (FID) mit den davon abgeleiteten elementspezifischen thermionischen Versionen als Beispiel für einen massenstromempfindlichen Detektor ausgewählt. Der *Elektroneneinfangdetektor* („*electron capture detector*“, ECD) als wichtigster Detektor aus der Familie der *Strahlungsionisationsdetektoren* durfte ebenfalls nicht fehlen. Von den zahlreichen GC/MS Varianten werden hier nur die routinemäßig am häufigsten verwendeten Quadrupol und Ion-Trap Massenspektrometer besprochen. Besonderer Wert wurde darauf gelegt, die Wirkung physikalischer und chemischer Stoffeigenschaften, die dem Chemiker vertraut sind, in einem Detektor zu zeigen. Gerade darüber besteht oft weitgehende Unkenntnis.

Die Empfindlichkeit von gaschromatographischen Detektoren

Konzentrationsabhängige Detektoren

$$S_i = E_i / C_i = A_i F_c / W_i \tag{8.1}$$

Massenstromabhängige Detektoren

$$S_i = E_i / M_i = A_i / W_i \tag{8.2}$$

S_i = Detektorempfindlichkeit für Stoff *i* [mV mg/mL] bzw. [A s/g]
E_i = Detektorsignal (Schreiberausschlag) [mV, A]
C_i = Konzentration von Stoff *i* im Trägergas in der Detektorzelle [mg/mL]
A_i = Integral des Detektorsignals E_i für Stoff *i* (Peakfläche in [mV min] bzw. [A s])
F_c = Trägergasstrom [mL/min], korrigiert von Raumtemperatur T_R auf die Detektortemperatur T_D [K]
M_i = Massenstrom [g/s]
W_i = Menge von Stoff *i* [g bzw. mg]

Einfluß der Trägergasströmung auf die Detektoranzeige von konzentrations- und massenstromabhängigen Detektoren

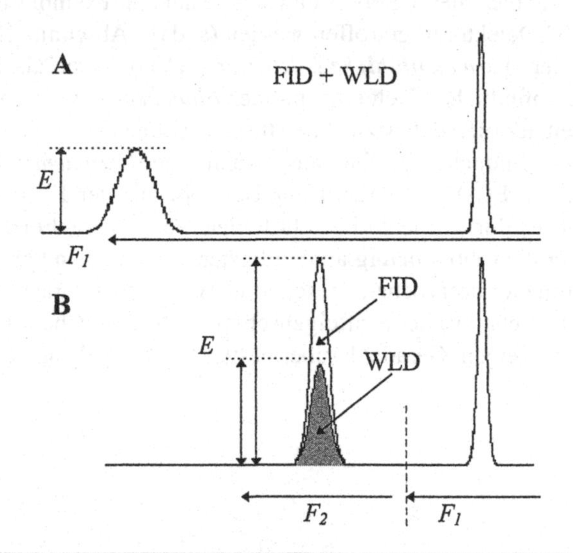

E = Peakhöhe
F = Trägergasströmung
$F_2 = 2\,F_1$

8.1 Allgemeine Eigenschaften von Detektoren

In der GC werden konzentrations- und massenstromempfindliche Detektoren verwendet. Bei ersteren ist das Signal proportional zur momentanen Konzentration eines Stoffs (i) im Detektorvolumen, bei einem massenstromempfindlichen Detektor proportional zum Massenstrom (M_i, d. h. Masse pro Zeit). Das vom Detektor erzeugte zeitlich veränderliche elektrische Signal (E [mV bzw. A]) wird registriert und ergibt das Chromatogramm. Der Konversionsfaktor (S_i, *„sensitivity"*) ist die jeweilige Detektorempfindlichkeit für Stoff (i). Bei den Detektoren der 1. Art (z. B. beim WLD) ist die Empfindlichkeit (S_i) gleich dem Verhältnis von Detektorsignal (E_i) zur Konzentration im Trägergas und bei den Detektoren der 2. Gruppe (z. B. dem FID) ist S_i gleich dem Verhältnis von Signal (E_i) zum Massenstrom (M_i). Letzterer entspricht der Masse pro Zeit (W_i/t). Konzentrationsempfindliche Detektoren werden in ihren Eigenschaften im Gegensatz zu massenstromempfindlichen Detektoren auch von der Trägergasströmung beeinflußt. Beim Temperaturprogramm ändert sich mit der Säulentemperatur die Trägergasströmung, sofern mit konstantem Vordruck (druckgeregelte Arbeitsweise) chromatographiert wird. Beim WLD erfolgt daher die Trägergasregelung mittels Strömungsreglern, die auch beim Temperaturprogramm einen konstanten Trägergasstrom (strömungsgeregelte Arbeitsweise) gewährleisten.

Der Unterschied beider Detektorarten soll mit den hier gezeigten zwei isothermen Chromatogrammen (s. untere Abb.) erklärt werden: Chromatogramm A zeigt die Trennung von zwei Peaks bei konstanter Strömung. Dagegen wurde im Chromatogramm B nach dem 1. Peak die Trägergasströmung verdoppelt. Infolge der nun kürzeren Retentionszeit sind die Peaks schmaler geworden. Bei einem massenstromempfindlichen Detektor, wie z. B. dem FID, wird dafür die Peakhöhe (E) größer, da sich nun die Substanzmenge pro Zeit erhöht hat. Die Peakfläche (Höhe mal Breite) bleibt aber unverändert und damit auch das Flächenverhältnis zum 1. Peak. Dagegen hat sich beim WLD das Verhältnis von Substanzdampf zu Trägergas und damit die Konzentration nicht geändert, und die Peakhöhe bleibt jetzt unverändert. Der Peak ist aber ebenfalls schmaler geworden und damit auch die Peakfläche. Als Folge hat sich das Verhältnis zum 1. Peak geändert und die Kalibrierfaktoren für die beiden Stoffe müßten daher neu bestimmt werden. Für temperaturprogrammierte Kapillarsäulen, die ja meist druckgeregelt betrieben werden, heißt das, daß bei einer Änderung der Programmrate solche Detektoren dann auch eine Neukalibrierung benötigen.

Störpegel eines gaschromatographischen Detektors

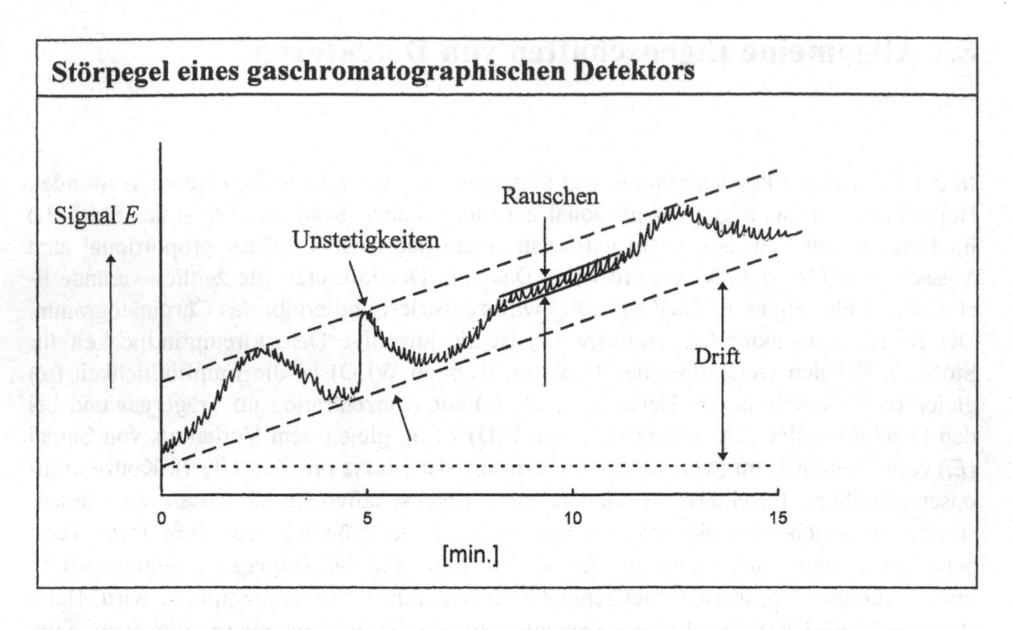

Linearer und dynamischer Bereich eines Detektors

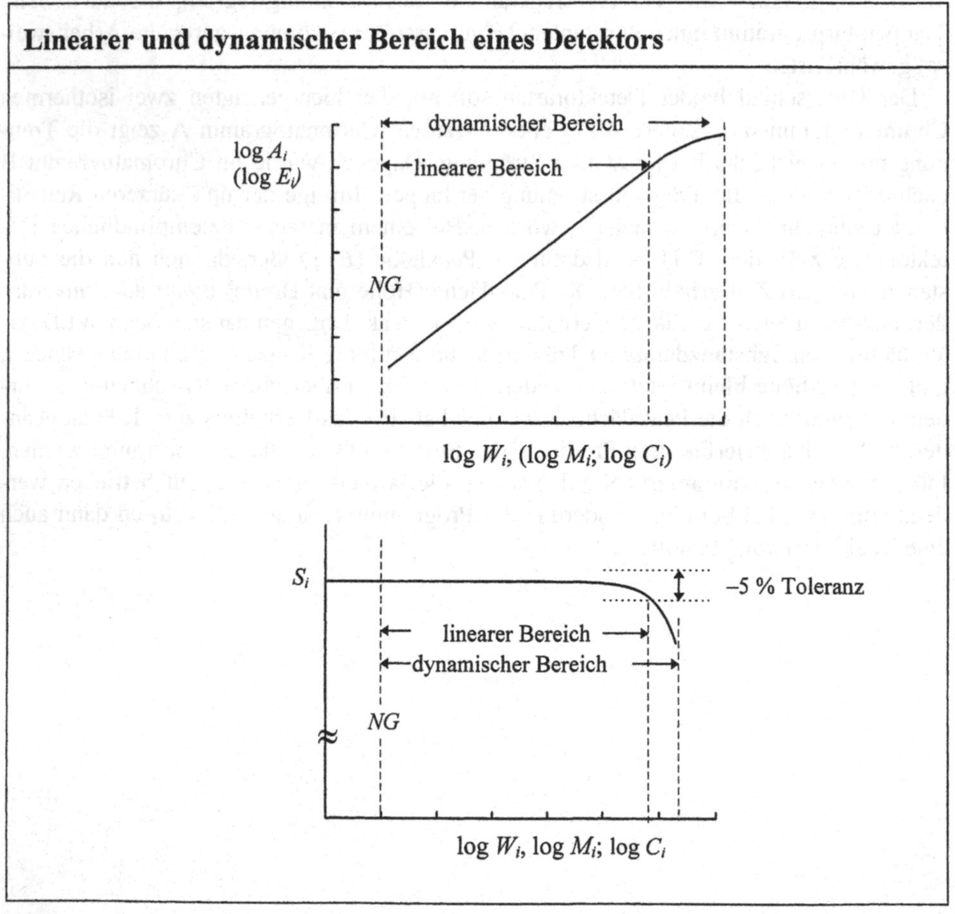

Ein Detektor liefert aber nicht nur den gewünschten Meßwert (*E*), sondern ebenfalls einen sog. *Störpegel* (*SP*), der sich aus *Unstetigkeiten*, *Drift* und *Rauschen* zusammensetzt. Periodische Schwankungen haben ihre Ursache oft in der Temperatur- und Gasregelung, während nichtperiodische Unstetigkeiten meist auf verschmutzte und nicht sorgfältig genug ausgeheizte Säulen zurückzuführen sind. Auch eine driftende Basislinie kann dadurch verursacht werden. Die meisten GC-Detektoren sind allerdings so stabil, daß eine Drift ohne äußere Einflüsse (z. B. Säulenbluten beim Temperaturprogramm) selten ist; lediglich thermionische Detektoren weisen eine stetige Langzeitdrift auf. Aber jeder Detektor einschließlich seiner Elektronik zeigt bei genügender Verstärkung des Signals ein schnelles statistisches Rauschen. Diese Größen werden folgendermaßen bestimmt: Man wählt aus einer registrierten Basislinie ein beliebiges 15-Minuten-Intervall aus, zieht auf beiden Seiten eine Gerade, die innerhalb eines Mindestzeitabstandes von 10 Minuten die Peakspitzen der beiden größten Schwankungen tangiert. Als *Drift* wird die Neigung der beiden parallelen Geraden bezeichnet und als *Unstetigkeiten* ihr (rechtwinkliger) Abstand. Das *Rauschen* wird aus den schnellen Schwankungen innerhalb des besten 1-Minuten-Intervalls von Spitze zu Spitze gemessen. Dieses hochfrequente Rauschen ist eine physikalische Eigenschaft des Detektors und seiner Elektronik.

Im *linearen Bereich* eines Detektors ist die Empfindlichkeit (S_i) konstant. Dieser Bereich wird nach unten durch die *Nachweisgrenze* (*NG*) bestimmt, nach oben durch eine noch tolerierte minus 5 %-Abweichung von der idealen Linearitätsgeraden. Dazu wird zweckmäßigerweise im doppeltlogarithmischen Maßstab die Peakfläche (A_i) gegen die zugrundeliegende Menge (W_i) aufgetragen oder auch das Detektorsignal (E_i) gegen die Konzentration (C_i) bzw. den Massenstrom (M_i). Die erste Art wird man bevorzugen, wenn man die Detektorlinearität durch Verdünnungsreihen bestimmt, die zweite bei Verwendung eines Exponentialverdünners. In einer anderen Darstellungsart wird die Empfindlichkeit (S_i) gegen die Logarithmen der aufgegebenen Probenmenge (W_i), der Konzentration (C_i) oder des Massenstroms (M_i) aufgetragen. Diese Art der Darstellung ist günstiger. Der lineare Bereich wird numerisch durch das Verhältnis der oberen Grenze des Linearitätsbereichs zur Nachweisgrenze ausgedrückt. Die verwendete Testsubstanz (i) muß mit angegeben werden.

Der *dynamische Bereich* eines Detektors geht über den linearen Bereich hinaus und umfaßt auch den Bereich, in dem eine Erhöhung der Probenmenge noch eine signifikante und daher kalibrierfähige Änderung des Detektorsignals ergibt.

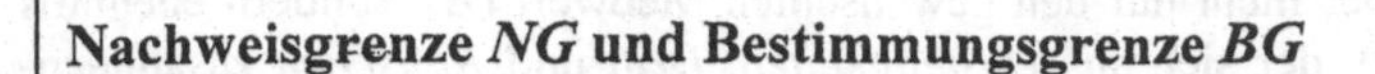

Nachweisgrenze *NG* und Bestimmungsgrenze *BG*

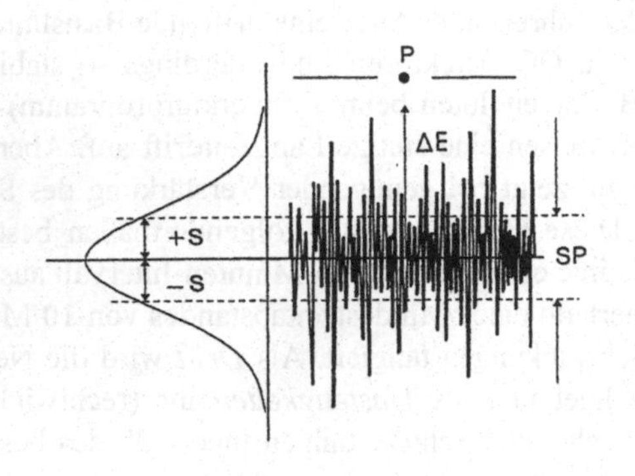

s Standardabweichung

P Meßpunkt

ΔE Detektorsignal

SP Störpegel

S_i Detektorempfindlichkeit für Stoff i

$$NG = (1.5...2)\frac{SP}{S_i} \quad (8.3)$$

$$BG = (5...10)\frac{SP}{S_i} \quad (8.4)$$

Einfluß der Zeitkonstante τ auf die Ansprechzeit t eines Detektors

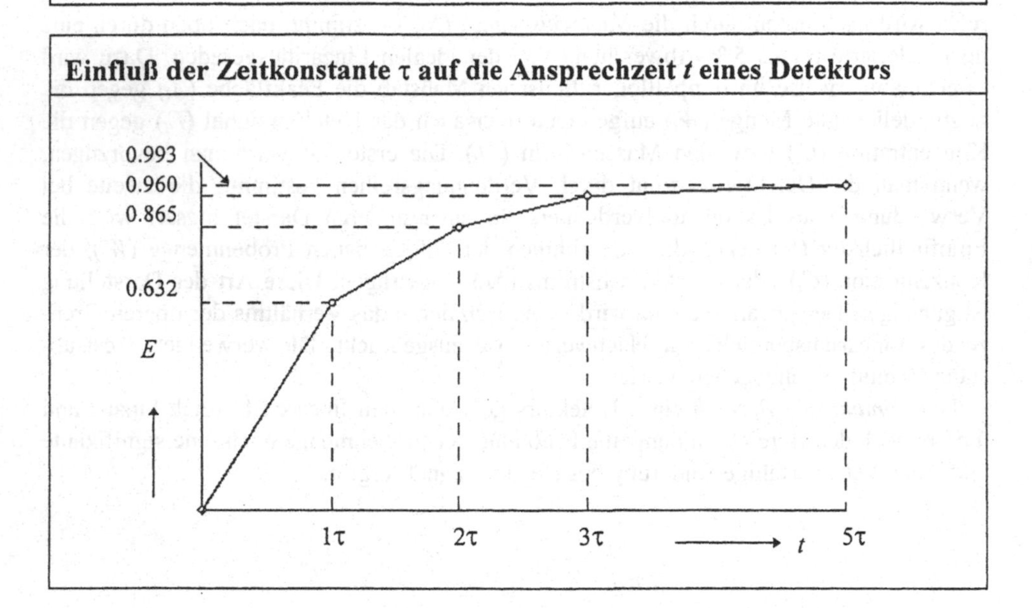

Selektivität $S_{i,j}$ eines Detektors für zwei unterschiedliche Stoffe i und j

$$S_{i,j} = \frac{S_i}{S_j} \quad (8.5)$$

S_i Detektorempfindlichkeit für Stoff i

S_j Detektorempfindlichkeit für Stoff j

Zur Beschreibung der Leistungsfähigkeit eines Detektors dient nur die Nachweisgrenze und nicht die Empfindlichkeit. Dafür muß aber der chromatographische Störpegel herangezogen werden, der nur in idealen Fällen mit dem Detektorrauschen identisch ist; darüber hinaus ist auch noch die Form der Peaks (Peakbreiten) im Verhältnis zur Breite der Störpeaks maßgebend. Die Nachweisgrenze (*NG* [g/s bzw. mg/mL]) ist ein Maß für die kleinste noch nachweisbare Konzentration oder Massenströmung einer Substanz (*i*) und ergibt sich aus dem Verhältnis von Störpegel (*SP*) zu Empfindlichkeit (S_i). Nur wenn die Differenz (ΔE) zwischen Meßwert und dem Mittelwert der Blindanalyse dreimal größer ist als die Standardabweichung (*s*) des Störpegels, kann mit mehr als 99 % Sicherheit behauptet werden, daß ein Meßpunkt (*P*) im Chromatogramm als Signalpunkt und nicht als Bestandteil des Störpegels betrachtet werden kann. Dabei sind beim Vergleich eines Peaks mit dem Störpegel nur die positiven Abweichungen vom Mittelwert ausschlaggebend (halber Störpegel). Dieser theoretisch richtige Ansatz wird für praktische chromatographische Anwendungen modifiziert, indem man den gesamten Störpegel von Spitze zu Spitze mißt; daraus würde dann ein Faktor (*f*) von $f = 1.5$ (anstelle von 3) für den notwendigen Abstand des Meßpunkts (*P*) vom Mittelwert des Störpegels resultieren. Entsprechend der Beziehung 8.3 (s. obere Abb.) wird jedoch meist ein Faktor von $f = 2$ dafür verwendet (s. Beispiel in Abschnitt 8.3), aber auch andere Werte (z. B. $f = 3$) sind in verschiedenen Standards (z. B. IUPAC) dafür vorgeschrieben. Die *Erfassungsgrenze* ist die Konzentration, ab der der quantitativ bestimmbare Bereich beginnt und ein Analyt mit einer Unsicherheit von ± 50 % erfaßt wird. Für die *Bestimmungsgrenze* (*BG*) wird ein wesentlich größeres Verhältnis, z. B. von $f = 5$ bis 10 (s. Gl. 8.4) verlangt, je nach der geforderten statistischen Sicherheit des Meßergebnisses.

Die *Zeitkonstante* (τ) eines Detektors einschließlich der dazugehörigen Elektronik bedeutet die Zeit, die vom Anlegen eines Meßwerts vergeht, bis 63.2 % des vollen Signals angezeigt werden. Nach 5τ sind 99.3 % des vollen Signals erreicht. Für die Belange einer schnellen Trennung mit Kapillarsäulen sind Ionisationsdetektoren meist schnell genug, aber schon beim WLD und besonders bei Reaktionsdetektoren (z. B. elektrochemische Detektoren) kann eine größere Zeitkonstante deren Einsatz dafür begrenzen.

Durch die *Selektivität* ($S_{i,j}$) eines Detektors werden unterschiedliche Anzeigeempfindlichkeiten für zwei verschiedene Stoffe *i* und *j* beschrieben. $S_{i,j}$ wird als Verhältnis der Detektorempfindlichkeiten beider Stoffe angegeben (s. Gl. 8.5). Geht die Empfindlichkeit für Stoff (*j*) gegen Null, ist der Detektor für Stoff (*i*) spezifisch ($S_i = \infty$).

Der Wärmeleitfähigkeitsdetektor WLD

Version A

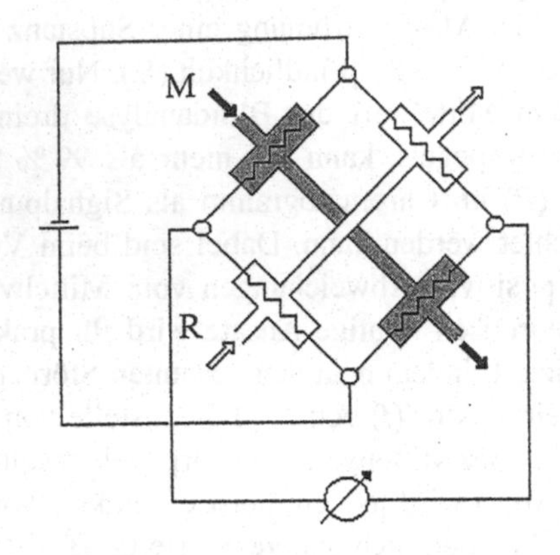

Version B

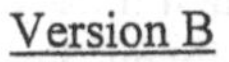
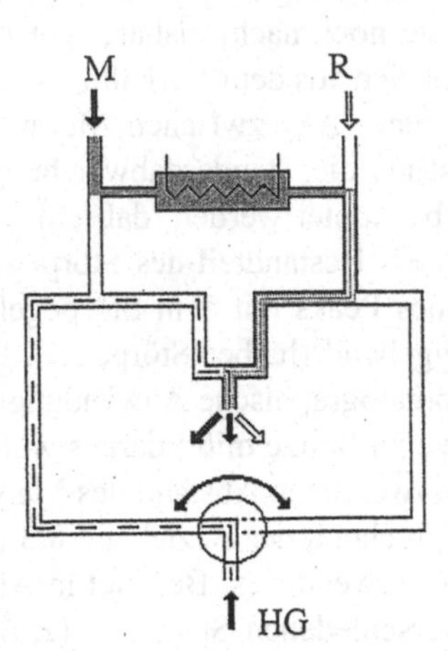

M Meßgaskanal
R Referenzgaskanal
HG Hilfsgas für die pneumatische Umschaltung

Typische WLD-Leistungsdaten *

Empfindlichkeit: 9 µV/ppm Nonan bei 160 mA und 100 °C Detektortemperatur

Nachweisgrenze: < 1 ppm Nonan

Linearität: 1 : 10^5

* z.B. Perkin-Elmer Autosystem XL GasChromatograph

Wasserbestimmung mit einer Kapillarsäule und einem WLD

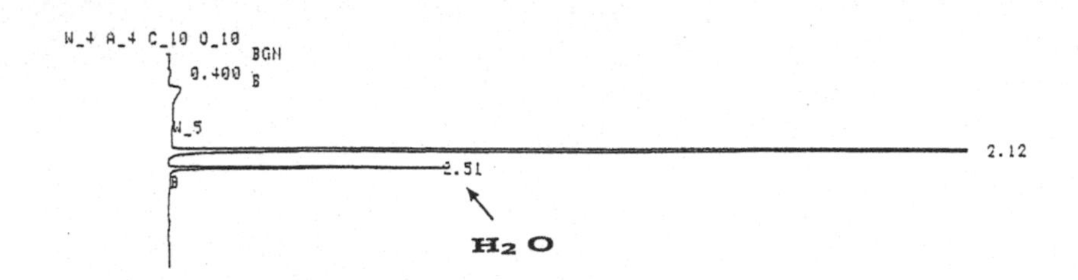

580 µg/g Wasser in PVC-Pulver mittels Headspace-Gaschromatographie

50 m x 0.32 mm FS-Filmkapillare, vernetztes OV-1701, 1 µm, 75 °C isotherm; He, 180 kPa, 3.5 mL/min, Spülgas: 10 mL/min He; WLD: x 4; Probe: 2.6 g PVC-Pulver, 60 Minuten bei 130 °C.

8.2 Der Wärmeleitfähigkeitsdetektor (WLD)

Beim WLD wird als aktives Meßelement ein geheizter Draht bzw. mehrere solcher spiralförmiger Hitzdrähte aus Wolfram, Nickel, Platin oder Legierungen daraus verwendet, deren elektrischer Widerstand temperaturabhängig ist. Sie werden durch Einspeisung eines elektrischen Stroms auf eine bestimmte Übertemperatur gegenüber der (gut thermostatisierten) Zellwand aufgeheizt. Diese Temperatur ist stabil, wenn sich zugeführte elektrische und abgeführte thermische Leistung im Gleichgewicht befinden. Als Trägergase werden vorzugsweise Helium oder Wasserstoff verwendet, da deren Wärmeleitfähigkeit etwa 5–7mal größer ist als die aller anderen Gase und der nachzuweisenden Dämpfe. Es handelt sich hier immer um eine Differenzmessung des Meßgases zum reinen Trägergas und infolgedessen benötigt der WLD zwei unabhängige Kanäle, wobei sich im Referenzkanal meist noch eine identische Trennsäule befindet, um gleichzeitig auch Säuleneinflüsse zu kompensieren.

Bei einer Anordnung mit vier Hitzdrähten handelt es sich um eine Widerstandsmessung in einer Wheatstone-Brücke (s. Version A, obere Abb.), wobei zwei Hitzdrähte dem Referenzgas R und zwei dem Meßgas M zugeordnet sind. Bei Anwesenheit eines Peaks in einem Brückenzweig wird weniger Wärme abgeführt und folglich steigen Temperatur und Widerstand der Hitzdrähte im Meßgaszweig; die Brücke wird verstimmt und an der Diagonalen entsteht eine Signalspannung, die den Peak repräsentiert. Bei neueren Versionen des WLD wird durch Rückkopplung der Spannungsänderung in der Meßbrücke ein Strom induziert, womit die Temperaturdifferenz zwischen Hitzdraht und Detektorwand konstant gehalten wird. Bei Version B (s. obere Abb.) wird der gleiche Hitzdraht nacheinander als Referenz- und Meßelement verwendet. Dazu werden die beiden Gasströme aus dem Meß- und Referenzkanal in einer schnellen Folge von 10 Hz durch eine pneumatische Schaltung durch die Meßzelle geleitet.

Der WLD ist ein konzentrationsempfindlicher Detektor. Seine Empfindlichkeit wird mit steigender Differenz zwischen Element- und Detektortemperatur größer. Bei neueren Versionen des WLD ist das Zellvolumen so klein, daß solche Detektoren auch mit Kapillarsäulen und Gasflüssen > 5 mL/min betrieben werden können. Bei kleineren Gasströmungen muß ein Spülgas oder Beschleunigungsgas („*make up gas, scavenger gas*“) zugegeben werden wie im nebenstehenden Beispiel (s. untere Abb.), wodurch allerdings die Konzentration verringert und damit die Empfindlichkeit entsprechend reduziert wird.

Der Flammenionisationsdetektor (FID)

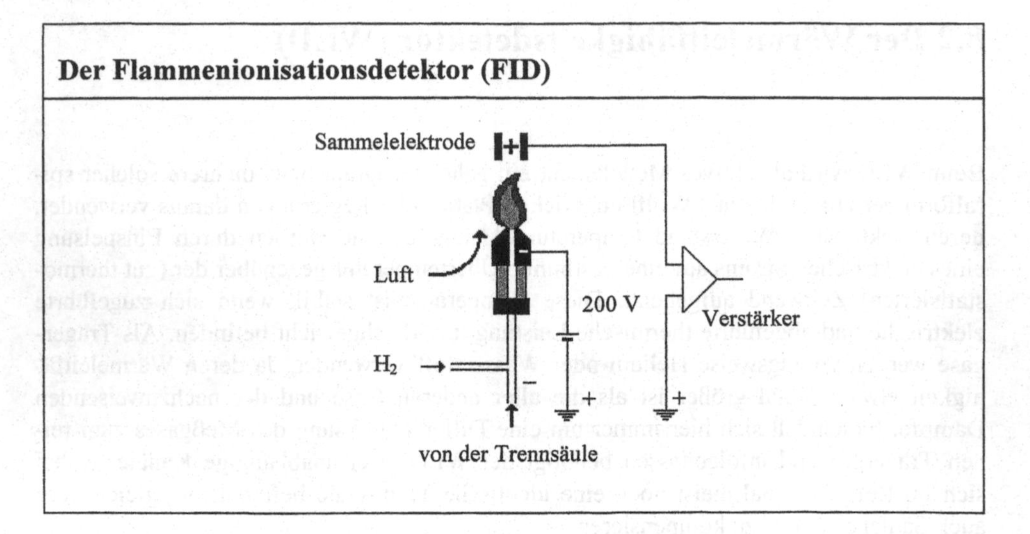

Reaktionen im FID

Radikale durch Pyrolyse: CH_3°, CH_2°, CH°, C°

angeregte Moleküle und Radikale: O_2^*, OH^*

Ionisierung:

$$CH_2^\circ + OH^*, \rightarrow CH_3O^+ + e^-$$

$$CH^\circ + OH^*, \rightarrow CH_2O^+ + e^-$$

$$CH^\circ + O_2^* \rightarrow CHO_2^+ + e^-$$

$$C^\circ + OH^* \rightarrow CHO^+ + e^-$$

Typische FID-Leistungsdaten

Nachweisgrenze:	$NG < 3 \cdot 10^{-12}$ g C/s
Empfindlichkeit:	$S > 0.015$ As/g
Störpegel:	$SP \cong 5 \cdot 10^{-14}$ A
Linearität:	$1 : 10^7$
Zeitkonstante:	ca. 2 ms
Selektivität:	selektiv für C–C- und C–H-Bindungen

8.3 Der Flammenionisationsdetektor (FID)

Der FID ist wegen seiner günstigen Eigenschaften der am meisten verbreitete Detektor in der Gaschromatographie: niedrige Nachweisgrenzen, weiter linearer Bereich, vernachlässigbare Zeitkonstante, Robustheit in Konstruktion und Betrieb. Durch den Verbrennungsvorgang reinigt er sich selbst. Die nachzuweisende Substanz wird mit dem Trägergas in eine Düse eingespeist (s. obere Abb.). Hier wird sie in einer kleinen Flamme mit den zugemischten Brenngasen Wasserstoff und Luft verbrannt und dabei teilweise ionisiert. Solange nur Wasserstoff in der Flamme verbrennt, finden lediglich Radikalreaktionen statt und es werden keine Ionen gebildet. Das erklärt den kleinen Grundionisationsstrom von 3 pA. Organische Stoffe mit C-H- oder C-C-Bindungen werden in der Flamme zunächst pyrolysiert und die entstehenden kohlenstoffhaltigen Radikale CH_n° (n = 0...3) werden mit Sauerstoffmolekülen bzw. den in der Flamme daraus entstehenden OH-Radikalen oxidiert. Folgende Vorgänge werden dabei zugrunde gelegt: Die sauerstoffhaltigen Reaktionspartner befinden sich in einem angeregten Zustand und ihre Anregungsenergie wird auf die kohlenstoffhaltigen Radikale übertragen. Das führt zur Ionisierung der intermediär gebildeten Oxidationsprodukte. Eine kleine Auswahl dieser Reaktionsmöglichkeiten ist nebenstehend (s. mittlere Abb.) aufgeführt. Diese Reaktionen finden jedoch nur mit geringer Ausbeute (ca. 2 ppm) statt. Daß sie trotzdem als Grundlage zu einem derart leistungsfähigen Detektor benutzt werden können, liegt an dem geringen Grundionisationsstrom, der eine hohe Verstärkung erlaubt.

Der Signalstrom entsteht dadurch, daß die positiven Ionen an der negativ geladenen Düse und die korrespondierenden Elektronen an der ringförmigen Sammelelektrode eingefangen werden. Diese befindet sich auf positivem Potential von z. B. 200 Volt gegenüber der Düse. Diese kleinen Ströme in der Größenordnung von Picoampere erfordern einen elektronischen Verstärker, der sie in eine Spannung umwandelt, die an einem Schreiber oder Plotter dargestellt wird. Der Verstärkungsfaktor (V) beträgt z. B. 5×10^{-12} Ampere [A] für den Vollausschlag eines angepaßten Schreibers, d. h. z. B. für ein Signal von 1 mV, wenn ein 1 mV-Schreiber am 1 mV-Ausgang des Verstärkers angeschlossen ist. Jede zusätzliche Signalverstärkung muß für die Berechnung der Detektorempfindlichkeit (S_i) entsprechend berücksichtigt werden (s. Gl. 8.2), wie im folgenden Beispiel, wo dies nötig war, um den sehr geringen Störpegel eines FID zu registrieren. Der FID ist ein massenstromempfindlicher Detektor und die Nachweisgrenze (NG) hat die Dimension Gramm pro Sekunde [g/s] und die Peakfläche aus Höhe (E_i [A]) mal Peakbreite in halber Höhe (w_h [s]) die Dimension [A s].

Bestimmung von Empfindlichkeit und Nachweisgrenze des FIDs

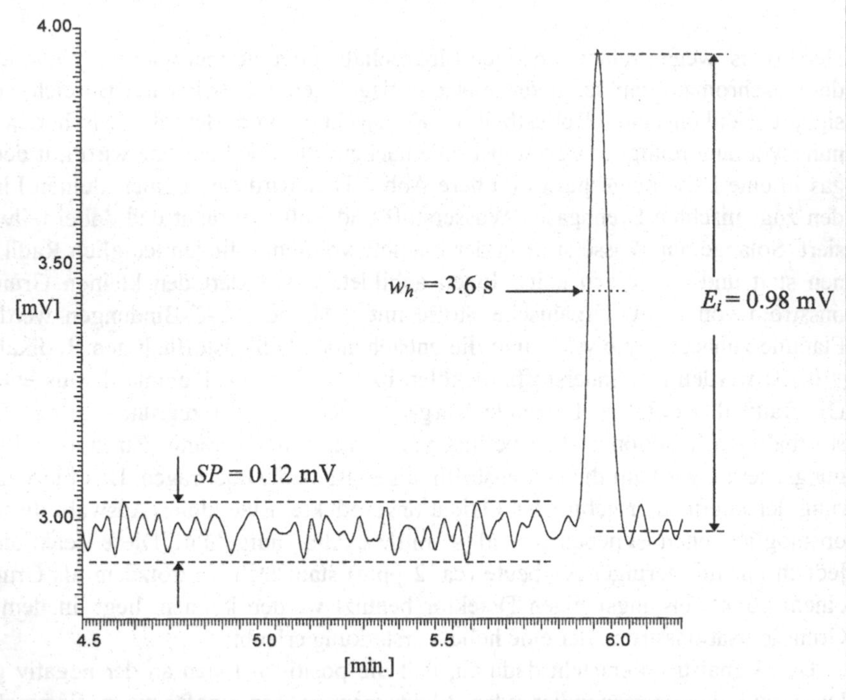

Instrumentelle Bedingungen:	Verstärkungsfaktor V:	0.25×10^{-12} [A]
Experimentelle Bedingungen:	Probenmenge W_i:	50×10^{-12} g Ethylbenzol (EB)
Meßwerte:	Peakhöhe E_i:	0.98 [mV]
	Störpegel SP:	0.12 [mV]
	Peakbreite w_h:	3.6 [s]

Berechnung der Detektorempfindlichkeit S_i für Ethylbenzol (EB) nach Gl. 8.2:

$$S_i = A_i / W_i = 1.06 \cdot 0.98 \cdot 0.25 \cdot 10^{-12} \cdot 3.6 / 50 \cdot 10^{-12} = 0.0187 \text{ [Coulomb/g EB]}$$

$$= 0.0170 \text{ [Coulomb/g C]}$$

Berechnung der Nachweisgrenze NG aus den Gln. 8.2 und 8.3 mit Gl. 8.6:

$$NG = 2 \cdot SP \cdot \frac{W_i}{A_i} \qquad \text{Gl. (8.6)}$$

$$NG = 2 \cdot 0.12 \cdot 50 \cdot 10^{-12} / 0.98 \cdot 3.6 = 3.4 \cdot 10^{-12} \text{ [Gramm Ethylbenzol/s]}$$

$$= 3.1 \cdot 10^{-12} \text{ [g C/s]}$$

Mit dem nebenstehenden Chromatogramm von 50 Picogramm [pg] Ethylbenzol (EB) werden die Leistungsdaten eines massenstromempfindlichen Detektors (FID) bestimmt.

Bestimmung der Detektorempfindlichkeit (*S*)

Nach Gl. 8.2 benötigt man die Menge (W_i) des Analyten (*i* [g]) sowie die Peakfläche (A_i). Dazu wird die Peakhöhe (E_i [mV]) mit dem Verstärkungsfaktor (*V*) in Ampere [A] umgerechnet und ergibt zusammen mit dem Gaußkurvenfaktor 1.06 und der Peakbreite in halber Höhe (w_h [s]) die Peakfläche (A_i [A s = Coulomb]). Die Detektorempfindlichkeit (S_i) hat zunächst die Dimension Coulomb pro Gramm des Analyten (*i*), wird aber durch Umrechnung auf den Kohlenstoffanteil im Molekül verallgemeinert und als Coulomb pro Gramm Kohlenstoff [Coulomb/g C] angegeben. Im nebenstehenden Beispiel wurde als Testsubstanz Ethylbenzol mit einem molekularen Kohlenstoffanteil von 91 % verwendet.

Bestimmung der Nachweisgrenze

Die Leistungsfähigkeit eines Detektors wird durch die Nachweisgrenze (*NG*) charakterisiert. Diese kann zwar mit Gl. 8.3 bestimmt werden, aber die dazu erforderliche Berechnung von S_i und die Berücksichtigung des Verstärkungsfaktors (*V*) entfallen, wenn man Gl. 8.2 mit Gl. 8.3 zu Gl. 8.6 kombiniert. Damit kann sowohl der Störpegel (*SP*) in [mV] als auch die Peakfläche (A_i) in [mV s] eingesetzt werden. Der Störpegel (*SP*) wird von Spitze zu Spitze auf einer Strecke gemessen, die mindestens 5mal der Peakbreite entspricht. Die Nachweisgrenze (*NG*) wird zunächst in Gramm Substanz pro Sekunde angegeben. Bei dieser Angabe handelt es sich um die Nachweisgrenze von einem „Normpeak" mit einer Peakbreite in halber Höhe (w_h) von 1 Sekunde. Für die praktische Beurteilung der Nachweisgrenze in einem konkreten Fall wird dieser Wert mit der vorliegenden Peakbreite (w_h) des interessierenden Stoffs an der entsprechenden Stelle im Chromatogramm multipliziert und man bekommt sie dann als Masseneinheit, z. B. 12.2 pg Ethylbenzol (3.4 pg/s x 3.6 s) im nebenstehenden Beispiel. Als allgemeine Detektorspezifikation wird die Nachweisgrenze ebenfalls auf den Kohlenstoffanteil umgerechnet und als „Gramm Kohlenstoff pro Sekunde" [g C/s] angegeben.

Der FID ist ein selektiver Detektor, da er nur Stoffe mit mindestens einer C-H- oder C-C- Bindung anzeigt, nicht aber permanente Gase oder Wasser. Stoffe mit nur einem C-Atom, das bereits oxidiert ist, werden entweder gar nicht (CO, CO_2) oder nur sehr schwach (CH_2O, HCOOH) angezeigt, es sei denn sie werden zuvor mit einem Ni-Katalysator („*methanizer*") mit dem für den FID sowieso erforderlichen Wasserstoff zu CH_4 hydriert (s. Chromatogr. S. 76).

Schema eines Stickstoff-Phosphor-Detektors (NPD) im P-Betrieb

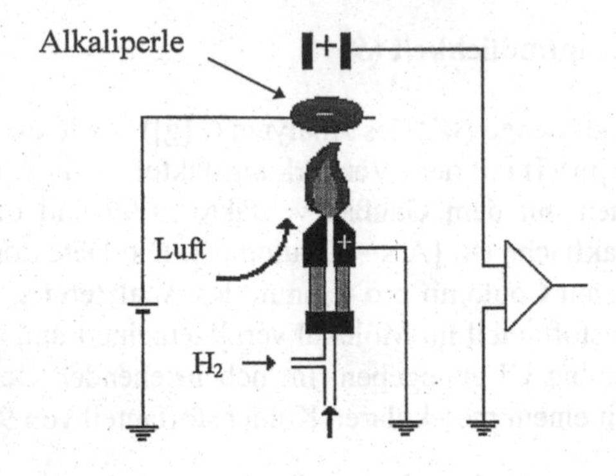

Reaktionen in der Wasserstoffflamme

Reaktion a:	H_2	$\rightarrow$	$2\,H°$
Reaktion b:	$H° + O_2$	$\rightarrow$	$OH° + O°$
Reaktion c:	$O° + H_2$	$\rightarrow$	$OH° + H°$
Reaktion d:	$H° + OH° + A^*$	$\rightarrow$	$H_2O + A^+ + e^-$

Reaktionen an der Alkaliquelle im NPD

Grundionisationsstrom

$H_2O + e^-$

$H° + OH°$

A^+ A^*

$A^+ + e^- \rightarrow A°$

Signalstrom

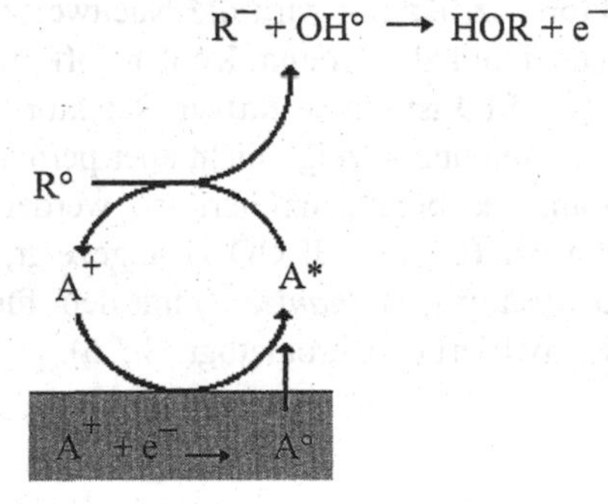

e^-	Elektron	$A°$	atomares Alkali
$H°$	atomarer Wasserstoff	A^*	angeregtes Alkaliatom
$OH°$	Hydroxiradikal	R^-	phosphor- bzw. stickstoffhaltiges Ion
A^+	Alkaliion	$R°$	phosphor- bzw. stickstoffhaltiges Radikal

8.4 Der Stickstoff-Phosphor-Detektor (NPD)

Dieser Detektor ist ein modifizierter FID, der zum spezifischen Nachweis bestimmter Elemente, bevorzugt Stickstoff und Phosphor, eine Alkaliquelle enthält. Bei der am meisten verbreiteten Anordnung befindet sich zwischen Düse und Sammelelektrode eine Perle aus Alkalisilikat (Glas oder Keramik) an einem Heizdraht (Pt). Diese wird sowohl elektrisch als auch von der Flamme auf Rotglut geheizt und damit zur Emission von Alkali (Rb, Cs) angeregt und ist immer negativ gegenüber der positiven Sammelelektrode (s. obere Abb.).

Der NPD hat im Gegensatz zum FID einen höheren Grundionisationsstrom von 10–20 Picoampere [pA]. Die Wirkungsweise des Alkali läßt sich folgendermaßen erklären*: Glas ist ein Halbleiter, d. h. im kalten Zustand ein Isolator, während es im erwärmten Zustand eine elektrische Leitfähigkeit wie ein Elektrolyt aufweist. Im heißen Betriebszustand werden die Alkaliionen (A^+) im Silikat durch Anlagerung eines Elektrons aus der Spannungsquelle (200 V) neutralisiert und verdampfen als Alkaliatome in die Flamme. Dort werden sie thermisch in den angeregten Zustand A* versetzt. In einer reinen Wasserstoffflamme verbrennt H_2 nach einem Radikalkettenmechanismus zu H_2O. Zwei Radikale (z. B. H° + OH°) können nur kombinieren, wenn die frei werdende Bildungsenergie des Reaktionsprodukts von einem weiteren Partner übernommen wird, da die Dissoziationsenergie genauso groß wäre. Die Rolle des dritten Partners in einem Dreierstoß kann das angeregte Alkaliatom übernehmen, indem es durch die Energieübernahme ionisiert wird (Reaktion d). Das Alkaliion wandert zur negativ geladenen Perle, während das freigesetzte Elektron von der Sammelelektrode eingefangen wird. Das erklärt den Grundionisationsstrom des NPDs.

Bei gegebener Perlentemperatur ist die Alkalikonzentration in der Flamme konstant. Während der Dreierstoß unter Bildung eines positiven Alkaliions relativ selten ist, kann das angeregte Alkaliatom A* durch ein Radikal R° in einem weitaus häufigeren Zweierstoß ionisiert werden, wenn dieses imstande ist, das Elektron zu übernehmen. In diesem Fall würde die Alkalikonzentration im Plasma durch die Rückkehr zur Perle rasch abgebaut, aber das thermische Gleichgewicht sorgt dafür, daß die an der Oberfläche der Perle neutralisierten Alkaliatome sofort wieder in das Plasma zurückkehren, d. h. dieser Kreisprozeß rotiert jetzt schneller, und es werden daher mehr Ionen pro Zeit (Coulomb pro Zeit = Ampere) gebildet. Die entstandenden Ionen R^- werden unter Freisetzung des Elektrons, das den Signalstrom erzeugt weiter zu neutralen Produkten oxidiert.

---

* B. Kolb, M. Auer und P. Pospisil; *J. Chromatog. Sci.* **15** (1977) 53–63.

Reaktionen mit P-Verbindungen

$$\overline{\underline{O}}=\overset{\circ}{\underline{P}} + A^* \longrightarrow [\overline{\underline{O}}=\overline{\underline{P}}]^- + A^+$$

$$\overline{\underline{O}}=\overset{\circ}{P}=\overline{\underline{O}} + A^* \longrightarrow [\overline{\underline{O}}=\overline{P}=\overline{\underline{O}}]^- + A^+$$

$$[\overline{\underline{O}}=\overline{\underline{P}}]^- + OH^\circ \longrightarrow HPO_2 + e^-$$

$$[\overline{\underline{O}}=\overline{P}=\overline{\underline{O}}]^- + OH^\circ \longrightarrow HPO_3 + e^-$$

$$HPO_3 + H_2O \longrightarrow H_3PO_4$$

Der Stickstoff-Phosphor-Detektor im NP-Betrieb

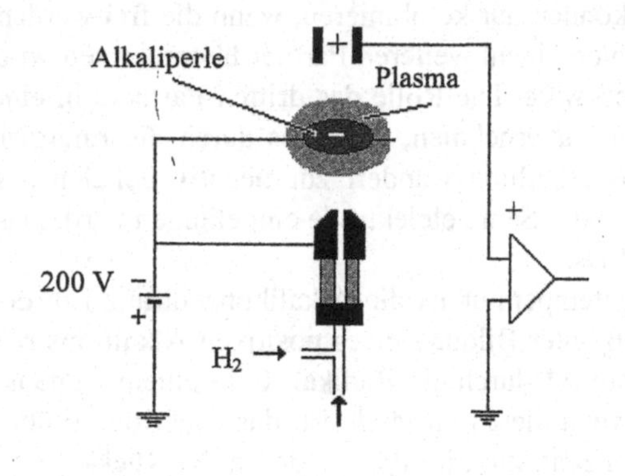

Reaktionen mit N-Verbindungen

Pyrolyse: $-\overset{|}{\underset{|}{C}}-N\langle \longrightarrow {}^\circ C\equiv N|$

$$CN^\circ + A^* \longrightarrow CN^- + A^+$$

$$CN^- + H^\circ \longrightarrow HCN + e^-$$

$$CN^- + OH^\circ \longrightarrow HCNO + e^-$$

Der NPD kann in zwei Betriebsarten eingesetzt werden: als Phosphordetektor (P-Betrieb) zum spezifischen Nachweis von Phosphorverbindungen oder zum Nachweis von sowohl phosphor- als auch stickstoffhaltigen Stoffen (NP-Betrieb). Die Anordnung für den P-Betrieb ist auf der vorhergehenden Seite gezeigt. In diesem Fall brennt die Flamme wie beim FID auf der Düse, im Gegensatz dazu ist aber die Düse aus folgendem Grund geerdet: Die bei der Verbrennung der kohlenwasserstoffhaltigen Anteile im Molekül einer organischen Substanz entstehenden Elektronen, die das FID-Signal ergeben, können bei dieser Anordnung das negative Potential der Perle nicht überwinden und damit zur Sammelelektrode gelangen, sondern fließen gegen Masse ab. Die Elektronen dagegen, die aus der spezifischen Alkalireaktion an der Oberfläche der Perle entstehen, gelangen ungehindert zur Sammelelektrode.

Aus phosporhaltigen Stoffen werden in der Flamme zunächst Phosphoroxide (PO, PO_2 etc.) mit jeweils einer ungeraden Zahl von Elektronen (s. obere Abb.) gebildet. Durch die Anlagerung eines Elektrons entstehen die Anionen der verschiedenen Phosphorsäuren, die mit OH°-Radikalen in der Flamme zu neutralen Phosphorsäuren bzw. deren Anhydriden oxidiert werden, wobei das angelagerte Elektron wieder frei wird und den Signalstrom ergibt. Ähnlich reagieren auch Arsenverbindungen.

Analog zu Phosphor hat auch Stickstoff eine ungerade Zahl von Elektronen. Die analogen Stickoxide zerfallen aber bei der Flammentemperatur zu schnell und reagieren nicht mit Alkali. Unter reduzierenden Flammenbedingungen werden statt dessen Cyan- bzw. Cyanatradikale gebildet, die der spezifischen Alkalireaktion zugänglich sind. Dazu wird die Wasserstoffzufuhr zur Flamme verringert (1–3 mL/min), ebenso wie die der Luft (ca. 100 mL/min). Unter diesen Bedingungen erlischt die Flamme und die Perle wird dafür elektrisch geheizt. Der verbleibende Wasserstoff entzündet sich an der glühenden Perle und verbrennt in Form eines kalten, verdünnten Plasmas rund um die Perle (s. mittlere Abb.). Die durch thermische Pyrolyse entstandenen Cyanradikale CN° lagern ein Elektron an, und das entstandene Cyanidanion CN^- reagiert mit H° bzw. OH°-Radikalen unter Bildung von neutralen Produkten, CO_2, H_2O, N_2 und unter Freisetzung eines Elektrons (s. untere Abb.) weiter.

Molekülstruktur und Stickstoffempfindlichkeit

Substanz *i*	molekulare Struktur	relative Empfindlichkeit* *100 x S_i/S_{st}*
7,8-Benzochinolin	=C−N=CH−	100 %
Nicotin	=C−N=CH− + −CH−N(CH$_3$)−CH$_2$−	135 %
Diphenylamin	=C−NH−C=	90 %
Hexobarbital	−CO−NH−CO−N(CH$_3$)−CO−	56 %
Vinylbital	−CO−NH−CO−NH−CO−	6 %
p-Nitrotoluol	=C−NO$_2$	14 %
Capronsäureamid	−CH$_2$−CO−NH$_2$	9 %
t-Butylnitrat	−C−O−NO$_2$	0 %

* Empfindlichkeit *S* (Coulomb/gN); Standard: Benzochinolin = 100 %

Energiebilanz beim NPD mit N-Verbindungen

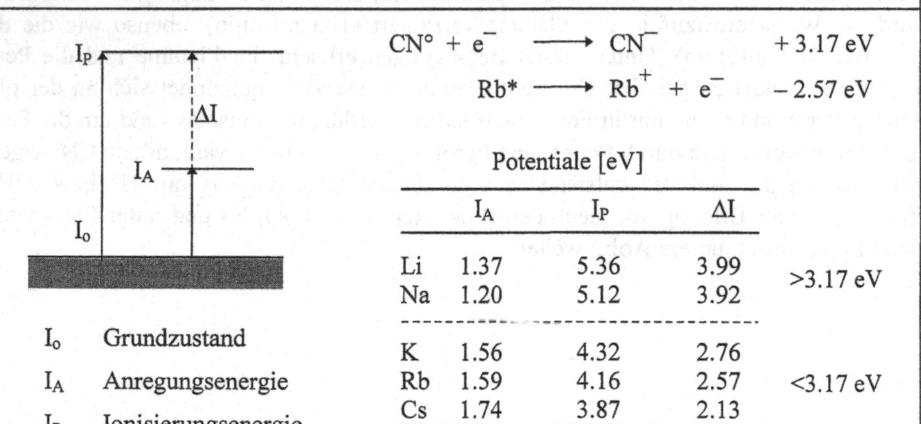

Potentiale [eV]

	I_A	I_P	ΔI	
Li	1.37	5.36	3.99	>3.17 eV
Na	1.20	5.12	3.92	
K	1.56	4.32	2.76	<3.17 eV
Rb	1.59	4.16	2.57	
Cs	1.74	3.87	2.13	

NPD-Leistungsdaten

	P-Betrieb	NP-Betrieb	
	P	P	N
Empfindlichkeit [Cb = Coulomb]	1 Cb/g P	5 Cb/g P	0.5 Cb/g N
Nachweisgrenze	$5 \cdot 10^{-14}$ g P/s	$1 \cdot 10^{-14}$ g P/s	$1 \cdot 10^{-13}$ g N/s
Selektivität [C = Kohlenstoff]	10^6 g C/g P	$1.2 \cdot 10^5$ g C/g P	$2.5 \cdot 10^4$ g C/g N
Linearität	10^5	10^5	10^5

Damit durch thermische Pyrolyse Cyanradikale CN° gebildet werden, muß die C-N-Struktur im Molekül bereits vorliegen: Nitroverbindungen werden daher angezeigt, nicht aber Nitratester, Ammoniak oder Stickoxide. Die nebenstehende Tabelle (s. obere Abb.) zeigt den Einfluß molekularer Strukturen auf die Stickstoffempfindlichkeit: Ein bereits partiell oxidiertes C-Atom (-CO-N-), z. B. in Säureamiden und Barbituraten, ergibt eine geringere Empfindlichkeit – analog zum FID bei CO, CO_2 und CH_2O.

Die Reaktion mit Stickstoffverbindungen im NPD ist geeignet, den Reaktionsmechanismus einschließlich der Energiebilanz zu erklären (s. mittlere Abb.). Bei der Anlagerung eines Elektrons an ein Cyanradikal werden 3.17 eV frei (Elektronenaffinität). Dieser Energiebetrag ist aber nicht ausreichend, um ein Alkaliatom aus dem Grundzustand zu ionisieren; die dazu erforderliche Ionisierungsenergie für Rubidium beträgt 4.17 eV. Der frei werdende Energiebetrag genügt aber, um ein thermisch angeregtes Alkaliatom vom angeregten Zustand aus mit der restlichen Ionisierungsenergie (ΔI) zu ionisieren. Aus der Tabelle geht hervor, daß sich als Alkaliquelle bevorzugt die schwereren Elemente der Alkaligruppe K, Rb und Cs eignen. Die Angaben für Empfindlichkeiten und Nachweisgrenzen sind elementspezifisch, da es sich um einen selektiven Detektor handelt. Er spricht im Prinzip auf alle Elemente an, die eine ungeraden Zahl von Elektronen haben, z. B. auch flüchtige Bor- oder Arsenverbindungen. Die Hauptanwendung liegt aber im Nachweis von Phosphor- und Stickstoffverbindungen. Im reinen P-Betrieb ist der NPD zwar selektiv für Phosphorverbindungen, aber weniger empfindlich als im NP-Betrieb. Eine spezifische Stickstoffempfindlichkeit ist im NP-Betrieb nicht möglich, es werden immer auch Phosphorverbindungen angezeigt, falls vorhanden. Die nebenstehenden Leistungsdaten (s. untere Abb.) sind keine rein physikalischen Detektorkonstanten, sondern hängen noch von den wesentlichen Arbeitsbedingungen, hauptsächlich von der Temperatur der Alkaliquelle ab. Der Dampfdruck des Alkali, und damit die Konzentration in der Flamme bzw. des Plasmas, steigt exponentiell mit der Temperatur. Diese wird nicht nur von der elektrischen Heizung geregelt, sondern hängt auch von der Wasserstoffströmung ab. Mit der Perlentemperatur steigt der Grundionisationsstrom und damit die Detektorempfindlichkeit, aber auch der Störpegel. Ein günstiges Signal-zu-Störpegel-Verhältnis wird bei einem Grundionisationsstrom von ca. 10–20 pA (abhängig vom jeweiligen Gerät) erhalten. Jede weitere Erhöhung steigert zwar die nominelle Detektorempfindlichkeit, nicht aber die Nachweisgrenze und reduziert nur die Lebensdauer der Alkaliquelle.

Der gepulste ECD

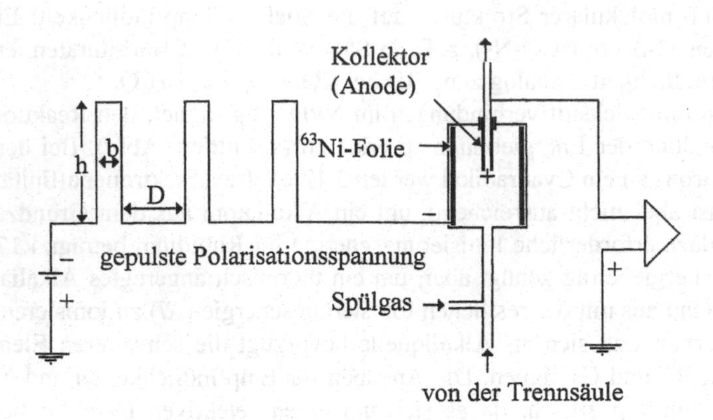

b Pulsbreite, z. B. 3 µs

D Pulsabstand, z. B. 10–200 µs (frequenzmoduliert)

h Pulshöhe, z. B. 50 V

Grundreaktion des ECDs

Ionisierung des Trägergases TG:

$$\mathrm{TG} \xrightarrow{\beta} \mathrm{TG}^{+} + e^{-}$$

Elektroneneinfang durch ein Molekül M:

$$\mathrm{M} + e^{-} \longrightarrow \mathrm{M}^{-}$$

Rekombination:

$$\mathrm{M}^{-} + \mathrm{TG}^{+} \longrightarrow \mathrm{M}^{\circ} + \mathrm{TG}$$

8.5 Der Elektroneneinfangdetektor –„*Electron Capture Detector*" (ECD)

Der ECD, auch Elektroneneinfangdetektor, ist das am häufigsten verwendete Mitglied aus der Familie der Strahlungsionisationsdetektoren. In der konzentrischen Bauweise (s. obere Abb.) besteht der Detektor aus einer Ionisierungskammer, die ein konzentrisch gebogenes Nickelblech enthält, auf dessen Oberfläche eine dünne Schicht des radioaktiven ^{63}Ni-Isotops als radioaktive Quelle aufgebracht ist. Die Radioaktivität dieses β-Strahlers beträgt 10–15 mC (370–550 Mbq). Die früher meist verbreitete Tritiumquelle als β-Strahler wird heute praktisch nicht mehr verwendet. Durch das relativ große Zellvolumen ist in Verbindung mit Kapillarsäulen bei kleiner Trägergasströmung ein Spülgas (*„make up gas, scavenger gas"*) unumgänglich.

8.5.1 Grundreaktionen im ECD

Allen Strahlungsionisationsdetektoren gemeinsam ist die Grundreaktion (s. untere Abb.): Durch Beschuß des Trägergases mit β-Strahlung entstehen Trägergasionen und langsame Elektronen. Diese wandern zur Sammelelektrode und ergeben den Grundionisationsstrom, der mit 1–3 nA mehrere Größenordnungen höher ist als im FID, aber im Verstärker kompensiert wird. Eine direkte Rekombination des Elektrons mit dem positiven Trägergasion ist nicht möglich, da die frei werdende Anlagerungsenergie gleich der Dissoziationsenergie ist. Sie gelingt aber auf dem Umweg über ein Molekül (M), sofern dieses eine gewisse Elektronenaffinität aufweist. Dann lagert sich das freie Elektron unter Bildung eines negativen Molekülions an. Dadurch, daß Elektronen weggefangen werden, verringert sich die Zahl der freien Elektronen und als Folge davon wird der Grundionisationsstrom kleiner. Diese Verminderung ist das eigentliche Detektorsignal. Tatsächlich ist aber anstelle eines negativ geladenen Elektrons nur ein ebenfalls negativ geladenes Molekülion entstanden und die Zahl der Ionenpaare hat sich dadurch eigentlich nicht geändert. Daß trotzdem eine meßbare Verminderung des Grundionisationsstroms erfolgt, erklärt sich aus der um mehrere Größenordnungen langsameren Driftgeschwindigkeit der Molekülionen (10 cm/s) im Vergleich zu den schnellen Elektronen (10^5 cm/s), denn bereits auf dem Weg zur Sammelelektrode können die negativen Molekülionen und das positive Trägergasion unter Rückbildung der beiden elektrisch neutralen Produkte Trägergas (TG) und Molekül (M) rekombinieren.

Der Cross-Section-Effekt

Ionisierung durch Stoßionisation:

$$M \xrightarrow{ß} M^+ + e^-$$

Wirkungsweise als Edelgasdetektor

Grundreaktion:

$$TG \xrightarrow{ß} TG^+ + e^-$$

Wirkung als Edelgasdetektor (z. B. Argondetektor):

$$2\,Ar \xrightarrow{ß} Ar^* + Ar^+ + e^-$$

$$Ar^* + M \xrightarrow{ß,\,e^-} Ar + M^+ + e^-$$

metastabile Anregungszustände von:	He*	20.4 eV
	Ar*	11.6 eV
Ionisierungspotential von:	CH_4:	13.2 eV
	N_2:	15.5 eV
	H_2:	15.4 eV

Leistungsdaten des ECDs

kleinste nachweisbare Menge:	Lindan: 50 fg*
	Perchlorethylen: 10 fg*
Linearität:	$10^4 \pm 10\,\%$

---

* 1 Femtogramm [fg] = 1×10^{-15} Gramm

Der ECD kann auf verschiedene Weise betrieben werden. Der Elektroneneinfang ist um so besser, je langsamer sich die Elektronen bewegen. Bei Gleichspannung würden sie sofort so stark beschleunigt werden, daß sie durch Elektronenstoß andere Moleküle ionisieren könnten. Durch die Bildung von unerwünschten positiven Molekülionen (sog. „Cross-Section-Effekt", s. obere Abb.) könnten sich negative Peaks im ECD-Chromatogramm ergeben. Der Elektroneneinfang findet daher am besten im spannungsfreien Zustand statt. Um den Vorgang aber messen zu können, muß zumindest kurzzeitig eine Spannung angelegt werden. Das ist der Grund für die Betriebsweise mit gepulster Gleichspannung. Der Elektroneneinfang beruht auf einem Absorptionsvorgang und ist daher im Prinzip nichtlinear (Lambert-Beer'sches Gesetz), da sich dadurch die Konzentration der Elektronen im Detektor und damit der Grundionisationsstrom verringert. Durch Erhöhung der Pulsfrequenz gelingt es jedoch, ihn konstant zu halten. In diesem Fall ist die Pulsfrequenz das eigentliche Detektorsignal. Der sog. frequenzmodulierte gepulste ECD erreicht dadurch eine Linearität über vier Größenordnungen.

Auch die Art des Trägergases beeinflußt das Verhalten des ECDs. Mit Edelgasen wie Argon oder Helium zeigt der ECD die hier unerwünschte Eigenschaft eines Edelgasdetektors, wodurch positive Molekülionen und damit wieder negative Peaks im ECD-Chromatogramm entstehen (s. mittlere Abb.). Edelgase werden von β-Strahlen und schnellen Elektronen nicht nur ionisiert, sondern auch in einen metastabilen Zustand versetzt, von dem aus sie andere Moleküle ionisieren können, wenn deren Ionisierungspotential tiefer liegt. Die Ionisierungspotentiale der meisten organischen Moleküle liegen unter 10 eV. Die unerwünschten angeregten Zustände können bei Argon durch Zugabe von wenigen Prozent Methan (oder auch N_2) beseitigt werden, nicht jedoch bei Helium. Methan liegt mit einem Ionisierungspotential von 13.2 eV noch über der Anregungsenergie von 11.6 eV von Argon und kann daher nicht ionisiert werden. Es kann aber die Anregungsenergie durch Stoßübertragung aufnehmen und damit vernichten. Aus diesem Grund wird oft Argon mit 5 % Methan als Trägergas verwendet. Bei Stickstoff als Trägergas mit einem Ionisierungspotential von 15.5 eV ist eine Zugabe von Methan nicht erforderlich. Kapillarsäulen werden meist mit H_2 oder Helium als Trägergas betrieben, und da man sowieso ein Spülgas benötigt, kann man dafür Ar/CH_4 oder N_2 verwenden. Bei allen Trägergasen müssen aber selbst Spuren von O_2 entfernt werden.

Die Empfindlichkeit des ECDs ist extrem stoffabhängig und wird daher meist an einem typischen Beispiel als kleinste nachweisbare Menge (MDQ, „*minimum detectable quantity*") angegeben (s. untere Abb.).

Reaktionen im ECD

Dissoziativer Elektroneneinfang

$$A{-}B + e^- \longrightarrow A^\circ + B^-$$

Elektronenanlagerung

$$A{-}B + e^- \longrightarrow A{-}B^-$$

Der dissoziative Elektroneneinfang als nucleophile Substitutionsreaktion

$$e^- \cdots\rightarrow R{-}X \longrightarrow R^\circ + X^-$$

Halogenempfindlichkeit S_i im ECD

Stoff i	Empfindlichkeit S_i [1] Cl-Benzol = 100	Bindungsenergie[2] kJ/mol		Elektronegativität (relativ)	
Fluorbenzol	1	C-F	538	F	4.0
Chlorbenzol	100	C-Cl	391	Cl	3.0
Brombenzol	600	C-Br	281	Br	2.8
Iodbenzol	37 000	C-J	210	I	2.5

[1] J.E. Lovelock, *Nature (London)* **189** (1961) 729.
[2] Bindungsenergie zweiatomiger Moleküle bei 25 °C

Strukturabhängigkeit der Dissoziationsenergie von Chlor in Vinylchlorid

$$CH_2{=}CH{-}Cl \longleftrightarrow {}^{\ominus}CH_2{-}CH{=}Cl^{\oplus}$$

8.5.2 Molekülstruktur und Empfindlichkeit im ECD

Ein Molekül wird vom ECD dann angezeigt, wenn es die bei der Anlagerung eines Elektrons frei werdende Energie verwerten kann. Sie kann eine chemische Bindung spalten (dissoziativer Elektroneneinfang) oder zur Anregung (Elektronenanlagerung) des Moleküls führen (s. obere Abb.). Ist beides nicht möglich, werden solche Stoffe auch nicht angezeigt, z. B. aliphatische Kohlenwasserstoffe. Die beiden Mechanismen lassen sich durch ihre Temperaturabhängigkeit unterscheiden. Beim dissoziativen Elektroneneinfang steigt die ECD-Empfindlichkeit mit der Temperatur (Detektortemperatur), da höhere Temperaturen die Abspaltung unterstützen. Dagegen wird bei tieferen Temperaturen die Anlagerung bevorzugt und die ECD-Empfindlichkeit nimmt hier mit fallender Temperatur zu. Der dissoziative Elektroneneinfang ist der häufigste Reaktionsmechanismus bei halogenierten Verbindungen und kann auch als nucleophile Substitutionsreaktion betrachtet werden. Durch die Elektronegativität des Halogens ist die Bindung zum restlichen Molekül so stark polarisiert, daß sich das Elektron am positiven Ende des Dipols anlagern kann und dadurch die Ablösung des Halogens als Anion bewirkt. Das Halogen wird aber nur dann abgespalten, wenn die bei der Anlagerung des Elektrons frei werdende Energie (Elektronenaffinität des Moleküls) größer ist als die Bindungsenergie des Halogens. Es ist daher nicht die Elektronegativität des Halogens (s. nebenstehende Tabelle) für den Elektroneneinfang maßgebend, denn dann müßten Fluorverbindungen im ECD besonders empfindlich sein. Tatsächlich ist aber z. B. Tetrachlormethan 2 x 10^6mal (!) empfindlicher als Tetrafluormethan. Durch das kleinere Atomvolumen von Fluor ist die Bindung zum Kohlenstoff stärker als bei den anderen Halogenen und das Fluor dissoziiert nicht. In der nebenstehenden Tabelle sind relative ECD-Empfindlichkeiten für Halogenbenzole aufgeführt. Aber auch die mittleren Bindungsenergien, die in der Tabelle aufgeführt sind, erklären nicht allein die Reaktivität bei der Elektronenanlagerung, da die Dissoziationsenergie des Halogens von strukturspezifischen Wechselwirkungen mit dem Molekül abhängt. Ein Beispiel dafür ist die Unempfindlichkeit von Vinylchlorid im ECD im Gegensatz zu Ethylchlorid (s. untere Abb.). Der Grund dafür ist die stärkere Bindung des Halogens durch einen partiellen Doppelbindungsanteil, der sich aus den beiden nebenstehenden Resonanzstrukturen ableiten läßt. Als Folge davon ist das Molekül auch weniger stark polarisiert, und das zeigt auch das kleinere Dipolmoment von Vinylchlorid (1.44 D) gegenüber dem von Ethylchlorid (2.05 D). Es ist hauptsächlich die Polarisierbarkeit eines Moleküls maßgebend und diese steigt mit der Zahl der Halogene: Beispiel: CH_3Cl : CH_2Cl_2 : $CHCl_3$: CCl_4 $\cong$ 1 : 100 : 50 000 : 500 000.

Dissoziativer Elektroneneinfang mit Mesomeriestabilisierung

$$e^- + CH_2{=}CH{-}CH_2{-}Br \longrightarrow \overset{\circ}{C}H_2{=}CH{-}\overset{\circ}{C}H_2 \leftrightarrow \overset{\circ}{C}H_2{-}CH{=}CH_2 + Br^-$$

Elektronenanlagerung an aromatische Kohlenwasserstoffe

Substanz	S_{ECD} (Chlorbenzol = 100)*
Benzol	< 1
Naphthalin	< 1
Phenanthren	5
Anthracen	1200
Azulen	34000

* J.E. Lovelock, *Nature (London)* **189** (1961) 729.

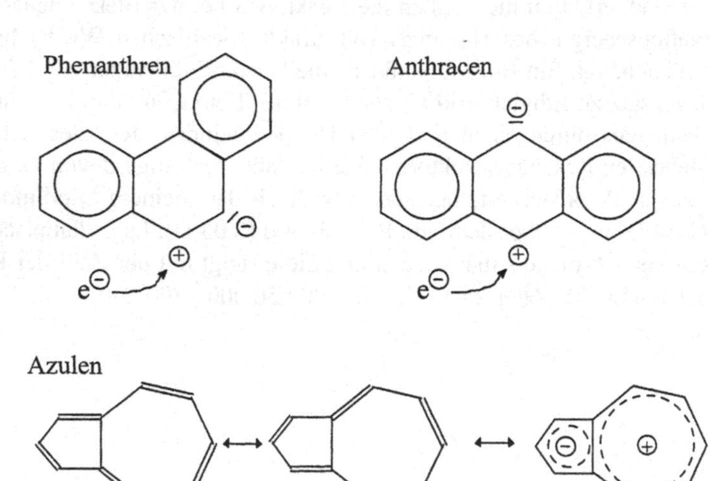

Molekulare Strukturen können die Ablösung eines Halogenanions aber auch erleichtern, wenn das entstehende Radikal durch Mesomerie stabilisiert wird. Es ist daher nicht nur die Struktur des Ausgangsmoleküls maßgebend, sondern auch die des entstehenden Radikals.

Beispiel: Brompropan/Allylbromid

Das bei der Ablösung des Bromanions verbleibende Allylradikal wird durch Resonanz stabilisiert (Allylmesomerie) und ist 15mal empfindlicher als Brompropan, in Analogie zur erhöhten chemischen Reaktionsfähigkeit von Allylhalogeniden.

Während beim dissoziativen Elektroneneinfang aus einem Molekül ein Molekülradikal (sowie das abgelöste Anion) entsteht, bildet sich bei der Anlagerung eines Elektrons ein anionisches Molekülradikal. Man kann die Anlagerung auch als nucleophile Additionsreaktion auffassen, und das ist nicht nur eine formale Beschreibung, sondern ermöglicht auch, durch Analogie zur chemischen Reaktivität den Einfluß molekularer Strukturen auf die ECD-Empfindlichkeit verständlich zu machen. Für die nucleophile Addition muß das Molekül polare Strukturen mit positiven Angriffsstellen aufweisen, und sei es nur in Form von Resonanzstrukturen in einem mesomeren System.

Beispiel: Aromaten (s. nebenstehende Tabelle)

Aromatische Kohlenwasserstoffe (Benzol, Naphthalin) sind praktisch nicht ECD-empfindlich. Je stärker gestört jedoch das ideale mesomere aromatische System ist, um so stärker wird der Einfluß von ionisierten Grenzstrukturen und um so größer die Wahrscheinlichkeit der Elektronenanlagerung an den dadurch hervorgerufenen positivierten Stellen im Molekül. Interessant ist der deutliche Unterschied von Anthracen und Phenanthren, wobei die höhere Empfindlichkeit von Anthracen durchaus mit seiner höheren chemischen Reaktivität in 9,10-Stellung korreliert und die gleiche Ursache hat: Durch die Anlagerung eines Elektrons wird die Aromatisierung des mittleren Rings aufgehoben, wozu bei Anthracen 75.6 kJ/mol genügen, während für Phenanthren 117.6 kJ/mol benötigt werden. Noch größer ist die Reaktivität des mit Naphthalin isomeren Azulens, bei dem der Siebenring ein Elektron an den Fünfring abgibt, wodurch sich ionische Grenzstrukturen ergeben, die als Grund für eine entsprechend hohe ECD-Empfindlichkeit gelten können. Die polarisierte Struktur des Azulens zeigt sich auch in einem Dipolmoment von 1.7 D, während das von Naphthalin praktisch Null ist.

Molekülpolarisierung durch induktiven Feldeffekt von Fluoralkylgruppen

Perfluorbuten-2 $CF_3-CF=CF-CF_3$

N-HFB-Aminosäureester $CF_3-CF_2-CF_2-C(=O)-NH-CH(R_1)-COOR_2$

Molekülpolarisierung durch Mesomerieeffekt

Nitrobenzol

Chinon

Elektrophor		S_{ECD} (Chlorbenzol = 100)*
Chinon	O=C – CH= CH–C= O	5.0 x 10^5
Diacetyl	O=C – C = O	2.0 x 10^5
Diethylmaleat	O=C – CH= CH–C = O	1.7 x 10^4
Ethylpyruvat	O=C – C = O	1.7 x 10^4
Zimtaldehyd	CH= CH–C= O	3.1 x 10^3

* J.E. Lovelock, *Nature (London)* **189** (1961) 729.

Headspace-Analyse von Diacetyl und Pentan-2,3-dion in Bier

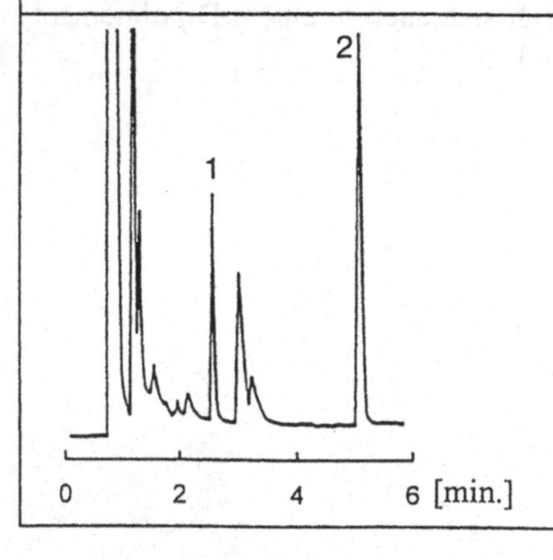

50 m x 0.32 mm FS-Filmkapillare,

Poly(5 % phenyl-methylsiloxan), 1 µm, 60 °C;

Trägergas: N_2, 120 kPa, split: 1:10;

ECD, 150 °C, 1 nA, x2;

Headspace-Dosierung: 0.02 min;

Probe: 5 mL Bier (Pils), 60 min. bei 45 °C,

1 Diacetyl, 15 µg/L

2 Pentan-2,3-dion, 12 µg/L

Elektronegative Gruppen mit starken induktiven Feldeffekten im Molekül können in benachbarten Doppelbindungen oder Carbonylgruppen die π-Elektronen soweit verschieben, daß positivierte nucleophile Angriffsstellen entstehen. Dieser Effekt ist besonders ausgeprägt bei fluorierten Alkylgruppen. So ist z. B. Perfluorpropan erwartungsgemäß ECD-inaktiv, Perfluorbuten-2 dagegen 10^5mal empfindlicher, da hier die Doppelbindung durch den induktiven Feldeffekt der beidseitigen elektronegativen Fluorgruppen so an Elektronen verarmt und dadurch positiviert ist, daß sich das Elektron dort leicht anlagern kann.

In ähnlicher Weise sind fluorierte Acyl-Schutzgruppen für Aminosäuren und Peptide durch die Polarisierung der -CO-NH-Gruppe um so empfindlicher, je mehr elektronegative Fluoratome enthalten sind. Die häufig für Synthesen verwendete Trifluoracetyl-Schutzgruppe (N-TFA) ist im ECD etwa 50mal empfindlicher als im FID, die Heptafluorbutyryl-Gruppe (N-HFB) dagegen etwa 1500mal. Letztere wird deshalb für einen sehr empfindlichen Nachweis von N-HFB-Aminosäure- bzw. Peptidester im ECD benutzt.

Enthält eine Gruppe, wie z. B. die Nitrogruppe, eine aufrichtbare Doppelbindung, kann durch Konjugationswechselwirkung mit π-Elektronen ein Mesomerie-Effekt (–M-Effekt) hervorgerufen werden. Mehrere zwitterionische Resonanzstrukturen, von denen hier nur eine Auswahl von weiteren Möglichkeiten gezeigt sind, erleichtern die Anlagerung des Elektrons. So ist Nitrobenzol ca. 400mal empfindlicher als Chlorbenzol.

Sehr hohe ECD-Empfindlichkeit zeigen Moleküle mit chinoiden Strukturen. Chinon selbst ist nicht mesomer, sondern verhält sich wie ein doppeltes α,β-ungesättigtes Keton. Erst durch die Aufrichtung von polaren, ionischen Grenzstrukturen wird der Ring aromatisiert, und daran kann sich das Elektron unter Ausbildung von semichinoiden Strukturen mit sehr symmetrischer Mesomerie anlagern. Diketone zeigen eine ähnlich hohe ECD-Empfindlichkeit, und es ist daher ein ähnlicher Mechanismus anzunehmen. Formal ist Chinon ein vinyloges Diketon, und so betrachtet reihen sich die in der nebenstehenden Tabelle aufgeführten Verbindungen zwanglos ein. Niedrige Detektortemperaturen erleichtern die Anlagerung des freien Elektrons und erhöhen die Empfindlichkeit, so auch bei der Bestimmung der beiden vicinalen Diketone Diacetyl und Pentan-2,3-dion in Bier mittels der Headspace-GC (s. untere Abb.). Die Detektortemperatur ist hier allerdings nach unten auf ca. 120 °C begrenzt, durch die dann beginnende Kondensation von Wasser im ECD.

Kopplung Gaschromatographie-Massenspektrometrie (GC/MS)

- Magnetsektorfeld-Massenspektrometer

  Ionen werden in einem Magnetfeld abgelenkt; historischer Beginn der GC/MS Kopplung. Moderne Geräte sind ausreichend schnell auch für die Kopplung mit Kapillarsäulen.

- Doppelfokussierende Massenspektrometer

  Zusätzlich zur Ablenkung im Magnetfeld des Magnetsektorfeld-Massenspektrometers werden die Ionen in einem elektrischen Feld abgelenkt. Die Energiedispersion durch das Magnetfeld wird durch die Energiedispersion des elektrischen Feldes kompensiert.

- Flugzeit Massenspektrometer („TOF")

  Kurzzeitige Ionisierung. Die Ionenpakete werden in einer Driftstrecke beschleunigt. Kleine Ionen sind schneller. Schnelle Scanraten (20–50 Spektren/s) für schnelle GC.

- Quadrupol Massenspektrometer

  Massenfilter mit vier hyperbolischen Stäben. Nur Ionen mit der Resonanzfrequenz verlassen das Wechselspannungsfeld des Quadrupols. Bewährte Routine Geräte.

- Ionenfallen- (Ion-Trap-) Massenspektrometer

  Die Ionen bleiben durch ein zunächst stabiles Hochfrequenzfeld in der Ionenfalle (Ion-Trap, Massenanalysator) gefangen und durch Änderung der Frequenz verlassen sie die Ionenfalle und werden gescannt. Vorteilhaft für GC/MS/MS.

8.6 Massenspektrometer als GC-Detektor

Eine eindeutige Identifizierung aus den chromatographischen Daten der durch GC getrennten Stoffe ist nicht möglich. Dies gelingt dagegen mit spektroskopischen Verfahren, die alle (UV, IR, NMR, AAS) bereits mit der GC kombiniert wurden. Von diesen Verfahren passt besonders die Massenspektrometrie (MS) wegen ihrer hohen Empfindlichkeit und der schnellen Registriergeschwindigkeit zu den schnellen Abläufen der Gaschromatographie. Die GC/MS-Kopplung wird daher routinemäßig sowohl für Stoffidentifizierungen als auch für die quantitative Analyse eingesetzt, während die übrigen Kopplungsverfahren meist speziellen Anwendungen vorbehalten sind.

Bei der Massenspektrometrie werden die Analyten ionisiert und die entstehenden Molekülionen oder die daraus entstehenden Fragmentionen nach ihrem Masse- zu Ladungsverhältnis m/z getrennt. Die Kombination Gaschromatograph mit Massenspektrometer geht bis ins Jahr 1957 zurück und wurde zuerst mit einfachfokussierenden Magnetsektorfeld-Geräten durchgeführt. Auch Flugzeit-Massenspektrometer (TOF = „*time of flight*") wurden schon frühzeitig eingesetzt und werden wegen der hohen Scanraten (ca. 20–50 Spektren/s) wieder zunehmend interessant für die schnelle GC. Der entscheidende Durchbruch für die Anwendung der GC/MS-Kopplung kam aber erst mit der Entwicklung der Computertechnologie, denn erst damit konnten diese Kopplungsverfahren für die Routineanalytik verfügbar gemacht werden.

Am häufigsten finden sich in den Routinelabors Quadrupolgeräte, nicht nur wegen ihrer robusten und zuverlässigen Betriebsweise, sondern auch wegen der guten Reproduzierbarkeit und Vergleichbarkeit der Massenspektren. Diese eignen sich daher gut zur Identifizierung durch Vergleich mit Literaturspektren aus umfangreichen Spektrenbliotheken. Bei der neueren Generation von Ionenfallen- (Ion-Trap-) Geräten mit externer Ionisierungsquelle sind bisherige Nachteile beseitigt; sie eignen sich daher ebenso wie Quadrupol-Geräte sowohl für Identifizierungen durch Spektrenvergleich als auch für die Quantifizierung im Ultraspurenbereich. Die Stärke der Ion-Trap-MS liegt in der mehrstufigen Fragmentierung durch das MS/MS-Verfahren und damit in der Strukturaufklärung komplexer Moleküle.

Neben den bewährten und preisgünstigen Single-Massenspektrometern werden sog. Tandem-Massenspektrometer (MS/MS) in zunehmenden Maße ebenfalls für die Routine eingesetzt. Sie ermöglichen weitere Experimente mit den Molekül- und Fragmentionen. Bei den Quadrupolen werden dafür mehrere Massenspektrometer, z. B. drei Quadrupol-Massenfilter, nacheinander gekoppelt. Die Ion-Trap-Geräte dagegen haben konstruktionsbedingt den Vorteil, daß sowohl die Isolierung des ausgewählten Ions, sein Zerfall in charakteristische Fragmente und deren Identifizierung durch eine zweiten Massenanalyse in nur einer Messzelle, der Ionenfalle, ausgeführt werden kann.

Das MS/MS-Verfahren eliminiert den Störpegel aus Matrixeinflüssen (Säulenbluten, Pumpenöldämpfe, Restluft etc.) und verbessert dadurch das Signal zu Rausch Verhältnis und damit die Empfindlichkeit. Durch die Registrierung der Sekundär-Ionen erhöht sich auch die Sicherheit der Identifizierung.

Allgemeiner Aufbau eines GC/MS Systems

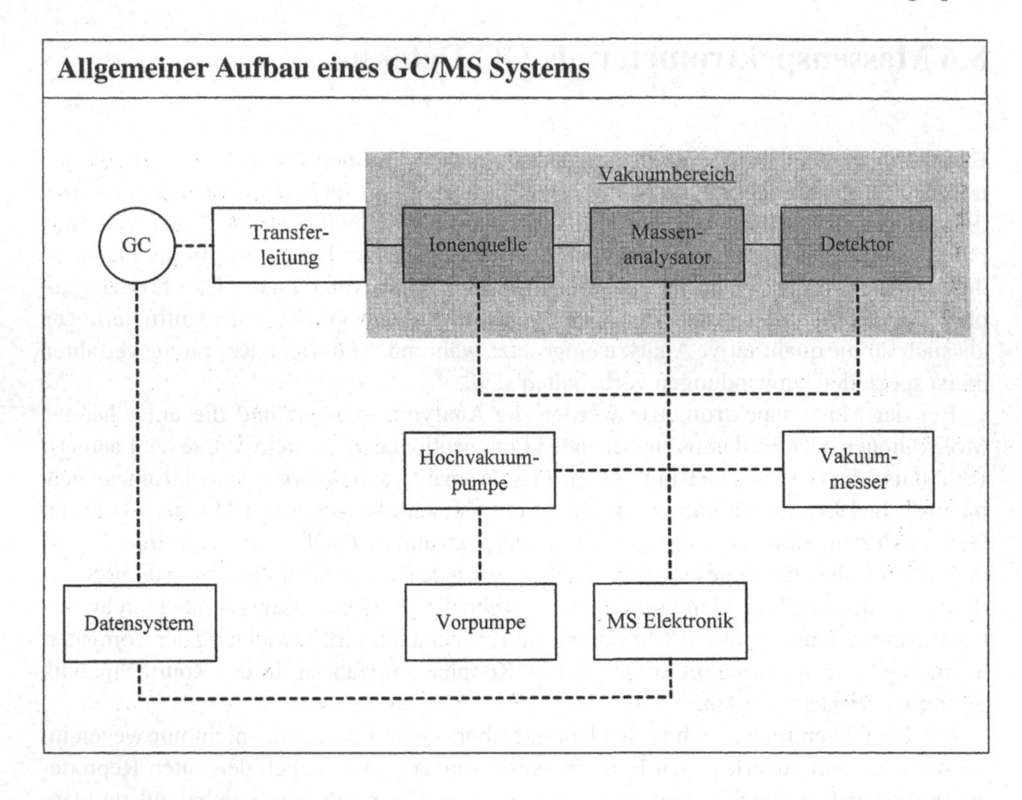

Begriffe der Massenspektrometrie

Atomare Masseneinheit ($1.66 \cdot 10^{-27}$ kg)	„amu“, bzw. kurz „u“, auch Dalton „Da“
Auflösung R_{MS}	$R_{MS} = m/\Delta m$
Totalionenstrom-Chromatogramm	TIC („*total ion chromatogram*“)
Massenscan	FC („*full scan*“)
Selektive Ionenregistrieung	SIM („*selected ion monitoring*“) SIR („*selected ion recording*“) SID („*selected ion detection*“) MID („*multiple ion detection*“)
EI	Elektronenstoß-Ionisierung („*electron impact*“)
CI	Chemische Ionisierung
Primär-Ion	Eltern-Ion („*parent ion, precursor ion*“)
Sekundär-Ion	Tochter-Ion, Produkt-Ion („*daughter ion*“)
Druckangaben	Pa, s. Tabelle der Druckeinheiten S. 110

8.6.1 Aufbau einer GC/MS Apparatur und Begriffe der Massenspektrometrie

Für die GC/MS-Kopplung werden heute ausschließlich Kapillarsäulen verwendet. Sie werden meist direkt, bzw. über eine geheizte Transferleitung an die Ionenquelle angeschlossen (direkte Kopplung). Die sog. offene Kopplung, bei der die Kapillarsäule über einen heliumgespülten Splitauslaß und eine enge Restriktionskapillare an die Ionenquelle angeschlossen ist, wird heute kaum noch verwendet. Beim Eintritt der Trägergasströmung vom Ende der Kapillarsäule in die Ionenquelle besteht eine starkes Druckgefälle von praktisch Atmosphärendruck zum Vakuum der Ionenquelle. Bei Quadrupol-Geräten herrscht hier ein Hochvakuum (10^{-3} Pa), während bei den Ion-Trap-Geräten ein geringeres Vakuum von 133 Pa ausreicht. Mit leistungsfähigen Turbomolekularpumpen können Kapillarsäulen bis zu einem Innendurchmesser von 0.53 mm und einer Trägergasströmung bis zu 10 mL/min betrieben werden. Die Drücke werden hier in Pa angegeben; zur Umrechnung in andere Einheiten (torr, bar etc.) s. Tabelle der Druckeinheiten S. 110.

Zur Registrierung werden als Auffänger entweder Elektronenmultiplier oder Photomultiplier verwendet. Bei den heutigen Geräten befinden sich die Auffänger nicht mehr direkt im Ionenstrahl, sondern eine seitwärts angeordnete Konversionsdynode, an der ein Potential anliegt, lenkt die Ionen ab und wandelt sie in Elektronen um. Neutrale Teilchen, z. B. auch Neutronen, die in der ersten Dynode eines Elektronenmultipliers Elektronen erzeugen würden und damit einen höheren Störpegel hervorrufen könnten, werden nicht abgelenkt und damit eliminiert. Als Elektronenmultiplier wird bevorzugt der Hörnchen-Typ mit einer kontinuierlichen Dynode eingesetzt; er ist ebenfalls nicht direkt dem Ionenstrahl ausgesetzt. Beim Photomultiplier werden die entstandenen Elektronen über einen Phosphorschirm in Photonen umgewandelt. Durch die gekapselte, evakuierte Konstruktion ist der Photomultiplier kontaminationsfrei und von langer Lebensdauer.

Die Masse wird in atomaren Masseneinheiten „amu“ angegeben. Die in der englischen Literatur bevorzugte Angabe in Dalton (Da) bezieht sich auf John Dalton (1766–1844), der das Atommodell in die Chemie eingeführt hatte. Für den Routinebetrieb genügt ein Massenbereich < 800, moderne Geräte verfügen meist über einen Bereich bis zu 1000–1200 amu.

Der angewendete Massenbereich beeinflußt nämlich auch die Scanrate (Scans/s). Ein typischer Wert für Quadrupol-Geräte sind z. B. 5 Scans/s über einen Bereich von 600 amu im Massenscan-Modus („*full scan mode*“). Eine hohe Scanrate ist ausschlaggebend für die richtige Erfassung von schmalen, scharfen Kapillarpeaks. Wird ein GC-Peak nur mit wenigen Scans vermessen, führt das zur Verzerrung des GC-Peaks, damit zu einem Verlust an Auflösung sowie zu einer verfälschten Bestimmung der Peakflächen für die quantitative Analyse. Die exakte Bestimmung einer Peakfläche erfordert mindestens 12–20 Scans und das läßt sich meist nur im SIM-Modus erreichen, in diesem Fall aber dann bis zu 60 Scans/s über einen GC-Peak.

Das Auflösungsvermögen R_{MS} ist die kleinste notwendige Massendifferenz Δm zwischen einem Ion der Masse m und einem Ion der Masse $m + \Delta m$, um noch ein getrenntes Signal zu erhalten. Z. B. bedeutet ein $R_{MS} = 5000$, daß Ionen mit einem Masse/Ladungsverhältnis m/z von 5000 und 5001 bzw. 50.00 und 50.01 noch als getrennte Peaks im Massenspektrum registriert werden.

Elektronenstossionisierung (EI)

$$M + e_p^- \rightarrow (M^\bullet)^+ + e_s^-(0.04\ \text{eV})$$

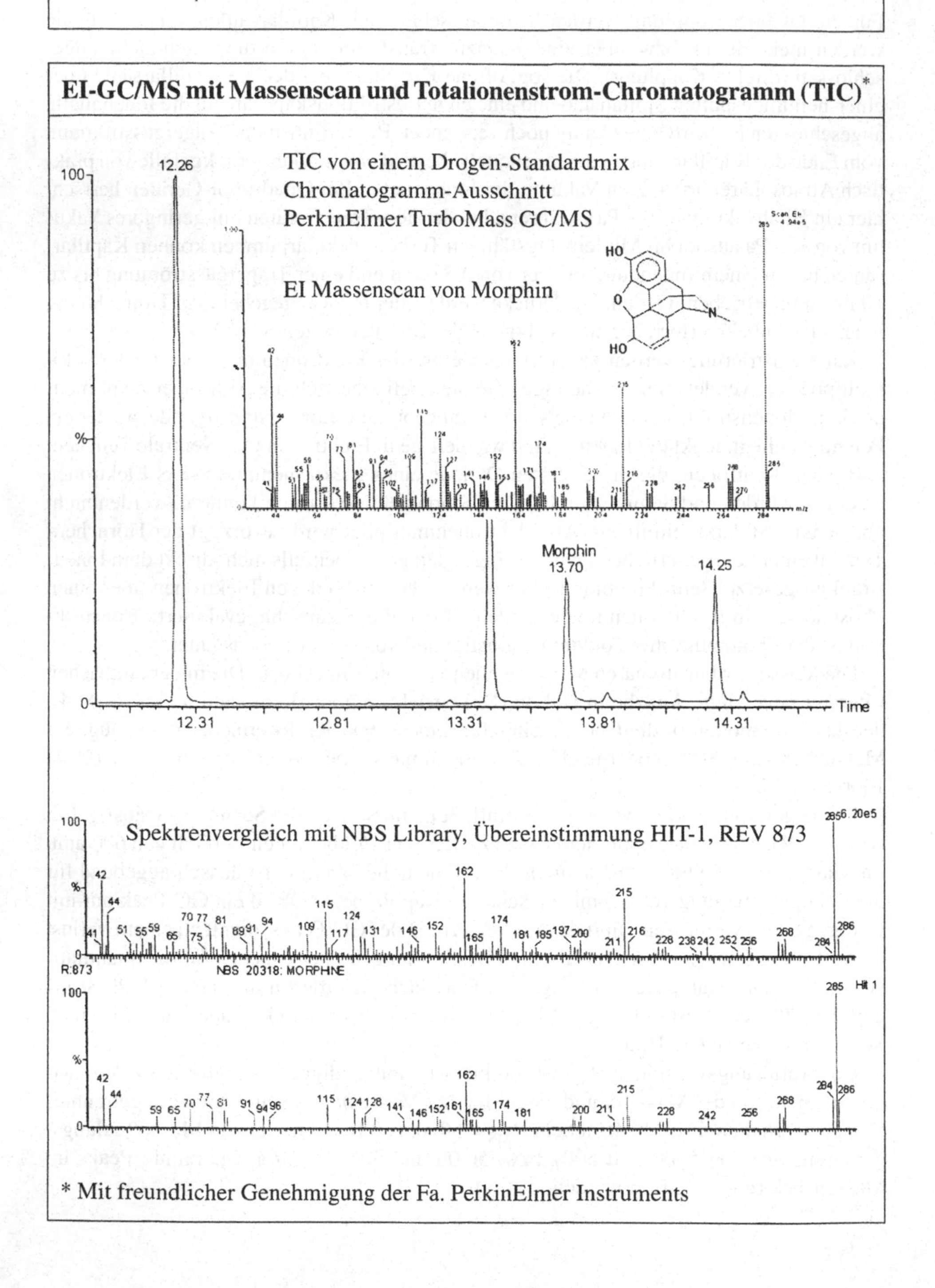

8.6.2 Ionisierungsmethoden

Elektronenstoßionisierung

In der Ionisierungskammer treten im Hochvakuum aus einem Glühdraht Elektronen (Primärelektronen e_p^-) aus, die imSpannungsfeld (10–100 eV, meist 70 eV) der Ionenquelle beschleunigt werden. Durch Kollision mit den Stoffmolekülen wird ein Elektron herausgeschlagen und es entsteht ein Radikalkation $(M^\bullet)^+$, auch kurz als Molekülion bezeichnet. Dieses angeschlagene Molekülion zerfällt meist in mehrere neutrale und ionisierte Bruchstücke.

Massenscan und Totalionenstrom-Chromatogramm

Die durch Elektronenstoßionisierung entstandenen Molekülionen und Fragmentionen unterliegen häufig noch weiteren Umlagerungsreaktionen. Durch die starke Energieübertragung sind die Zerfallsreaktionen so bevorzugt, daß das ursrpüngliche Molekülion oft nicht mehr vorhanden und die Molmasse aus dem EI-Spektrum dann nicht zu ermitteln ist. Die Fragmentionen werden in dem vorgegebenen Massenbereich registriert (Massenscan), d. h. aufgetrennt und ergeben das Massenspektrum, das meist in Form eines Strichspektrums aufgezeichnet wird, indem die Intensitäten gegen die Massenzahl amu aufgetragen wird. Auch die Tabellenform ist möglich. Die Fragmentionen beinhalten Merkmale von Teilstrukturen des Moleküls und eignen sich dadurch zur Rekonstruktion der Struktur eines komplexen Moleküls. Dieses charakteristische Muster von Fragmentionen ist so gut reproduzierbar, daß es als Fingerprint zur Identifizierung durch Spektrenvergleich aus umfangreichen Spektrenbibliotheken geeignet ist. Die Übereinstimmung, angegeben mit HIT oder FIT wird durch Zahlen bis 1000 (100 % Übereinstimmung) angegeben. Vollständige Massenspektren im Massenscan-Modus werden daher hauptsächlich für die Identifizierung, auch unbekannter Stoffe, eingesetzt. Dabei wird der gewählte Massenbereich mit einer Auflösung von 0.1 amu und einer Integrationszeit von ca. 50–200 µs pro Meßpunkt abgetastet. Die totale Meßzeit für einen Bereich von 500 amu beträgt ca. 0.25–1 s. Alle Ionenströme werden zum Totalionenstrom aufsummiert und daraus das Gaschromatogramm rekonstruiert.

Selektive Ionenregistrierung

Anstelle der Registrierung eines vollständigen Massenspektrums, bei dem ein großer, aber oft weitgehend leerer Massenbereich durchlaufen wird, werden nur einzelne, für den Stoff signifikante, Ionen ausgewählt, d. h. das Massenspektrometer springt von Masse zu Masse. Das erlaubt eine längere Meßzeit pro Ion (50 ms anstelle von 50 µs) und ergibt eine Verbesserung der Nachweisgrenze um den Faktor 10–100. Im Massenscan-Modus liegen die Nachweisgrenzen im unteren Picogramm-Bereich, im SIM-Modus dagegen bereits im Femtogramm-Bereich. Durch die längere Meßzeit wird auch die Genauigkeit für die quantitative Bestimmung erhöht, da ebenfalls mehr Meßpunkte zur Bestimmung der Peakflächen im Totalionenstrom-Chromatogramm zur Verfügung stehen, was besonders bei schnellen Kapillarsäulenpeaks entscheidend sein kann. Die Hauptanwendung der SIM-Technik ist daher der empfindliche Nachweis und die quantitative Messung ausgewählter Stoffe in der Probe. Dieses Verfahren wird auch mit SIR, SID oder MID bezeichnet (s. S. 206).

Chemische Ionisierung (CI) mit Methan als Reaktandgas

Kationen und Radikalkationen durch Ionisation von Methan

$$CH_4 \xrightarrow{e_p^-} (CH_4^{\bullet})^+ \longrightarrow (CH_3)^+, (CH_2^{\bullet})^+, (CH)^+, (H)^+$$

Ionen-Molekül-Reaktion mit Methan

$$CH_4 + (CH_4)^+ \longrightarrow (CH_5)^+ + CH_3$$

$$CH_4 + (CH_3)^+ \longrightarrow (C_2H_5)^+ + H_2$$

$$CH_4 + (C_2H_3)^+ \longrightarrow (C_3H_5)^5 + H_2$$

Bildung von positiven Ionen bei der chemischen Ionisierung (PICI)

Protonenübertragung von Reaktandionen $(RH)^{\pm}$

$$M + (RH)^+ \longrightarrow (MH)^+ + R \qquad (RH)^+ = (CH_5)^+; (C_2H_5)^+; (C_3H_5)^+$$

Anlagerung von Reaktandionen $(RH)^{\pm}$

$$M + (RH)^+ \longrightarrow (MRH)^+$$

Bildung von negativen Ionen bei der chemischen Ionisierung (NICI)

Dissoziativer Elektroneneinfang: $AB + e_s^- \rightarrow A^{\bullet} + B^-$

Elektronenanlagerung: $AB + e_s^- \rightarrow AB^-$

Protonenübertragung: $MH + X^- \rightarrow M^- + HX \qquad X^- = AB^-; B^-$

Ionenadduktbildung: $M + X^- \rightarrow MX^-$

Chemische Ionisierung CI

Eine Reaktandgas (Methan, Isobutan, Ammoniak etc.) wird in die Reaktionskammer (Volumen ca. 1 mL) im Überschuß eingeführt und ebenfalls durch EI kontinuierlich ionisiert. Der Glühdraht ist außerhalb der Reaktionskammer angeordnet und die Elektronen werden mit 100–200 eV beschleunigt. Durch den Überschuß des Reaktandgases zum Probengas im Verhältnis von ca. 1000 zu 1 entsteht in der Ionenquelle ein vergleichsweise hoher Druck (10–100 Pa) und dies erfordert ein leistungsfähiges Pumpensystem, um im nachfolgenden Trennsystem besonders bei Quadrupolen das Hochvakuum (10^{-3} – 10^{-4} Pa) hervorzurufen. Das Vorzeichen der an der Ionenquelle angelegte Spannung entscheidet, ob positive oder negative Ionen registriert werden. Häufig wird Methan als Reaktandgas verwendet und aus der Folge der gebildeten Kationen und Radikalkationen entstehen durch Ionen-Molekül-Reaktionen mit Methan protonisierte Kationen z. B. $(CH_5)^+$ und $(C_2H_5)^+$, die das Proton auf das Molekül M übertragen können, wenn dessen Protonenaffinität die ziemlich niedrige des Methans (CH_5^+: 132 kcal/mol) übersteigt. Bei organischen Molekülen liegt sie etwa zwischen 180–240 kcal/mol.

Die Protonisierung des Moleküls M ist ein energetisch schonender Vorgang im Gegensatz zur Ionisierung durch EI; im Massenspektrum findet sich daher bei der CI bevorzugt die Masse des protonisierten Molekülions MH^+ mit nur wenigen zusätzlichen Fragmentionen. Auch die Anlagerung von Reaktandionen ist möglich, z. B. solche von Methan: M+29 ($C_2H_5^+$) und M+41($C_3H_5^+$). Allerdings werden bei der chemischen Ionisierung keine bibliothekskonformen Spektren erhalten, aber hier interessiert meist sowiese nur die Bestimmung der Molmasse durch den bevorzugten Molekülpeak, vor allem wenn bei der EI im Massenspektrum das Molekülion nicht vertreten ist.

Die Bildung von negativen Ionen erfolgt analog den Vorgängen in einem ECD (s. Kapitel 8.5). Bei der Stoßionisation (meist 70 eV) des Reaktandgases, z. B. Methan entstehen durch die Kollision der Primärelektronen (e_p^-) analog zur ß-Strahlung sekundäre Elektronen (e_s^-) mit sehr niedriger sog. thermischer Energie (0.04 eV). Moleküle mit ausreichend hoher Elektronenaffinität können diese thermischen Elektronen einfangen, entsprechend den analogen Vorgängen im ECD (ECD–MS) nach dem Schema des dissoziativen Einfangs, bzw. der Anlagerung (s. S. 198). Die resultierenden Anionen B^-, AB^- werden dann im Massenspektrum nachgewiesen; sie können aber auch weiter aus Molekülen (MH) durch Protonenentzug negative Molekülionen erzeugen (M^-), die ebenfalls unter Bildung von negativen und neutralen Spaltprodukten fragmentieren können. Auch Ionenadduktbildung von negativen Reaktandionen ($X^- = AB^-$; B^-) ist möglich.

Prinzipieller Aufbau eines Quadrupol-GC/MS-Massenspektrometers

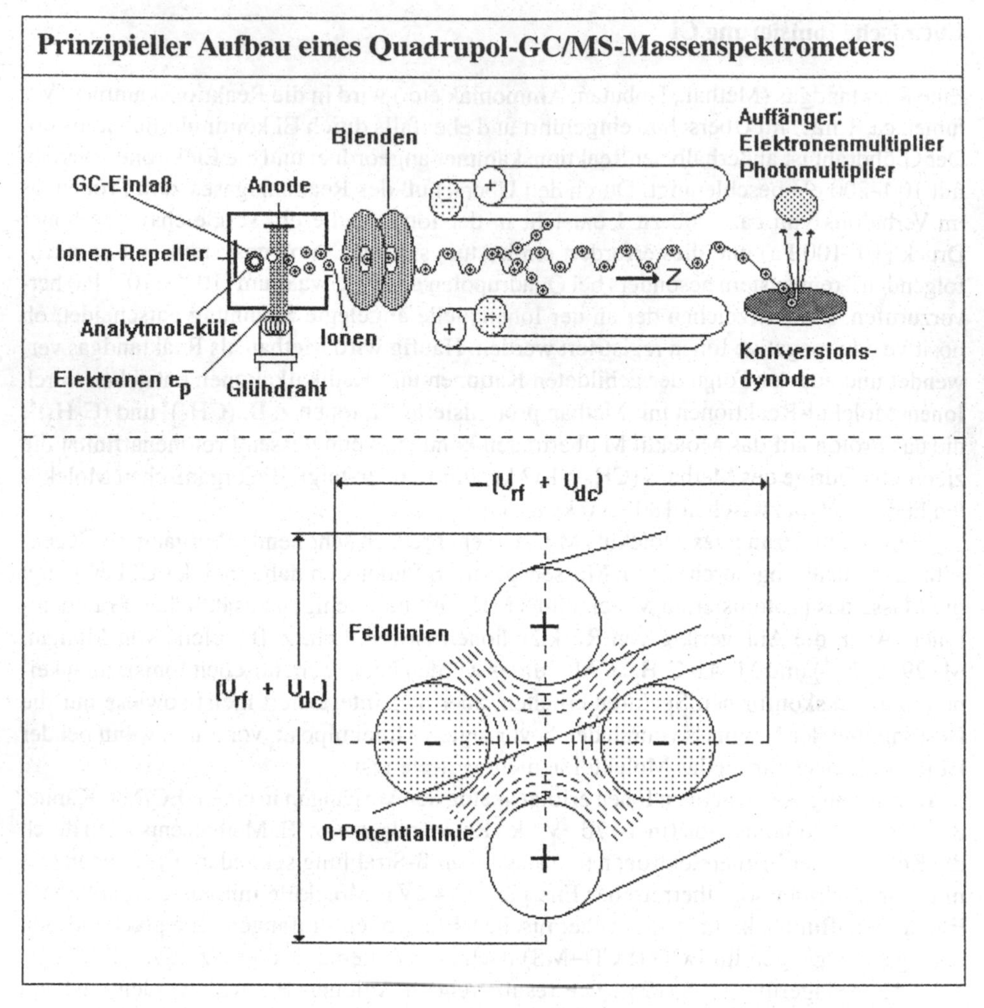

Prinzipieller Aufbau eines Quadrupol-GC/MS/MS Tandem Massenspektrometers

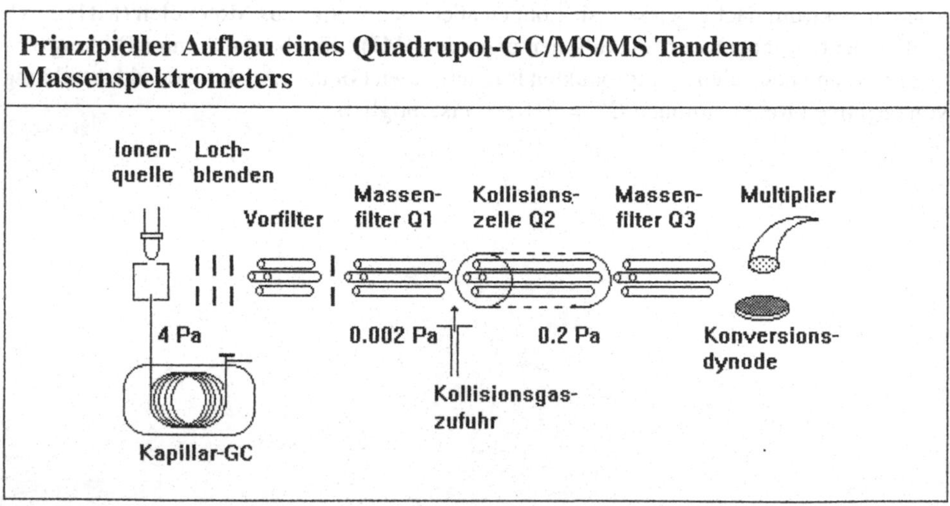

8.6.3 Quadrupol Massenspektrometer

Die Ionenquelle enthält den Glühdraht (meist aus Rhenium) zur Erzeugung der schnellen Elektronen mit Blende und Gegenelektrode (Anode), sowie Magnete zur Fokussierung des Elektronenstrahls. Mit verschiedenen scheibenförmigen durchlochten Blenden mit ansteigendem negativem Potential wird der Ionenstrahl beschleunigt und zu einem scharfen Strahl fokussiert. Das nachgeschaltete Massenfilter besteht aus vier parallelen Stäben die äquidistant in den Ecken eines Quadrats angeordent sind. Die Oberflächen der Stäbe, die gegen das RF-Feld zeigt, sind hyperbolisch geformt. Die beiden jeweils diagonal gegenüberstehenden Stäbe sind durch eine Gleichspannung U_{dc} und eine hochfrequente Wechselspannung U_{rf} gekoppelt. Das Vorzeichen der Gleichspannung ist für jeweils ein Stabpaar umgekehrt, während die Wechselspannung eine Phasenverschiebung von 180° aufweist. Wäre nur die Gleichspannung wirksam, würden alle Ionen abgelenkt und nach einer entsprechenden Distanz an die Stäbe stossen. Mit der zusätzlich überlagerten Wechselspannung wird erreicht, daß nur Ionen mit einem bestimmten Masse-Ladungsverhältnis m/z so um die Längsachse des Quadrupols mit einer begrenzten Schwingungsamplitude oszillieren, daß sie den Quadrupol verlassen können. Es kommen daher nur solche Ionen durch, die der Resonanzfrequent (RF) entsprechen, während alle anderen Ionen zu den Stäben abgelenkt werden. Mit einem Vorfilter werden Feldinhomogenitäten am Anfang des Quadrupols ausgeglichen und defokussierte Ionen zuvor entfernt. Dazu eignet sich ein kleines Quadrupol, an dem nur Wechselspannung anliegt. Als Detektoren werden bei Quadrupol-Geräten sowohl Elektronenmultiplier als auch Photomultiplier verwendet.

Für das Tandem-MS Verfahren werden drei Quadrupole in Serie betrieben (Tripel-Quadrupol). In einem ersten Schritt wird ein Ion mit vorgewählter Masse, das Primär-Ion im ersten der drei Quadrupole im SIM-Modus isoliert und die übrigen unerwünschten Ionen entfernt. Das zweite Quadrupol Q_2 dient als Kollisionszelle, bei der nur eine Wechselspannung an den Stäben anliegt. Es wird Edelgas als Kollisionsgas eingespeist und die Edelgasatome werden durch das elektrische Feld in einen energiereicheren Zustand überführt aus dem bei dem höherer Druck (z. B. 0.2 Pa) durch Kollision das ausgewählten Primär-Ion weiter zu Sekundär-Ionen fragmentiert. Diese werden im dritten Massenfilter Q_3 getrennt und registriert. Auch hier dient ein zusätzliches und nur mit Wechselspannung betriebenes kleines Quadrupol als Vorfilter. Zusätzlich gibt es bei den Quadrupol Massenspektrometern noch folgende Arbeitsweisen:

- Das dritte Quadrupol wird im SIM-Modus auf die Masse eines Sekundär-Ions eingestellt. Das erste Quadrupol wird von höheren Massen bis zu derjenigen des Sekundär-Ions gescannt und damit werden potentielle Primär-Ionen erfaßt („*parent ion scan*“).
- Beide Quadrupole werden gleichzeitig gescannt, jedoch mit einer Massendifferenz, die einem abgespaltenen neutralen Fragment entspricht. Infolgedessen werden nur solche Ionen registriert, die dieses Fragment verloren haben („*neutral loss scan*“). Damit können Substanzgruppen spezifisch erfaßt werden, die das gleiche Fragmentierungsmuster zeigen.
- Beide Quadrupole werden im SIM-Betrieb mit einer vorgewählten Massendifferenz auf feste Massen eingestellt und nur Ionen, die mit dieser Massendifferenz aus dem Primärion durch die weitere Fragmentierung entstanden sind, werden erfaßt („*selected reaction monitoring*“). Durch die verdoppelte spezifische Messung einer vorgewählten Masse verringert sich der Störpegel, wodurch die Empfindlichkeit verbessert wird.

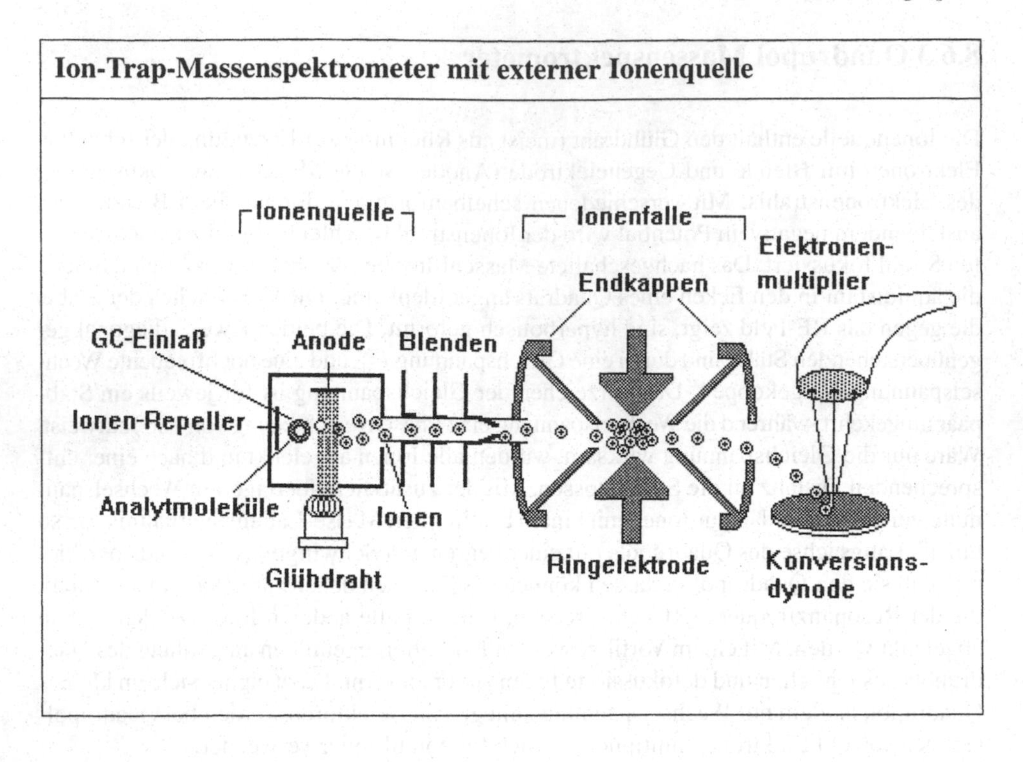

Ion-Trap-Massenspektrometer mit externer Ionenquelle

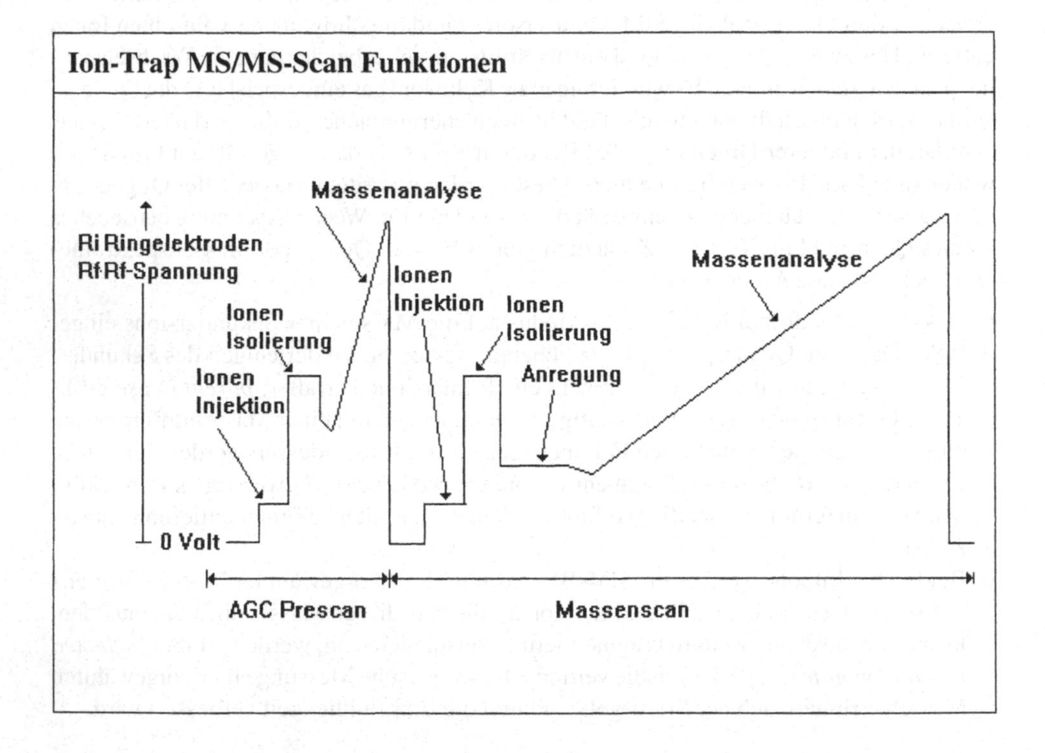

Ion-Trap MS/MS-Scan Funktionen

8.6.4 Ion-Trap Massenspektrometer

In der ursprünglichen Version als ITD („Ion-Trap-Detektor“) erfolgte sowohl die Ionisierung als auch die Trennung der Ionen in der Ionenfalle, nur eben zeitlich nacheinander. Bei neueren Geräten * dagegen sind beide Vorgänge wie bei den Quadrupol-Geräten örtlich getrennt,. Aus der externen Ionisierungsquelle werden die durch EI oder CI gebildeten Ionen in die Ionenfalle überführt. Durch diese örtliche Trennung wird verhindert, daß neutrale Moleküle bzw. Fragmente in die Ionenfalle gelangen und dort wegen der längeren Verweilzeit als Folge von Ionen-Molekül Reaktionen eine selbstinduzierte chemische Ionisierung hervorrufen, was konzentrationsabhängige und damit unreproduzierbare Reaktionen zur Folge hätte.

Die Ionenfalle besteht aus zwei rotations-symmetrischen Endkappen und einer Ringelektrode. Die in der Ionenfalle ankommenden Ionen eines GC Peaks bleiben durch ein stabiles Hochfrequenzfeld (Radiofrequenz) in einer Zeitspanne von Millisekunden zunächst gefangen gehalten und werden dadurch angereichert. Daraus ergibt sich die für Ion-Trap Geräte typische hohe Empfindlichkeit im Massenscan. Zur Ionentrennung wird das Hochfrequenzfeld an der Ringelektrode so variiert, daß die Ionen in der Reihenfolge ihrer m/z-Werte ihre Bewegungsbahn in der Ionenfalle verlassen und vom Detektor (Elektronenmultiplier) als Spektrum registriert werden. Die Änderung des Hochfrequenzfeldes erfolgt so schnell (10 000 amu/s), daß mehrere Scans/s möglich sind. Vor jedem Scan wird mit der automatischen Verstärkungsregelung (AGC: *„automatic gain control“*) die Ionenkonzentration durch einen Prescan in der Ionenfalle bestimmt und danach die Verweilzeit im Bereich von 30 µs – 250 ms festgelegt. Dadurch wird eine Überladung der Ionenfalle mit Ionen vermieden und infolgedessen ein linearer Bereich von 4 Größenordnungen erhalten.

Das MS/MS-Verfahren erfordert keine apparativen Erweiterungen, da im Gegensatz zum Tripel-Quadrupol alle Verfahrensschritte in der Ionenfalle durchgeführt werden und zwar softwaregesteuert nacheinander. Die Ionisierung geschieht wie üblich zunächst durch EI bzw. CI, danach wird dasPrimär-Ion in der Ionenfalle „geparkt“(Ionenisolierung) und alle anderen Ionen daraus entfernt. Das verbliebene Primär-Ion wird durch eine, an den Endkappen angelegte Spannung angeregt und fragmentiert durch Stoss mit He zum Spektrum der Sekundär-Ionen, das anschließend registriert wird. Chemische Ionisierung (CI) ist ebenfalls als MS/MS-Verfahren möglich.

Mit dem MS/MS-Verfahren wird gezielt der ausgewählte Analyt vom Untergrund isoliert, was ein verbessertes Signal/Rausch-Verhältnis (S/N) und damit eine erhöhte Empfindlichkeit zur Folge hat. Durch den Erhalt eines strukturspezifischen Spektrums der Sekundär-Ionen erhöht sich darüber hinaus die Sicherheit der Identifizierung.

---

* z. B. PolarisQ GC/MS von ThermoFinnigan

GC/MS/MS mit dem Ion-Trap-Massenspektrometer*

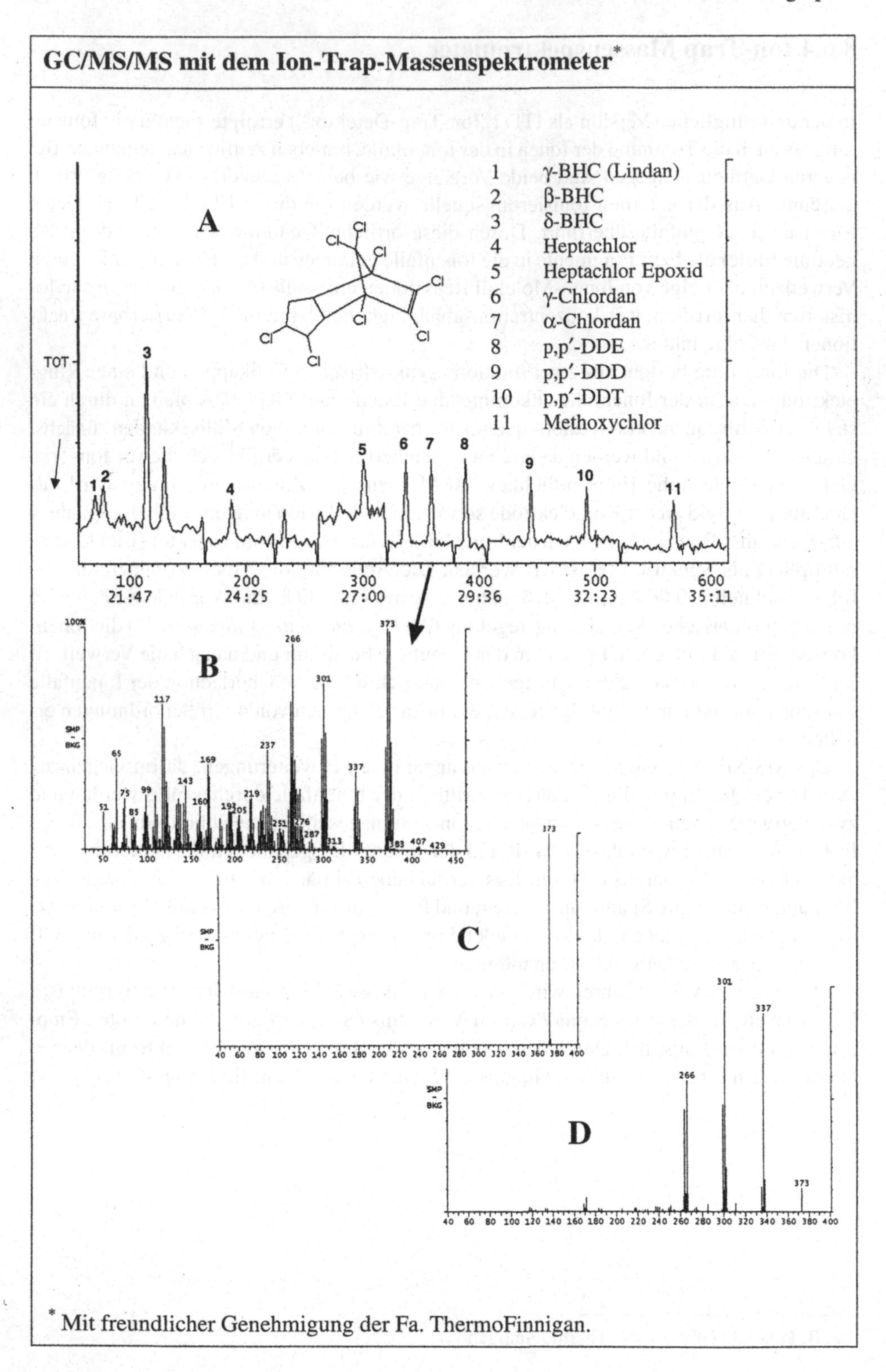

* Mit freundlicher Genehmigung der Fa. ThermoFinnigan.

GC/MS/MS Analyse von α-Chlordan durch Ion-Trap Massenspektrometrie*

Am nebenstehenden Beispiel von α-Chlordan werden die einzelnen Verfahrensschritte der MS/MS mit einem Ion-Trap Massenspektrometer gezeigt.

A EI-MS/MS Totalionenstrom-Chromatogramm von chlorierten Pestiziden. Injektion von 100 μL einer Lösung mit 200 Femtogramm/μL mittels LVI („*large volume injection*“ s. S. 157). Instrument: ThermoFinnigan PolarisQ GC/MS.

B EI Massenscan von α-Chlordan (Peak # 7)

C Als Primär-Ion wird zweckmäßigerweise ein Ion hoher Intensität und hoher Masse ausgewählt. Das hier verwendete Primär-Ion ($m/z = 373$) wurde in der Ionenfalle zurückgehalten und dadurch registriert, daß die sonst übliche Anregung durch Kollision mit Edelgasatomen in diesem Fall unterblieb, indem die Anregungsspannung auf 0 Volt reduziert wurde.

D EI-MS/MS Massenspektrum der Sekundär-Ionen vom ausgewählten Primär-Ion ($m/z = 373$) mit nun angelegter Anregungsspannung.

---

* Mit freundlicher Genehmigung der Fa. ThermoFinnigan.

9 Quantitative Analyse

Die Gaschromatographie ist zwar eine leistungsfähige Trennmethode, der Informationsgehalt eines Chromatogramms ist jedoch eher gering. Man kann daraus nur entnehmen, daß die aufgetrennte Probe aus mindestens so vielen Komponenten mit unterschiedlichen Konzentrationen besteht, wie Peaks unterschiedlicher Größe im Chromatogramm zu erkennen sind; es könnten aber auch einige mehr sein, sei es durch Überlagerung oder daß sie am Ende des Chromatogramms verloren gegangen sind. Die weitere Auswertung erfordert einen hohen Aufwand an Kalibrierverfahren und Vergleichen mit Referenzsubstanzen, sowohl für die qualitative Identifizierung als auch für die quantitative Analyse.

Für eine quantitative Analyse müssen für jede Komponente Kalibrierfaktoren bestimmt werden, für die in der IUPAC[1] - und DIN[2] -Norm das Symbol f_i empfohlen wird. Das gleiche Symbol wird in beiden Vorschriften aber auch für die Anzeigeempfindlichkeit, d. h. für die Detektorempfindlichkeit (hier S_i) verwendet, die zueinander im reziproken Verhältnis stehen. Um Mißverständnisse zu vermeiden, werden für die Kalibrierfaktoren hier die Symbole RF_i (absolut) bzw. RRF_i (relativ) benutzt, wie sie auch von den Datenverarbeitungsgeräten (Integratoren, Computer) verwendet und in jedem Analysenprotokoll ausgedruckt werden. Der praktisch tätige Analytiker ist damit vertraut. Die Kalibrierfaktoren können sowohl konzentrations- als auch mengenbezogen sein. „Menge“ als allgemeiner Begriff wird hier für Massen, Mole, Volumina etc. verwendet und, bezogen auf eine Komponente (*i*), mit dem Symbol (W_i) bezeichnet. Die gleichen Maßeinheiten wie sie für die Kalibrierung verwendet werden, gelten auch für die Analysenergebnisse.

Basis der richtigen quantitativen Analyse ist eine vorhergehende eindeutige Peakerfassung. Kriterien und Verfahren der Peakerkennung, Basislinienkorrekturen etc. sowie der Integration sind weitgehend gerätespezifisch und müssen daher aus den Handbüchern der Gerätehersteller entnommen werden.

---

[1] L.S. Ettre (compiler) Nomenclature for Chromatography Issued by the Analytical Chemistry Division of the IUPAC, *Pure and Appl. Chem.* **65** (1993) 819–872.

[2] DIN 51405 Gaschromatographische Analyse, Allgemeine Arbeitsgrundlagen, Beuth Verlag, Berlin, 1987.

Responsefaktor RF_i und Detektorempfindlichkeit S_i für Stoff i

$$S_i = A_i / W_i \quad (8.2)$$

$$RF_i = W_i / A_i \quad (9.1)$$

S_i Detektorempfindlichkeit eines massenstromabhängigen Detektors für Stoff i
W_i Menge (Masse, Mol, Volumen) von Stoff i
A_i Peakfläche von Stoff i
RF_i Responsefaktor für Stoff i

Manuelle Berechnung der Peakfläche

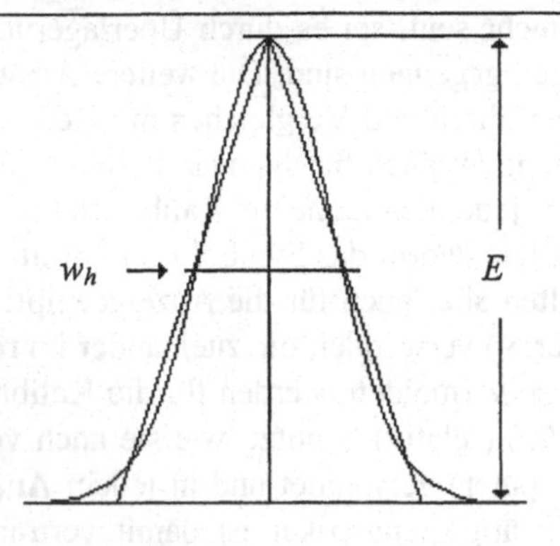

w_h = Peakbreite in halber Höhe

E = Peakhöhe

Peakfläche A exakt: $$A = w_h \cdot E \cdot 1.06 \quad (9.2)$$

Peakfläche A für Verhältnisbildung: $$A = w_h \cdot E \quad (9.2')$$

Quantitative Auswertemethoden

- Hundert-%-Methoden:
  - Normierung der Peakflächen: Flächenprozente
  - Normierung der korrigierten Peakflächen durch Kalibration mit absoluten (RF_i) und relativen (RRF_i) Responsefaktoren
- externer Standard
- interner Standard
- Normierungsstandard
- Additionsmethode

9.1 Grundlagen der quantitativen Analyse

Die Auswertung für die quantitative Analyse basiert im Prinzip immer auf dem Vergleich der Peakfläche oder Höhe des Probepeaks zu einem Standardpeak. Da gleiche Mengen verschiedener Stoffe aufgrund unterschiedlicher Detektorempfindlichkeiten nicht notwendigerweise gleiche Peakflächen zur Folge haben, muß für jeden zu bestimmenden Stoff (i) ein Verhältnis aus Stoffmenge/Peakfläche bestimmt werden, das als Responsefaktor (RF_i, absolut) bzw. (RRF_i, relativ) bezeichnet wird. Er beschreibt die Stoffmenge pro Flächeneinheit und ist damit reziprok zur Detektorempfindlichkeit (S_i, Fläche pro Stoffeinheit). Anstelle der Stoffmenge (W_i) können alle davon abgeleiteten Angaben, z. B. auch Konzentrationen (C_i), eingesetzt werden und insofern handelt es sich beim RF_i- bzw. RRF_i-Wert um einen allgemeinen Kalibrierfaktor.

Im folgenden wird für die Auswertung eines Peaks zunächst immer die Peakfläche (A) verwendet. Sie ist weniger anfällig für Schwankungen in den chromatographischen Bedingungen (z. B. Trägergasströmung) und vor allem gegenüber Überladung. Gerade bei Kapillarsäulen mit kleiner Kapazität sind die großen Peaks schnell überladen und die Peakhöhe wächst dann nicht mehr proportional mit der Menge, während die Peakfläche immer noch proportional dazu ansteigt, indem der Peak breiter wird. Unter Beachtung dieser Einschränkungen kann daher auch die Fläche (A) eines Peaks durch dessen Höhe (E) ersetzt werden. Beide Größen werden durch die elektronische Datenverarbeitung (Integratoren und Computer) bestimmt und im Analysenreport ausgegeben. Trotzdem mag es noch gelegentlich erforderlich sein, die Fläche „manuell“ zu bestimmen, indem ein gaußkurvenförmiger Peak als Dreieck betrachtet wird, dessen Fläche sich als Produkt aus der Peakhöhe (E) und der Peakbreite in halber Höhe (w_h) berechnen läßt. Dieser Flächenwert müßte für die richtige Fläche eines symmetrischen Gaußpeaks dann noch mit dem Faktor 1.06 multipliziert werden; aber dieser Faktor kann meist vernachlässigt werden, da er beim Vergleich mehrerer Peaks sowieso entfällt und im übrigen die wenigsten GC-Peaks diesem Ideal entsprechen.

Die Ausgangsbasis für alle quantitativen Analysen ist der primäre Analysenreport, in dem für jeden Peak zunächst nur die Flächenprozente (AREA%) angegeben sind. Mit verschiedenen Kalibrierverfahren, die nebenstehend (s. untere Abb.) aufgeführt sind, werden daraus die Stoffkonzentrationen in der Probe bestimmt.

Flächenprozente nach der Hundert-%-Methode

Flächen-% für Komponente i in einem Gemisch aus n Komponenten:

$$F_i(\%) = \frac{A_i}{\sum_{i=1}^{n} A_i} \cdot 100 \qquad (9.3)$$

z. B. Flächen-% von Peak 2: $$F_2(\%) = \frac{A_2}{A_1 + A_2 + \ldots\ldots A_6} \cdot 100 \qquad (9.3')$$

Normierung der korrigierten Peakflächen

Kalibration

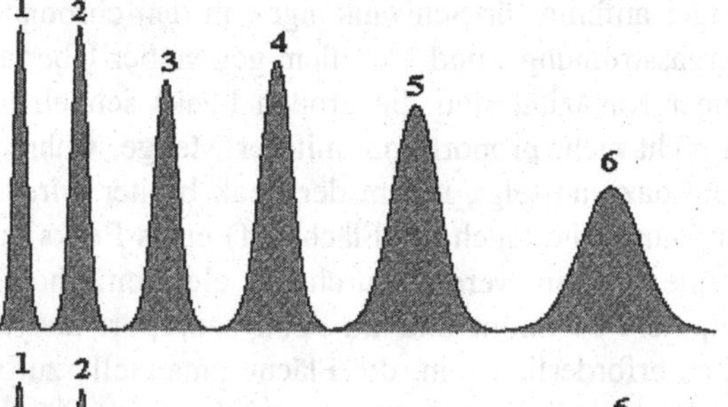

Analyse

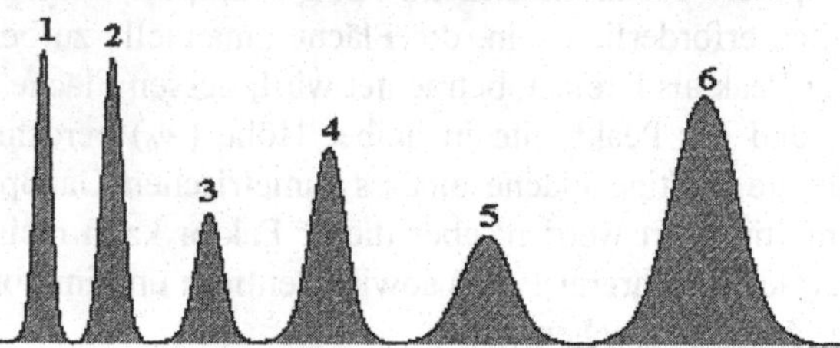

Konzentration $C_{(P),i}$ $C_{(P),i}$ von Komponente i in der Probe:

$$C_{(P),i}(\%) = \frac{RF_i \cdot A_i}{\sum_{i=1}^{n} (RF_i \cdot A_i)} \cdot 100 \qquad (9.4)$$

z. B. Konzentration C_2 von Komponente 2 in der Probe:

$$C_2(\%) = \frac{RF_2 \cdot A_2}{RF_1 \cdot A_1 + RF_2 \cdot A_2 + \ldots\ldots RF_6 \cdot A_6} \cdot 100 \qquad (9.4')$$

RF_i Kalibrierfaktor (Responsefaktor) für Komponente i

n Anzahl der Komponenten in der Probe

9.2 Die Hundert-%-Methode

Das Ergebnis einer chromatographischen Trennung ist der Analysenreport, in dem zunächst die Summe aller Flächen gleich 100 % gesetzt ist und der Flächenanteil eines Einzelpeaks als Flächenprozent F_i (%) (AREA%) ausgegeben wird (s. Gl. 9.3). Diese Flächenprozente sind nur dann identisch mit Stoffprozenten, wenn erstens sichergestellt ist, daß auch alle Komponenten der Probe mit einem Peak im Chromatogramm vertreten sind und daß zweitens alle Komponenten dieser Probe die gleiche Empfindlichkeit im Detektor aufweisen. Die letztere Voraussetzung ist am besten noch bei Kohlenwasserstoffgemischen gegeben (s. die Auswertung bei der „Simulierten Destillation", S. 118), aber sonst immer nur näherungsweise erfüllt. Daher liefert dieses Verfahren auch nur eine angenäherte Aussage über die Zusammensetzung einer Probe. Für eine richtige Analyse müssen die Flächenprozente durch Kalibrierung in Stoffprozente umgerechnet werden.

Für die Kalibration wird eine synthetische Probe (Kalibriergemisch, Standardgemisch) aus allen Komponenten quantitativ zusammengestellt. Dann wird eine Komponentenliste erstellt, die für jede Komponente ihre Bezeichnung und ihre Konzentration (C_i) enthält. Aus der Kalibrieranalyse, die zwar am besten, aber nicht notwendigerweise, unter gleichen chromatographischen Bedingungen erfolgt, wird der dazugehörige Flächenwert (A_i) entnommen. Daraus werden die zugehörigen RF_i -Werte berechnet und damit kann dann die Konzentration (C_i [%]) für jede Komponente nach Gl. 9.4 bestimmt werden. Zur Bestimmung der RF-Werte stehen wahlweise zwei Verfahren zur Verfügung:

- Bestimmung von absoluten Responsefaktoren
- Bestimmung von relativen Responsefaktoren

Beide Verfahren haben jeweils keine erkennbaren Vor- oder Nachteile und sind somit eigentlich gleichwertig. Es handelt sich nur um unterschiedliche Arten der Eingaben in das jeweilige Datensystem. Daher ist bei manchen Datensystemen auch nur eines der beiden Verfahren möglich.

Bestimmung von absoluten Responsefaktoren (*RF*)

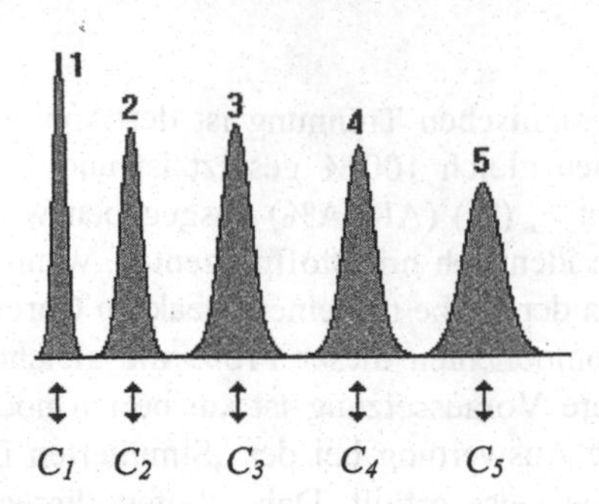

$$RF_i = \frac{C_{(K),i}}{A_{(K),i}} \tag{9.5}$$

$C_{(K),i}$ Konzentration der Komponente *i* aus der Komponentenliste

$A_{(K),i}$ Fläche des dazugehörigen Peaks aus dem Kalibrations-Chromatogramm

RF_i absoluter Responsefaktor der Komponente *i*

Bestimmung von relativen Responsefaktoren (*RRF*)

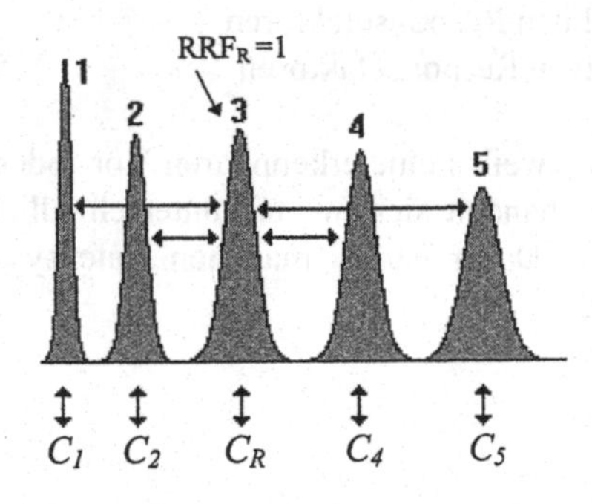

$$RRF_i = \frac{C_{(K),i} / A_{(K),i}}{C_{(K),R} / A_{(K),R}} = \frac{RF_i}{RF_R} \tag{9.6}$$

$C_{(K),i}, C_{(K),R}$ Konzentration der Komponente *i*, der Referenzsubstanz *R* aus der Komponentenliste

$A_{(K),i}, A_{(K),R}$ Flächen der dazugehörigen Peaks aus dem Kalibrations-Chromatogramm

RF_i, RF_R absoluter Responsefaktor der Komponente *i*, der Referenzsubstanz *R*

Kalibration mit absoluten Responsefaktoren (*RF*)

Aus den Angaben der Komponentenliste und den Flächenwerten ($A_{(K),i}$) wird ein sog. absoluter Responsefaktor (RF_i) nach der Beziehung 9.5 bestimmt. Dieses Verfahren ist analog zur Methode des externen Standards. Der numerische Wert des Responsefaktors hängt von der Einspritzmenge und anderen instrumentellen Bedingungen (Splitverhältnis) ab. Da sich aber diese Einflüsse auf alle Komponenten gleichermaßen auswirken, können *RF*-Werte aus einem Kalibrierlauf mit veränderten instrumentellen Bedingungen durchaus verwendet werden. Solche Abweichungen unterscheiden sich dann nur durch einen für alle Komponenten gemeinsamen Korrekturfaktor, der sich aus Gl. 9.4 wieder herausmittelt.

Wurde z. B. die Probenanalyse mit einem doppelt so großen Splitverhältnis wie bei der Kalibrieranalyse durchgeführt, werden die Peaks im Vergleich dazu um die Hälfte kleiner ausfallen. Man müßte daher diese Abweichung ausgleichen, indem man alle Peakflächen mit dem Faktor 2 multipliziert, der dann aber in Gl. 9.4 durch die Verhältnisbildung sofort wieder gekürzt wird. Selbstverständlich dürfen solche Responsefaktoren aber nicht aus mehreren Kalibrieranalysen mit unterschiedlichen Bedingungen zusammengemischt werden, da dieser Korrekturfaktor dann nicht mehr für alle Komponenten gleich wäre. In der Praxis wird man aber sowieso beide Analysen immer unter unveränderten Bedingungen durchführen.

Kalibration mit relativen Responsefaktoren (*RRF*)

Relative Responsefaktoren sind dagegen unabhängig von instrumentellen Bedingungen. Sie werden auf eine aus der Probe frei wählbare Komponente als Referenzsubstanz (*R*) bezogen. Der relative Responsefaktor dieser Komponente (RRF_R) ist daher gleich 1 und seine Berechnung ist formal identisch mit der Berechnung des *RF*-Werts bei der Methode mit internem Standard (s. Abschnitt 9.4).

Externer Standard

Analyse

Kalibration

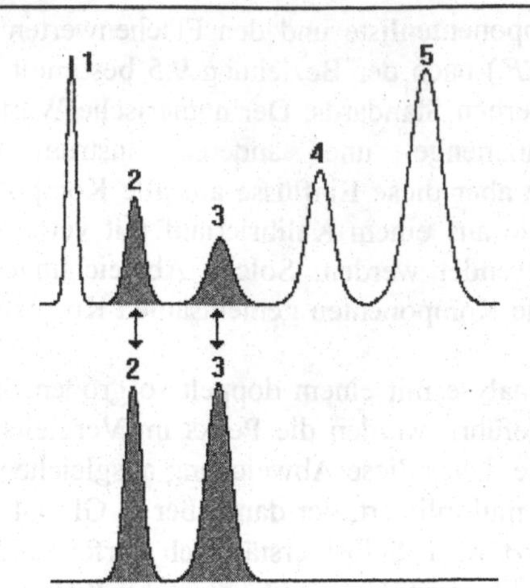

Kalibration: $$RF_i = \frac{W_{(K),i}}{A_{(K),i}} \tag{9.7}$$

Analyse: $$W_{(P),i} = RF_i \cdot A_{(P),i} = W_{(K),i} \cdot \frac{A_{(P),i}}{A_{(K),i}} \tag{9.8}$$

Ergebnis: $$C_{(P),i} = \frac{W_{(P),i}}{W_P} \cdot SF = \frac{W_{(K),i}}{W_P} \cdot \frac{A_{(P),i}}{A_{(K),i}} \cdot SF \tag{9.9}$$

$W_{(K),i}, W_{(P),i}$ Menge von Stoff i im Kalibrierstandard und in der Probe

$A_{(K),i}, A_{(P),i}$ Peakfläche von Stoff i aus der Kalibrier- und Probenanalyse

W_P Probenmenge

RF_i Responsefaktor von Stoff i

$C_{(P),i}$ Konzentration von Stoff i in der Probe

SF Skalierungsfaktor (= 10^n)

Skalierungsfaktor $SF = 10^n$

n = 0 Anteil als Verhältnis von Stoffmenge $W_{(P),i}$ zur Probenmenge W_P

n = 2 Anteil in Prozent

n = 3 Anteil in Promill

n = 6 Anteil in ppm

n = 9 Anteil in ppb

9.3 Externer Standard

Bei der Hundert-%-Methode müssen sämtliche Komponenten einer Probe quantitativ bestimmt werden. Das kann z. B. erforderlich sein, um die komplette Zusammensetzung eines Lösemittelgemisches zu bestimmen. Soll aber nur der Gehalt einer oder weniger Komponenten darin, z. B. nur der Gehalt an den Aromaten Benzol, Toluol und Xylol, bestimmt werden, wäre die Hundert-%-Methode zu umständlich. Dafür eignen sich dann besser die Methoden des *externen* oder *internen Standards*, bei denen nur die zu bestimmenden Komponenten kalibriert werden müssen.

Beim *externen Standard* enthält die Kalibriermischung nur die Komponenten, die analysiert werden sollen (im nebenstehenden Beispiel die Komponenten 2 und 3).

Analog zu Gl. 9.5 werden mit Gl. 9.7 absolute Responsefaktoren aus dem Verhältnis von Menge ($W_{(K),i}$) zur dazugehörigen Peakfläche ($A_{(K),i}$) berechnet. Zusammen mit der Probenmenge (W_P) folgt die Berechnung der Konzentration von Stoff (i) nach Gl. 9.9. Beim externen Standard erscheint das Ergebnis der Analyse in denselben Maßeinheiten, in denen die Komponenten des Kalibrierstandards in die Komponentenliste eingegeben sind. Das können auch Konzentrationseinheiten (g/L, Vol-%, Mol-%, ppm, etc.) und nicht nur Masseneinheiten (Mol, Gewicht etc.) sein. Hätten wir in Gl. 9.7 für $W_{(K),i}$ gleich die Konzentration ($C_{(K),i}$) von Stoff (i) im Kalibrierstandard eingegeben, würden wir bereits in Gl. 9.8 anstelle von $W_{(P),i}$ das Ergebnis als Konzentration ($C_{(P),i}$) erhalten.

Anders als bei der Hundert-%-Methode müssen beim externen Standard die eingespritzten Volumina von Probe und Standard exakt gleich sein. Fehler gehen sonst direkt ins Ergebnis ein. Wenn die Volumenabweichungen bekannt sind, kann deren Einfluß auf das Ergebnis durch entsprechende Faktoren korrigiert werden, was allerdings wegen Spritzenfehlern problematisch ist. Die Reproduzierbarkeit der Probeninjektion ist aber bei der Präzision von Autosamplern kein Problem mehr im Gegensatz zur manuellen Einspritzung. Die bevorzugte Verwendung des internen Standards ist daher mehr historisch bedingt. In vielen Fällen ist die Verwendung eines externen Standards einfacher, denn die Zugabe eines internen Standards zu jeder Probe kostet Zeit im Routinebetrieb und erfolgt meist auch nicht präziser als die Injektion eines Autosamplers. Außerdem entfallen die für den internen Standard maßgeblichen Beschränkungen (Reinheit des Standards, Platz im Chromatogramm).

Interner Standard (IS)

Analyse

Kalibration

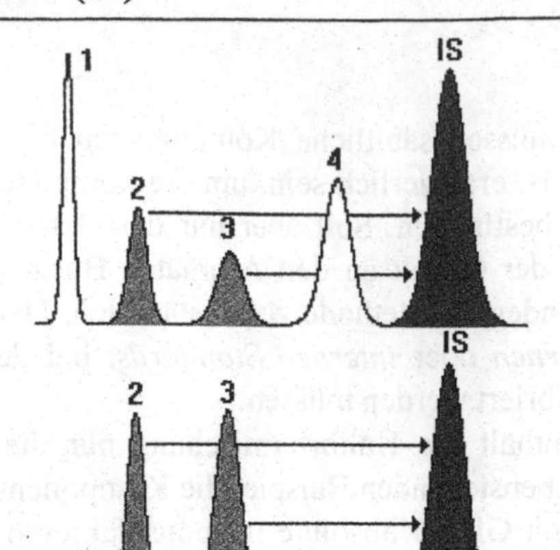

Bestimmung des relativen Responsefaktors RRF_i :

$$\frac{W_{(K),i}}{W_{(K),IS}} = \frac{RRF_i \cdot A_{(K),i}}{RRF_{IS} \cdot A_{(K),IS}} \tag{9.10}$$

Für $RRF_{IS} = 1$: $$RRF_i = \frac{W_{(K),i} \cdot A_{(K),IS}}{W_{(K),IS} \cdot A_{(K),i}} \tag{9.11}$$

Die Menge $W_{(P),i}$ eines Stoffs *i* in der Probe:

$$W_{(P),i} = W_{(P),IS} \frac{RRF_i \cdot A_{(P),i}}{A_{(P),IS}} \tag{9.12}$$

Der Anteil der Komponente *i* (Konzentration $C_{(P),i}$) in der Probe mit der Menge W_P :

$$C_{(P),i} = \frac{W_{(P),i}}{W_P} \cdot SF = \frac{W_{(P),IS}}{W_P} \cdot \frac{RRF_i \cdot A_{(P),i}}{A_{(P),IS}} \cdot SF \tag{9.13}$$

Skalierungsfaktor $SF = 10^n$

n = 0 Anteil als Verhältnis von Stoffmenge $W_{(P),i}$ zur Probenmenge W_P

n = 2 Anteil in Prozent

n = 3 Anteil in Promill

n = 6 Anteil in ppm

n = 9 Anteil in ppb

9.4 Interner Standard

Bei dieser Methode wird sowohl dem Kalibrierstandard als auch der Probe eine zusätzliche probenfremde Komponente, der *interne Standard* oder *innere Standard* (*IS*), in definierter Weise zugemischt. Er dient als relative Bezugsgröße für die Berechnung der Responsefaktoren, die daher als relative Responsefaktoren (*RRF*) bestimmt werden. Allerdings können auch die absoluten Responsefaktoren (*RF*) ohne Einfluß auf das Endergebnis eingesetzt werden (s. Gl. 9.6). Dadurch können Ergebnisse z. B. von einer Kalibration mit der Methode des externen Standards übernommen werden. Der Kalibrierstandard braucht neben dem internem Standard nur die Stoffe zu enthalten, die quantitativ bestimmt werden sollen. Die Berechnung des Responsefaktors beruht auf der Beziehung, daß sich die Mengen (Massen, Volumina etc.) zweier Stoffe verhalten wie ihre korrigierten Peakflächen (Gl. 9.10). Zur Bestimmung des RRF_i -Werts einer Komponente (i) wird der RRF_{IS} -Wert des internen Standards gleich 1 gesetzt (Gl. 9.11).

Mit Gl. 9.12 wird die Menge eines Stoffs (i) in der Probe bestimmt und mit Gl. 9.13 der Anteil (Konzentration) von i in der Probe mit der Menge (W_P). Dazu muß sowohl die Menge des inneren Standards ($W_{(P),IS}$), die zur Probe dazugemischt wurde, als auch die Probenmenge (W_P) eingegeben werden. Mit dem Skalierungsfaktor SF (=10^n) wird die Dimension des Ergebnisses festgelegt.

Voraussetzungen für die Methode des internen Standards:

- Der *IS* muß in ein „Fenster" des Chromatogramms passen, und es muß sichergestellt sein, daß bei allen Proben dieses Fenster offen bleibt, notfalls durch eine Kontrollanalyse.
- Der *IS* muß mit größtmöglicher Reinheit verfügbar sein.

Die Methode mit internem Standard wird nicht nur bevorzugt, um Spritzenfehler zu eliminieren, sondern sie wird auch häufig bei einer vorhergehenden Probenaufarbeitung verwendet, z. B. bei Extraktionen oder Derivatisierungen. Da die Ausbeute einer Extraktion oder Derivatisierung selten 100%ig und daher sehr stoffspezifisch ist, sollte der *IS* daher dem zu bestimmenden Analyten chemisch möglichst ähnlich sein und wird dann auch als *Surrogat* bezeichnet. So wird z. B. bei der Blutalkoholanalyse nach der Headspace-Analyse für den zu bestimmenden Ethanol ein anderer Alkohol als *IS* zugegeben.

Der Normierungsstandard (NS)

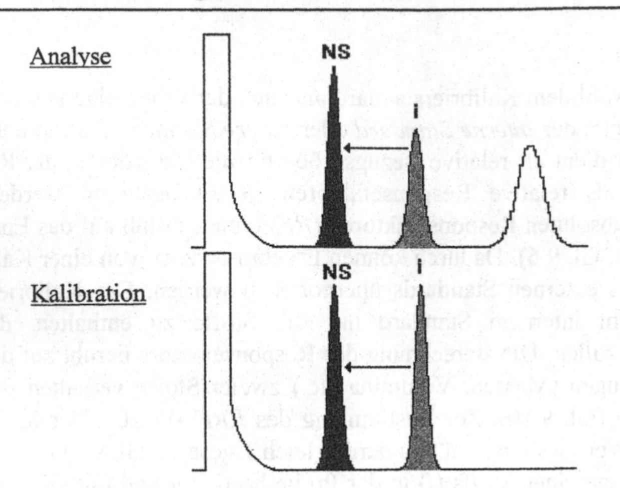

Bestimmung des relativen Responsefaktors RRF_i analog zu Gl. 9.11:

$$RRF_i = \frac{W_{(K),i}}{W_{(K),NS}} \cdot \frac{A_{(K),NS}}{A_{(K),i}} \tag{9.14}$$

Analog zu Gl. 9.12 folgt Gl. 9.15:

$$\frac{W_{(P),i}}{W_{(P),NS}} = \frac{A_{(P),i} \cdot RRF_i}{A_{(P),NS}} = \frac{A_{(P),i}}{A_{(P),NS}} \cdot \frac{W_{(K),i}}{W_{(K),NS}} \cdot \frac{A_{(K),NS}}{A_{(K),i}} \tag{9.15}$$

Bei gleichen Mengen des Normierungsstandards ($W_{(P),NS} = W_{(K),NS}$) folgt:

$$W_{(P),i} = W_{(K),i} \cdot \frac{A_{(P),i}}{A_{(P),NS}} \cdot \frac{A_{(K),NS}}{A_{(K),i}} \tag{9.16}$$

Der Anteil der Komponente *i* (Konzentration $C_{(P),i}$) in der Probe mit der Menge W_P :

$$C_{(P),i} = \frac{W_{(P),i}}{W_P} \cdot SF \tag{9.17}$$

$$C_{(P),i} = \frac{W_{(K),i}}{W_P} \cdot \frac{A_{(P),i}}{A_{(P),NS}} \cdot \frac{A_{(K),NS}}{A_{(K),i}} \cdot SF \tag{9.18}$$

Für $W_{(K),i} / W_P$ und $A_{(K),NS} / A_{(K),i} = \textit{konst.}$ folgt der allgemeine Kalibrierfaktor *KF*:

$$C_{(P),i} = KF \cdot \frac{A_{(P),i}}{A_{(P),NS}} \cdot SF \tag{9.19}$$

9.5 Der Normierungsstandard

Beim externen Standard muß das dosierte Volumen von Probe und Kalibrierstandard konstant sein. Ist das mit der dafür nötigen Präzision nicht möglich, kann eine Korrektur über einen Hilfspeak erfolgen, der in beiden Proben enthalten ist. Er kann in der Probe bereits als Verunreinigung im Lösemittel enthalten sein, wenn für die Verdünnung (Auflösung) einer Probe das gleiche Volumen wie für den Kalibrierstandard verwendet wird. Wird er dagegen wie ein interner Standard zugemischt, muß exakt die gleiche Menge dieser Standardkomponente zur Probe und zum Kalibriergemisch zugegeben werden; nur dann werden Dosierabweichungen durch die Verhältnisbildung kompensiert. Anstelle der Peakflächen wird jetzt das Flächenverhältnis der Komponente (i) zum Standardpeak verwendet. Dieser Hilfspeak wird hier als *Normierungsstandard* bezeichnet. Meist wird er mit dem internen Standard gleichgesetzt, doch fehlt ihm das entscheidende Kriterium: Beim internen Standard muß die Menge (Konzentration) des zugegebenen Standards bekannt sein und wird dann dazu benutzt, die Menge (Konzentration) der Komponente (i) zu bestimmen. Das ist hier nicht erforderlich. Insofern ist dieses Verfahren eine Kombination aus externem und internem Standard und läßt sich von beiden Verfahren her ableiten. Bei Datensystemen wird dazu formal die Methode mit internem Standard verwendet.

In Gl. 9.14 wird der relative Responsefaktor (RRF_i) der Komponente (i) analog zur Gl. 9.11 aus dem Verhältnis der Peakfläche des Normierungsstandards ($A_{(K),NS}$) zur Peakfläche ($A_{(K),i}$) der Komponente (i) errechnet. Analog zur Gl. 9.12 folgt daraus Gl. 9.15. Da sowohl zur Probe als auch zum Kalibriergemisch exakt gleiche Mengen des Normierungsstandards zugegeben werden, vereinfacht sich Gl. 9.15 zu Gl. 9.16, in der die Menge des Normierungsstandards daher nicht mehr enthalten ist. Zum gleichen Ergebnis kommt man übrigens auch, ausgehend vom externen Standard, wenn man in den Gln. 9.7 und 9.8 anstelle der Peakflächen das entsprechende Flächenverhältnis (A_i/A_{NS}) zum Normierungsstandard einsetzt. Die Konzentration der Komponente (i) in der Probe mit der Menge (W_P) folgt aus Gl. 9.18. Das Verfahren mit Normierungsstandard ist besonders für Serienanalysen in der Routineanalytik geeignet. Der Normierungsstandard wird dabei am einfachsten und mit guter Präzision volumetrisch zur Probe zupipettiert. Wenn auch von der Probe immer das gleiche Volumen (W_P) eingesetzt wird, resultiert der gemeinsame Kalibrierfaktor (KF) und es muß nur noch das Flächenverhältnis bestimmt werden.

Die Additionsmethode

1. Einfache Addition und Differenzbildung

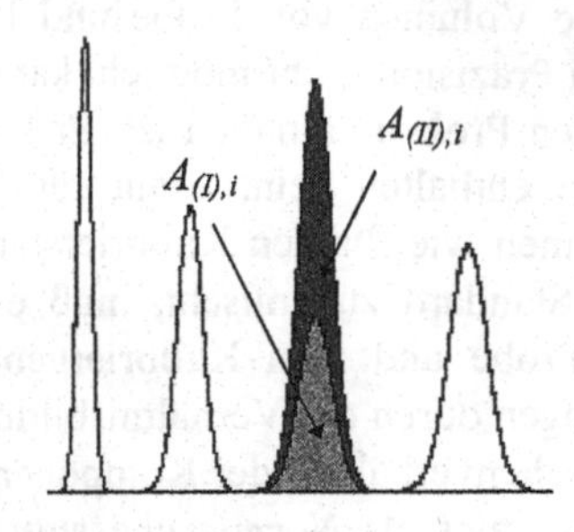

Die zugegebene Menge $W_{(II),i}$ entspricht der Flächendifferenz:

$$W_{(II),i} = k \cdot (A_{(II),i} - A_{(I),i}) \quad (9.20)$$

Die ursprüngliche Menge $W_{(P),i}$ ergibt sich aus:

$$\frac{W_{(P),i}}{W_{(II),i}} = \frac{k \cdot A_{(I),i}}{k \cdot (A_{(II),i} - A_{(I),i})} \quad (9.21)$$

$$W_{(P),i} = W_{(II),i} \frac{A_{(I),i}}{A_{(II),i} - A_{(I),i}} \quad (9.22)$$

Konzentration $C_{(P),i}$ der Komponente i in der Probe mit der Menge W_P:

$$C_{(P),i} = \frac{W_{(P),i}}{W_P} \cdot SF \quad (9.23)$$

Skalierungsfaktor $SF = 10^n$

n = 0 Anteil als Verhältnis von Stoffmenge $W_{(P),i}$ zur Probenmenge W_P

n = 2 Anteil in Prozent

n = 3 Anteil in Promill

n = 6 Anteil in ppm

n = 9 Anteil in ppb

9.6 Die Additionsmethode

Bei der *Additionsmethode* (*„standard addition"*), auch *Aufstockmethode* genannt, wird zur Probe eine gewisse Menge von der zu bestimmenden Komponente (i) zugemischt. Im resultierenden Chromatogramm II wird daher der entsprechende Peak größer ausfallen als im Chromatogramm I der unveränderten Probe. Da die Flächendifferenz der zugesetzten Menge entspricht, kann auf die urspünglich in der Probe enthaltene Menge der Komponente (i) zurückgerechnet werden. Dieses Verfahren wird bevorzugt immer dann angewendet, wenn die Probenmatrix das Ergebnis beeinflußt, z. B. bei einer vorhergehenden Extraktion oder Derivatisierung. Auch bei der Headspace-Analyse ist es das bevorzugte Kalibrierverfahren, da die zugesetzte Komponente mit der in der Probe vorhandenen identisch ist, daher den gleichen Matrixeinflüssen unterliegt und somit den gleichen Verteilungskoeffizienten aufweist. Auch bei sehr komplexen Chromatogrammen, in denen für einen internen Standard kein Platz frei ist, kann dieses Verfahren die einzig verbleibende Möglichkeit sein. Die Additionsmethode ist allerdings in der Chromatographie weniger gebräuchlich als bei spektroskopischen Verfahren, vermutlich weil für jede Probe mindestens zwei Analysen durchgeführt werden müssen. Da aber für eine statistische Absicherung eines Analysenergebnisses sowieso mehrere Wiederholanalysen erforderlich sind, sollte dies kein Argument gegen die Additionsmethode sein. Um so erstaunlicher ist es daher, daß viele Datenverarbeitungssysteme keine Methode dafür vorsehen. Für die Additionsmethode gibt es mehrere Varianten:

- einfache Addition und Differenzbildung
- Normierung durch einen Hilfspeak
- mehrfache Addition und Berechnung mit linearer Regression

Einfache Addition und Differenzbildung

Die Flächendifferenz der Peaks ($A_{(II),i} - A_{(I),i}$) in den beiden Chromatogrammen I und II entspricht der zugesetzten Menge ($W_{(II),i}$) (Gl. 9.20) und daraus wird mit Gl. 9.22 die ursprüngliche Menge ($W_{(I),i}$) der Komponente (i) und mit Gl. 9.23 ihre Konzentration in der Probe mit der Menge (W_P) bestimmt. Da bei diesem Verfahren zwei Chromatogramme aus zwei unabhängig voneinander erfolgten Einspritzungen verglichen werden, geht die Reproduzierbarkeit der Injektion direkt in das Ergebnis mit ein.

Die Additionsmethode

2. Korrektur durch einen Hilfspeak (Normierungspeak NP)

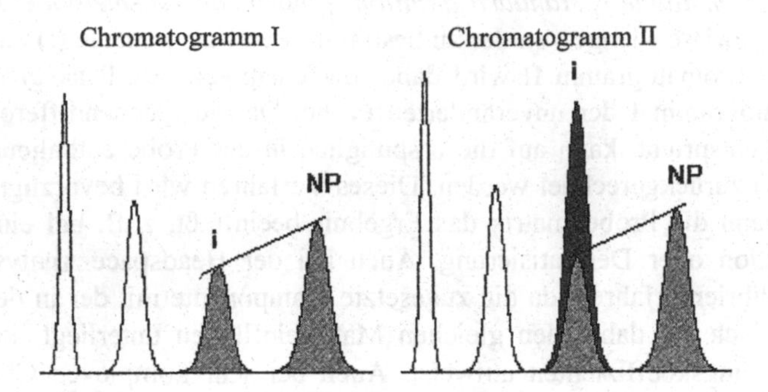

Ursprüngliche Menge $W_{(P),i}$ der Komponente in der Probe:

$$W_{(P),i} = W_{(II),i} \frac{A_{(I),i}}{\frac{A_{(I),NP}}{A_{(II),NP}} \cdot A_{(II),i} - A_{(I),i}} \tag{9.24}$$

3. Mehrfache Addition und Berechnung mittels linearer Regression

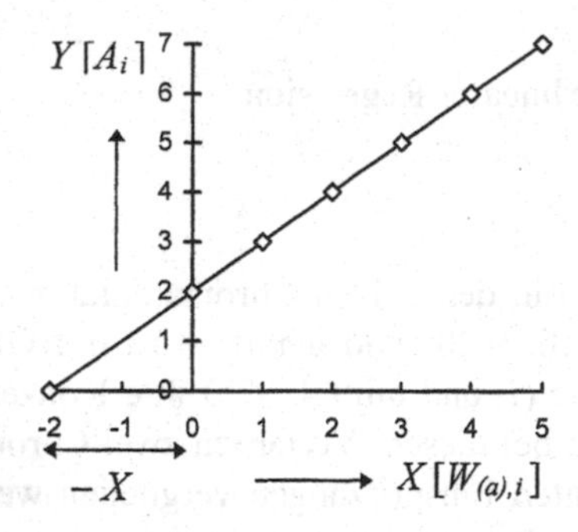

Allgemeine Gleichung für die lineare Regression:

$$Y = B \cdot X + A \tag{9.25}$$

Ursprüngliche Menge $W_{(P),i}$ der Komponente i in der Probe ($-X$ für Y = 0):

$$W_{(P),i} = -X \tag{9.26}$$

$$-X = A/B \tag{9.27}$$

Normierung durch einen Hilfspeak

Läßt die Reproduzierbarkeit der Injektion zu wünschen übrig, kann der Dosierfehler mit einem Hilfspeak (*HP*) im Chromatogramm korrigiert werden, der von der Zumischung unbeeinflußt ist. Dafür kann jeder Peak im Chromatogramm benutzt werden, der hier als *Normierungspeak* (*NP*) bezeichnet wird, in Analogie zum Verfahren mit einem Normierungsstandard. Die Analyse der unveränderten Probe ergibt hier das Chromatogramm I und die Analyse mit der zugemischten Menge ($W_{(II),i}$) das Chromatogramm II. Da die ursprüngliche Peakfläche der Komponente (i) in Chromatogramm II nicht erkennbar ist, wird sie aus dem Verhältnis von Normierungspeak zum Peak der Komponente (i) in Chromatogramm I berechnet. Die Menge der Komponente (i) in der Probe ($W_{(P),i}$) ergibt sich aus Gl. 9.24 und ihre Konzentration in der Probe ($C_{(P),i}$) mit der Menge (W_P) mit Gl. 9.23.

Additionsmethode mit linearer Regression

Die Additionsmethode beruht auf der Differenzbildung von zwei Flächenwerten und ist daher doppelt fehleranfällig. Eine statistische Absicherung gelingt entweder durch Wiederholanalysen und Mittelwertsbildung oder besser durch die Zugabe steigender Mengen und Berechnung mittels linearer Regression. Damit wird gleichzeitig auch die *Linearität des Arbeitsbereichs* erfaßt und eine Forderung der Methodenvalidierung erfüllt.

Gl. 9.25 ist die allgemeine Gleichung für die lineare Regression. Die Abszissenwerte (X) entsprechen den zugegebenen Mengen ($W_{(a),i}$) der Komponente (i) und die Ordinatenwerte (Y) den resultierenden Peakflächen (A_i). Daraus werden die beiden Koeffizienten A und B erhalten. Der Koeffizient A (für $X = 0$) entspricht der Peakfläche der Komponente (i) in der unveränderten Probe. Die ursprüngliche Menge der Komponente (i) in der Probe ($W_{(P),i}$) ergibt sich aus dem negativen Abschnitt ($-X$) auf der Abszisse und wird mit den Gln. 9.26 und 9.27 aus dem Verhältnis der beiden Regressionskoeffizienten A/B bestimmt. Die Konzentration ($C_{(P),i}$) in der Probe berechnet sich dann wieder mit Gl. 9.23.

Mehrpunkt-Kalibration

Zusammenhang zwischen Stoffmenge W_i und Detektorsignal A_i

$$W_i = RF_i \cdot A_i \tag{9.1}$$

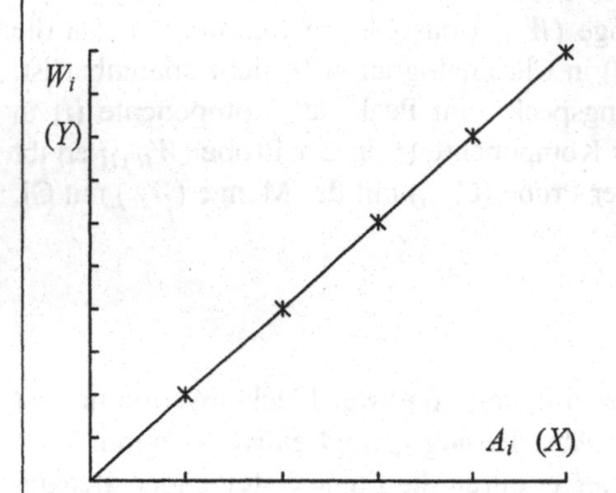

1. Lineare Funktion: LIN

$Y = RF_i \cdot X$

RF_i = Neigung der Geraden

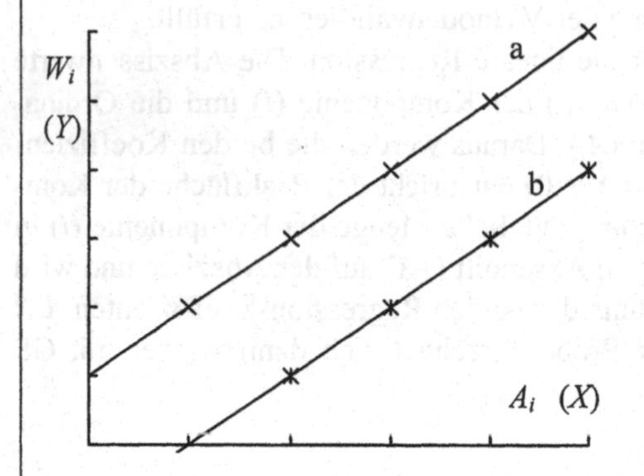

2. Lineare Funktion mit Versatz: LIN+OFF

$Y = B \cdot X + A$

B = Neigung der Geraden

A = Versatz

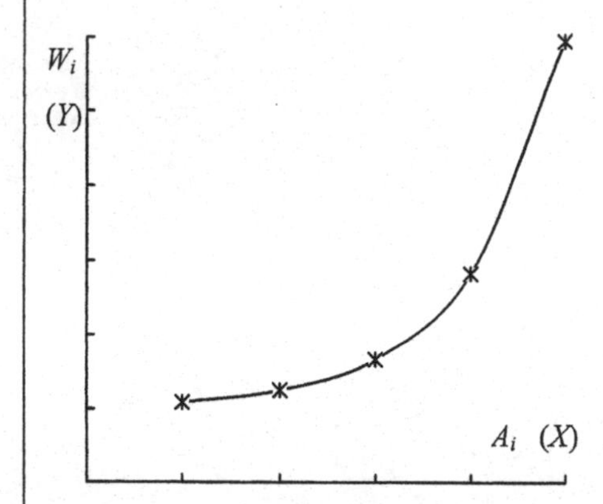

3. Quadratische Funktion: QUAD

$Y = C \cdot X^2 + B \cdot X + A$

A, B und C = Konstanten

9.7 Mehrpunkt-Kalibration

Wird für die Bestimmung des Responsefaktors ein Kalibrierstandard mit nur einer Konzentration verwendet, kann er nur dann für die Quantifizierung einer Probenkomponente eingesetzt werden, wenn sichergestellt ist, daß eine lineare Beziehung zwischen Probenmenge (W_i) und Peakfläche (A_i) in dem verwendeten Arbeitsbereich besteht. Für eine Methodenvalidierung muß dieser lineare Zusammenhang durch eine *Mehrpunkt-Kalibration* („*multilevel-calibration*“) überprüft werden, indem man bei gleichbleibender Dosiermenge die Konzentration von Stoff (i) variiert und diese gegen die resultierenden Peakflächen aufträgt. Der *RF*-Wert entspricht nach Gl. 9.1 der Menge (W_i) einer Komponente (i) pro Flächeneinheit.

Folgende Fälle sind bei der Mehrpunkt-Kalibration zu erwarten:

1. Lineare Funktion

Im Idealfall ist die resultierende Funktion eine durch Null gehende Gerade, deren Steigung der Responsefaktor (*RF*) ist. Für die Kalibration muß mindestens eine Konzentration analysiert werden. Unterschiedlich empfindliche Stoffe geben Geraden mit unterschiedlicher Neigung.

2. Lineare Funktion mit Versatz

In manchen Fällen werden zwar Geraden erhalten, die jedoch nicht durch Null gehen. Dieser Versatz kann verschiedene Ursachen haben. Im Fall a wird unterhalb einer bestimmten Stoffmenge kein Peak mehr erhalten. Die Ursache ist häufig ein Adsorptionsverlust am Säulenmaterial, auch verursacht durch stark tailende Peaks, die bei kleinen Mengen nicht mehr erkannt werden. Im Fall b wird ein Peak erhalten, auch wenn nur reines Lösemittel dosiert wurde ($W_i = 0$). Hier handelt es sich meist um Blindwerte und Memory-Peaks. Für die Kalibration müssen mindestens zwei Konzentrationen analysiert werden. Der RF-Wert wird durch lineare Regression erhalten ($Y = B{\cdot}X + A$).

3. Quadratische Funktion

Ein nichtlinearer Zusammenhang kann durch eine quadratische Funktion beschrieben werden. Ursache für dieses Verhalten ist meist ein nichtlinearer Detektor (z. B. Flammenphotometer). Für diese Art der Berechnung müssen mindestens drei Konzentrationen analysiert werden. Sofern die Nichtlinearität aber nur durch den anteilsmäßig kleinen nichtlinearen dynamischen Bereich eines an sich linearen Detektors verursacht wird, wäre es aber wesentlich einfacher, die Probe zu verdünnen, um damit wieder in den linearen Bereich zu kommen.

10 Ausgewähltes Schrifttum zur Gaschromatographie

Im Rahmen dieser Einführung war es nur in Einzelfällen möglich, Originalarbeiten zu zitieren. Bücher und Schriften zu Grundlagen und Methoden der Gaschromatographie sind mit wenigen ausgewählten Ausnahmen nur aufgeführt, wenn sie nach 1990 erschienen sind. In diesen finden sich auch die entsprechenden Hinweise auf die ältere Literatur, die für das Studium der Grundlagen zwar sehr wertvoll sein kann, die aber methodisch doch weitgehend überholt ist. Es sei hier auch noch auf die Kataloge von Säulenherstellern verwiesen, die oft ebenfalls ein ausführliches Buchverzeichnis enthalten und die auch wegen der schnelleren Auflagenerneuerung eher auf dem aktuellen Stand sein können als Literaturverzeichnisse in Büchern. Die umfangreiche Anwendungsliteratur der Gaschromatographie konnte leider auch nicht berücksichtigt werden, jedoch wurden die chromatographischen Beispiele in dieser Schrift so ausgewählt, daß die wesentlichen Anwendungen vertreten sind. Besonders hingewiesen sei hier auf die Broschüre *„Deutsche chromatographische Grundbegriffe zur IUPAC-Nomenklatur"*, die von H. Engelhardt und L. Rohrschneider erarbeitet und vom Arbeitskreis Chromatographie der Fachgruppe Analytische Chemie in der Gesellschaft Deutscher Chemiker herausgegeben wurde.

10.1 Allgemeines Schriftum zur Gaschromatographie

A. J. HANDLEY and E. R. ADLARD (Hrsg.): *Gas Chromatographic Techniques and Applications*; Sheffield Academic Press/CRC Press, Sheffield, England and Boca Raton, FL, 2001.

T. E. BEESLEY, B. BUGLIO and R. P. W. SCOTT: *Quantitative Chromatographic Analysis*; M. Dekker, Inc., New York, NY, USA, 2001.

J. CAZES (Hrsg.): *Encyclopedia of Chromatography*, M. Dekker, Inc., New York, NY, USA, 2001.

I. WILSON, A. M. COOKE and C. F. POOLE (Hrsg.): *Encyclopedia of Separation Science*, Band II: Gas Chromatography; Academic Press, San Diego, CA, 2000.

W. ENGEWALD und H. G. STRUPPE (Hrsg.): *Gaschromatographie*; Vieweg Analytische Chemie, Braunschweig/Wiesbaden, 1999, 426 S.

J. TRACHANT (Hrsg.): *Handbuch der Gaschromatographie*; Handbibliothek Chemie, Hüthig, Heidelberg, 1999, 800 S.

V. G. BEREZKIN and J.DE ZEEUW: *Capillary Gas Adsorption Chromatography*; Hüthig, Heidelberg, 1998.

R. P. W. SCOTT: *Introduction to Analytical Gas Chromatography*; M. Dekker, Inc., New York, NY, USA, 2. Aufl. 1998, 398 S.

W. G. JENNINGS, E. MITTLEFEHLDT and P. STREMPLE: *Analytical Gas Chromatography*; Academic Press, San Diego, CA, USA, 2. Aufl. 1997, 389 S.

H. M. McNAIR and J. M. MILLER: *Basic Gas Chromatography*; Wiley, New York, NY, USA, 1997, 200 S.

L. S. ETTRE, J. V. HINSHAW und L. ROHRSCHNEIDER: *Grundbegriffe und Gleichungen der Gaschromatographie*; Hüthig, Heidelberg, 1996, 219 S.

D. W. GRANT: *Capillary Gas Chromatography*; Wiley, New York, NY, USA, 1996, 295 S.

R. L. GROB: *Modern Practice of Gas Chromatography*; Wiley, New York, NY, USA, 3. Aufl. 1995, 880 S.

I. FOWLIS: *Gas Chromatography*; Wiley, New York, NY, USA, 2. Aufl. 1995, 300 S.

R. P. W. SCOTT: *Techniques and Practices of Chromatography*, M. Dekker, Inc., New York, NY, USA, 1995, 400 S.

P. BAUGH (Hrsg.): *Gas Chromatography: A Practical Approach*; Oxford, 1994, 456 S.

G. SCHWEDT: *Chromatographische Trennmethoden*; Thieme, Stuttgart, 3. Aufl. 1994, 316 S.

W. GOTTWALD: *GC für Anwender*, VCH, Weinheim, 1994, 280 S.

C. F. POOLE and S. K. POOLE: *Chromatography Today*; Elsevier Science Publishing, New York, NY, USA, 1991, 1026 S.

G. SCHOMBURG: *Gas Chromatography: A Practical Course*; VCH, Weinheim, 1990, 320 S.

K. J. HYVER und P. SANDRA (Hrsg.): *High Resolution Gas Chromatography*; Hewlett-Packard, 3. Aufl. 1989, 308 S.

G. GUICHON und C. L. GUILLEMIN: *Quantitative Gas Chromatography for Laboratory and On-Line Process Control*; Elsevier, Amsterdam, 1988, 798 S.

G. SCHOMBURG: *Gaschromatographie, Grundlagen, Praxis, Kapillartechnik*; VCH, Weinheim, 2. Aufl. 1986, 160 S.

E. LEIBNITZ und H. G. STRUPPE (Hrsg.): *Handbuch der Gas-Chromatographie*; Akad. Verl. Ges. Geest und Portig, Leipzig, 3. Aufl. 1984, 828 S.

10.2 Trennsäulen und Stationäre Phasen

D. ROOD: *A Practical Guide to the Care, Maintenance, and Troubleshooting of Capillary Gas Chromatographic Systems*; Hüthig, Heidelberg, 2. Aufl. 1995, 323 S.

J. V. HINSHAW und L. S. ETTRE: *Introduction to Open Tubular Column Gas Chromatography*; Advanstar, Cleveland, OH, USA, 1994, 189 S.

A. VAN ES: *High Speed, Narrow-Bore Capillary Gas Chromatography*; Hüthig, Heidelberg, 1992, 143 S.

V. G. BEREZKIN: *Gas-Liquid-Solid Chromatography*; M. Dekker, Inc., New York, NY, USA, 1991, 312 S.

W. A. KÖNIG: *Gas Chromatographic Enatiomer Separation with Modified Cyclodextrins*; Hüthig, Heidelberg, 1992, 168 S.

H. ROTZSCHE: *Stationary Phases in Gas Chromatography*; Elsevier, Amsterdam, 1991, 410 S.
W. G. JENNINGS: *Comparisons of Fused Silica and Other Glass Columns in Gas Chromatography*; Hüthig, Heidelberg, 1981, 80 S.

10.3 Injektionstechniken

K. GROB: *Split and Splitless Injection for Quantitative Gas Chromatography*; Wiley-VCH, Weinheim, 4. Aufl. 2001, 460 S.
A. TIPLER and L. S. ETTRE: *Sample Manipulation Techniques in Capillary Gas Chromatography: the PreVent Family Approach*; PerkinElmer Instruments, Shelton CT, USA, 2001.
R. L. ROUSEFF and K. R. CADWALLADER (Hrsg.): *Headspace Analysis of Foods and Flavors*; Kluwer Academic/Plenum Press, New York, NY, 2001.
B. KOLB: *Headspace sampling with capillary columns*; Review J. Chromatogr. A, **842** (1999) 163–205.
J. PAWLISZYN (Hrsg.): *Applications of Solid Phase Microextraction*; Royal Society of Chemistry, London, 1999.
K. GROB: *On-Line Injection in Capillary Gas Chromatography: Basic Technique, Retention Gaps, Solvent Effects*; Hüthig, Heidelberg, 2. Aufl., 1998
B. KOLB und L. S. ETTRE: *Static Headspace-Gas Chromatography, Theory and Practice*; Wiley-VCH, New York, NY, USA, 1997, 298 S.
H. HACHENBERG und K. BERINGER: *Die Headspace-Gaschromatographie als Analysen- und Meßmethode*; Vieweg Analytische Chemie, Braunschweig/Wiesbaden, 1996, 102 S.
K. GROB: *Einspritztechniken in der Kapillar-Gaschromatographie*, Wiley-VCH, Weinheim, 1995, 469 S.
K. GROB: *Injection Techniques in Capillary GC*; Anal. Chem. **66** (1994) 1009A-1019A.
K. GROB: *Split and Splitless Injection in Capillary Gas Chromatography*; Hüthig, Heidelberg, 3. Aufl. 1993, 547 S.
B. V. IOFFE und A. G. VITENBERG: *Headspace Analysis and Related Methods in Gas Chromatography*; Wiley, New York, NY, USA, 1984, 276 S.
S. A. LIEBMAN und E. J. LEVY: *Pyrolysis and Gas Chromatography in Polymer Analysis*; M. Dekker, Inc., New York, NY, USA, 1985, 576 S.

10.4 Detektoren

H.-J. HÜBSCHMANN: *Handbook of GC/MS*; Wiley, New York, NY, 2000.
J. BARKER: *Mass Spectrometry*; Wiley, Chichester, UK, 1999

R. M. SMITH: *Understanding Mass Spectra: A Basic Approach*; Wiley, New York, NY, 1999.

P. GERHARDS, V. BONS, V. SAWAZKI, J. SZIGAN and E. WESTMANN: *GC/MS in Clinical Chemistry*, Wiley-VCH, Weinheim, 1999.

H. BUDZIKIEWICZ: *Massenspektrometrie*; Wiley-VCH, Weinheim, 4. Aufl. 1998, 192 S.

T. A. LEE: *A Beginner's Guide to Mass Spectral Interpretation*; Wiley, Chichester, UK 1998.

M. OEHME: *Praktische Einführung in die GC/MS-Analytik mit Quadrupolen*, Hüthig, Heidelberg, 1996, 203 S.

W. D. LEHMANN: *Massenspektrometrie in der Biochemie*; Spektrum Akademischer Verlag, 1996, 419 S.

G. G. KITSON, B. S. LARSEN and C. N. McEWEN: *Gas Chromatography and Mass Spectromertry. A Practical Guide*; Academic Press, San Diego, CA, USA, 1996, 352 S.

F. W. McLAFFERTY, and F. TURECEK: *Interpretation von Massenspektren*; Spektrum Akademischer Verlag, 1995, 380 S.

H. H. HILL and D. G. McMINN (Hrsg.): *Detectors for Capillary Chromatography*; Wiley, New York, NY, USA, 1992, 444 S.

E. SCHRÖDER: *Massenspektrometrie*; Heidelberger Taschenbücher Bd.260, Springer, Heidelberg, 1991, 95 S.

M. OEHME: *Gas-Chromatographische Detektoren*; Hüthig, Heidelberg, 1982, 104 S.

D. JENTZSCH und E. OTTE: *Detektoren in der Gas-Chromatographie*; Akademische Verlagsgesellschaft, Frankfurt/M, 1970, 454 S.

10.5 Verschiedenes

L. S. Ettre: *Milestones in the Evolution of Chromatography*; ChromSource Inc., Franklin, TN, USA, 2002.

T. TOYOOKA (Hrsg.): *Modern Derivatization Methods for Separation Science*; Wiley, New York NY, 1999.

W. GOTTWALD: *Statistik für Anwender*; Wiley-VCH, Weinheim, 1999, 236 S.

J. S. FRITZ: *Analytical Solid Phase Extraction*; Wiley-VCH, Weinheim, 1999.

E. M. THURMAN and M. S. MILLS: *Solid Phase Extraction: Principles and Practice*; Wiley-Interscience, New York, NY, 1998.

B. BAARS und H. SCHALLER: *Fehlersuche in der* Gaschromatographie; VCH, 1994, 221 S.

D. ROOD: *Troubleshooting in der Kapillar-Gas-Chromatographie*; Hüthig, Heidelberg, 1991, 175 S.

S. J. NOVAK: *Quantitative Analysis by Gas Chromatography*; M. Dekker, Inc., New York, NY, USA, 1988, 360 S.

L. DROZD: *Chemical Derivatization in Gas Chromatography*; Elsevier, Amsterdam, 1981, 232 S.

11 Sachregister

A
Additionsmethode 200, 232–235
Adsorbentien 3, 19, 21, 71, 72, 79, 81, 83, 168–171
Adsorption 3, 5, 33, 65, 69, 71, 81, 93, 123, 131, 168–171 237
Aktivitätskoeffizient 46–49
Aktivkohle 75, 132, 133
Aluminiumoxid 25, 76, 77
Analysenzeit 22, 71, 93–95, 99, 111, 117
A-Term 40, 41
Auflösung 11, 26, 27, 31–33, 87, 89, 93, 113, 206, 207, 209
Aufstockmethode, s. Additionsmethode
Autosampler 121, 137, 147, 157, 159, 168, 227

B
Basisbreite 27
Basislinie 116, 117
Belastbarkeit, s. auch Kapazität 86–89, 93–95
Bereich
dynamischer 178, 179, 237
linearer 178, 179, 182, 184, 192, 196, 215, 235, 236, 237
Bestimmungsgrenze 180, 181
Blindwert 237
Bodenhöhe 29, 34–41
Bodenzahl 28, 30–33
B-Term 34, 35, 38, 39, 111

C
Chemisorption 171
C-Term 34–37

D
Dampfdruck 43, 48, 49, 111, 113–115, 119
Dampfvolumen 140, 141
Derivate 43, 63, 121
Detektor 175–217
Cross-Section- 196, 197
Edelgas- 196, 197
elektrochemischer 181
Elektroneneinfang- (ECD) 175, 194–203
Flammenionisations- (FID) 9, 175, 184–187
Stickstoff-Phosphor- (NPD) 188–193
Wärmeleitfähigkeits- (WLD) 175, 182, 183
Diffusion 7, 26, 27, 33–41, 119, 169
Dipole 43, 51–61, 66, 67, 68, 69, 199, 201
Dipolphasen 53–65
Dispersionskräfte 43, 50, 51
Dosierzeit 121, 125, 127, 149, 150–152, 161, 171
Drift 116, 117, 178, 179
Druckabfall 19, 22, 106–109
Druckdosierung 123
Druckeinheiten 110
Druckprogramm 99, 110, 111, 133
Durchflußzeit 9, 13, 16, 17, 106, 107
Durchmesser (I. D.) 22, 23, 37–39, 108, 109, 207

E
Einlaßteil, s. Probenaufgabe
Elektronegativität 61, 63, 192, 199, 211
Elektronenmultiplier 207, 213

Empfindlichkeit von Detektoren 176, 177, 182–187, 192, 198–203, 205, 213, 215, 220, 221
Enantioisomere, s. Racemate
Energie
  Anregungs- 196, 197
  Bindungs- 198
  Ionisierungs- 192, 196
  Dissoziations- 198, 199
Erfassungsgrenze 181

F
Festphasenmikroextraktion 172, 173
Filmdicke 22, 23, 25, 38, 39, 65, 84–89, 93, 172, 173
Fronting 33, 86, 87
Fused-Silica-Wolle, s. Glaswolle

G
Gasdosierschleife 122–125
Gase 25
Gasmaus 122, 123
Gasprobenbeutel 122, 123
Gasspritze 122, 123, 125
Gaußkurve 26, 27, 30, 33, 220
Gepackte Säulen 19, 20, 21
Glaskapillarsäulen 19, 23
Glaswolle 138, 139, 155
Gleichgewichstskonstante, s. Verteilungskonstante
GLP (‚*good laboratory practice*') 99
Golay-Gleichung 34, 35, 41
Grundionisationsstrom 185, 189, 195
Gruppentrennung 64, 65

H
Headspace-Analyse 62, 80, 81, 124–127, 153, 170–173, 182, 202, 203, 233
Hundert-%-Methode 220, 222–225, 227

I
Imprägnierung 23, 25, 73
Inertpeak, s. Luftpeak
Injektion, s. Probenaufgabe
Ionisierung 185–217
Ion-Trap 205, 214–217

K
Kaltkondensation (‚*cold trapping*') 147–153, 161
Kapazität 19, 22, 25, 86–91, 133, 221
Kapazitätsfaktor, s. Mengenverhältnis
Kapillarsäulen 19, 22, 23–25
  Film- 22, 23–25, 84, 85,
  CLOT-Schicht- 75
  PLOT-Schicht- 24, 25, 76–81, 85
  SCOT-Schicht- 24, 25, 64, 65
Katalysator (‚*methanizer*') 76, 187
Kieselgel 25
Kohlenstoff 74-77, 168–172
π-Komplex 56–59, 66
Kompressionskorrekturfaktor 106, 107
Kontamination 121, 141
Korngröße, s. Siebfraktionen
Kryofokussierung 126, 127, 168–171
Kühlung 71, 79–81, 85, 91, 127, 155

L
Labyrinthfaktor 35
Leerkapillare 69, 150, 151, 154, 160, 161
Linearität, s. Bereich
Linearströmung 106–113
Lösemittelabtrennung (‚*solvent purge*') 154–157
Lösemittelkondensation (‚*solvent trapping*') 25, 147–153
Lösemittelverdampfung (‚*solvent evaporation*') 160, 161
Lösungen 43–47
Luftpeak 8–10, 107

M
Massendiskriminierung 134, 135, 141, 147, 149, 152, 155, 158
Masseneinheiten 206, 207
Massenscan 209, 215, 217
Massenspektrometer 17, 175, 204–217
Massenverteilungsfaktor, s. Mengenverhältnis
McReynolds-Konstanten, s. Säulenpolarität
Mehrpunkt-Kalibration 236
Mengenverhältnis 6–9, 29, 32, 33, 48, 49, 88, 89

Mesomerie 200–203
Molekularsiebe 25, 73, 76–79, 168–172
Multi-Cap™-Kapillarsäulen 94, 95

N
Nachweisempfindlichkeit 19, 94, 115, 119, 125, 143, 157, 205, 213
Nachweisgrenze 179–182, 184–187, 192, 196, 209
Normierungspeak 235
Normierungsstandard, s. Standard

O
Oberfläche
desaktivierte 23
heterogene 73
hydrophobe 21
modifizierte 25, 73, 75, 77, 79
saure 23, 69
spezifische 7, 20, 21, 75, 77, 81
On-Column-Injektion, s. Probenaufgabe

P
Partialdruck 45–47, 125, 155,
Peakbreite in halber Höhe 30, 31
Peakverbreiterung 27-31, 33–37, 40, 41, 119, 127, 149–151, 161, 207
Permeabilität 20, 23, 106, 107
Phasen, s. auch Säulenpolarität
chirale 62, 63
polarisierbare 54, 55
vernetzte, immobilisierte 23, 24, 96, 121, 131, 173
Phasenverhältnis 6, 5, 9, 84, 88, 89
Phasenwechsel 37–39
Photomultiplier 207, 213
Polarität, des Analyten 50–52
Polymere, poröse 24, 25, 79–81
Poren 72, 73, 79
Präparative Gaschromatographie 90, 91
Probenaufgabe
großer Mengen (LVI: ‚*large volume injection*‘) 121, 157, 217
Headspace-, s. Headspace-Analyse
kalte 19, 154–157
On-Column-Injektion 25, 121, 128–131, 154, 158-161
PTV 121, 154–159
mit Split 19, 121, 132-135, 140, 141, 154–157
splitlose 19, 25, 121, 126, 127, 132, 133, 142–157
Thermodesorption 168–173
Verdampfungsinjektion 128–135, 141
Probendurchsatz 91
Probenkapazität, s. Kapazität
Probenschleife, s. Gasdosierschleife
Probenteiler, s. Probenaufgabe mit Split
Protonisierung 210, 211
PTV-Injektor, s. Probenaufgabe
„*purge-and-trap*“ 170, 171
Pyrolyse 43, 77, 121, 162–167, 184, 185, 191

Q
Quadrupol 204, 205, 212, 213
Quarzwolle, s. Glaswolle
Quecksilber-Propfenmethode 23

R
Racemate 62, 63
Raoult'sches Gesetz 44–47
Rauschen 178–181, 205, 213, 215
Referenzstoff 10–17
Regler
Druck- 4, 5, 100–103, 132, 133, 142–145
elektronische 105, 144, 145
Strömungs- 4, 5, 100, 101, 104, 105, 132, 133, 142–145
Regression, lineare 234, 235
Responsefaktor 91, 135, 220–231
Retention 1, 4, 5, 112
relative 1, 10–17
‚*Retention gap*‘, s. Leerkapillare
Retentionsfaktor, s. Mengenverhältnis
Retentionsindex 1, 13–17
Retentionsvolumen 1, 11
Retentionszeit
Gesamt- 8, 9, 26–31
reduzierte 10, 11, 17, 31
relative 14, 15, 27

Rohrschneider/McReynolds-Konstanten, s. Säulenpolarität
Rückdiffusion 141,146, 147, 155, 161
Ruß 25, 74, 75, 77, 168, 169

S
Säulenbluten 71, 97
Säulenfluten (,*column flooding*') 150, 151, 154, 161
Säulenfüllmaterial, s. Trägermaterial
Säulenlänge 22, 24, 28, 29, 93, 106–109
Säulenpolarität 16, 17, 43, 48, 49, 52–59, 65, 68
Säulenschaltung 78, 79, 81
Scanrate 207
Selektivität 33, 73, 77, 116, 117, 180, 184
Septumspülung 132, 133, 142–147, 155
Siebfraktionen 20, 21
Silicagel 78, 79
Silylierung 20–23, 63
Sim-Modus 206, 209, 213
Simulierte Destillation 118, 119
Splitter, s. Probenaufgabe mit Split
SPME, s. Festphasenmikroextraktion
Spülgas 83, 183, 195, 197
Standard
  externer 220, 226, 227
  interner 220, 228, 229
  Normierungs- 220, 230, 231, 236
Standardabweichung 26–31
Störpegel 178–181, 184, 205, 207, 215
Strömungsteiler, s. Probenaufgabe mit Split
„*System suitability test*" 31, 33

T
Tailing 21, 32, 33, 69, 93, 131, 149, 237
Tailingfaktor 32, 33
Tandem-MS 205, 212–217
Temperaturprogramm 49, 79–81, 93, 101, 110–119, 129, 151–155, 159–161, 177
Thermodesorption, s. Probenaufgabe
Trägergas 2, 3, 5, 40, 41, 101–111
Trägermaterial 3, 20, 21, 25
Trennbarkeit 10, 11, 27, 32, 33, 43, 49, 75
Trennfaktor 10, 13, 27, 48, 49, 115
Trennstufe, s. Bodenhöhe
Trennvermögen 11, 22, 25–33, 38–41, 87–89, 93–95, 110, 111
Trennzahl 32, 33

U
Unstetigkeiten 178, 179

V
Validierung 33, 223
Van Deemter-Gleichung 40, 41
Van der Waal'sche Kräfte 43, 45
Verdampferrohre 136–139, 141, 149, 155, 159, 161
Verstärker 4, 5, 116, 117, 185–187
Verteilungskoeffizient, s. Verteilungskonstante
Verteilungskonstante 7, 9, 45, 88, 89, 170–173, 233
Verweilzeit 8, 9, 152
Viskosität 106, 108, 109, 111
Volumenverhältnis, s. Phasenverhältnis

W
Wanderungsgeschwindigkeit 5, 28, 29, 35, 99, 111, 117, 119
  relative 112, 113
Wasserstoffbrücken 43, 53, 60–63, 66
Wendepunkte 30, 31
Wendetangenten 27, 30, 31

Z
Zeitkonstante 180, 181, 184
Zeolithe 79
Zersetzung
  katalytische 21, 131
  oxidative 139
  thermische, s. auch Pyrolyse 152, 158